U0241390

全国旅游专业规划教材

中国古代建筑与园林

（第3版）

ZHONGGUO GUDAI JIANZHU YU YUANLIN

唐鸣镝　黄震宇　潘晓岚　编著

北京·旅游教育出版社

序

随着旅游业的深入发展，人们越来越关注文化的多样性和独特性，保护、继承、弘扬民族文化、传统文化成为人类的共识。建筑是人类文化的结晶，是地方文化、民族文化的体现。因此，了解认识中国建筑发展成长的历史，不仅是认识理解我们民族文化的重要途径，也是理解整个人类文化与地区民族文化关系的基础。建筑是石头的史书，认识它们，就是学习我们自己的历史；建筑是凝固的音乐，感受它们，就是聆听我们先人内心的歌咏；建筑是永恒的诗篇，理解它们，也就是理解我们民族精神中浪漫的情怀。

长期以来，我们关心更多的是建筑的使用价值，忽视了它的文化价值，忽视了它对我们完善自身精神世界的作用，致使我们的建筑教育仅仅是一种专业教育，而非一种民族文化的普及教育。值得高兴的是，针对这种不足和遗憾，北京第二外国语学院唐鸣镝等老师编写的《中国古代建筑与园林》始终立足于旅游专业的课程设置和旅游业对古代建筑与古代园林知识的实际需要，从古代建筑形制构成与古代园林艺术的历史文化内涵入手，以中国古代建筑与古代园林发展的历史脉络，深入浅出地介绍了中国古代建筑的各种类型与古代园林发生发展的历史过程。与同类建筑学专业教材不同的是，作者眼里的中国古代建筑与园林首先是一种文化遗存，一种旅游景观，其次才是一种建筑类型。与一般古建筑园林鉴赏图书和导游类图书中的古建筑与园林知识相比，本书没有停留在一般历史背景的泛泛介绍和建筑园林处所、名称、数量的一般罗列，而是从建筑专业的视角，通过形制结构生动讲解，引领人们拂去历史的尘埃，透过形象具体的斗拱、台基、楼榭、屋宇等，解读隐含在古代建筑与古典园林后面丰厚的文化历史审美内涵，感悟民族文化精神，较好地体现了旅游专业古代建筑与园林课程的学科要求，较好地满足了旅游观赏活动中的文化需求。从这个角度讲，作者力图填补旅游专业建筑与园林教育的空白，系统地向旅游专业广大师生和读者介绍关于中国建筑和园林的历史以及它们文化、技术方面的特征。

就古代建筑与园林而言，这本书收集了大量的资料，内容丰富，不仅从中国古代建筑发展历史的角度，介绍了不同时代中国传统建筑演变发展的过程，而且从类型的角度介绍了具体城市、宫殿、民居、寺庙，特别是园林建筑以及各自的文化特征。值得一提的是，本书借鉴了古建筑与古园林史的一般方法，附录了大量的实例分析和图片，使这本书极具可读性。

可以说，这是一本了解中国古代建筑与古典园林入门的好书。希望广大旅游从业人员和读者能够从中感受到我们祖国文化的博大与厚重。

吕　舟

于清华园

目 录

上篇 中国古代建筑

下篇 中国古典园林

上篇

中国古代建筑

第1章

古代建筑基本知识

本章导读

本章是了解和认识中国古代建筑的入门篇，主要是对古代建筑的产生背景、发展及主要特征有一个整体的印象。建筑从来不是孤立存在的，与其存在的社会、文化、经济、自然环境都有密切的联系，有的甚至是建筑的决定因素。弄清建筑的产生背景，再去看它的发展与特征就可以有一个脉络清晰的认识框架。

第一节　古代建筑概述

一、古代建筑发育背景

中国古代建筑完全是中国土生土长的建筑体系，有它自身独特的发育背景。上古时期，我们的祖先和世界古老的民族一样，早期都是用木材和泥土建造房屋，但后来很多民族都逐渐以石料代替木材，唯独中国以木材为主要建筑材料建造了五千多年的辉煌，形成了世界古代建筑中延续时间最久的一个独特体系。

（一）自然环境背景

从建筑的形成和发展过程可以看到建筑文化受到自然条件的明显制约。在技术不发达的古代，建筑在结构形式、使用功能、艺术风格和建筑布局等方面无不表现出对自然环境的适应，这种适应形成了强烈的地区特征。

黄河中游一带是中国古代文化的摇篮，上古时期这里森林茂密、气候宜人、生态环境良好，由于适宜的自然条件，人们在这里以农耕为生，定居建房，发展了早期的文明。由于丰富的森林是随手可取的资源，木材就逐渐成为中国建筑自古以来

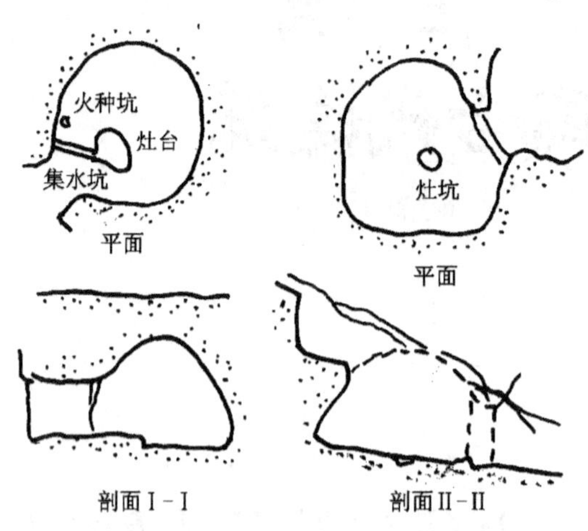

图1-1 原始社会窑洞住宅(穴居)遗址

所采用的主要材料。木结构建筑体系的长期流行是因地制宜、因材施用的结果。陕西半坡遗址所在地区,黄土丰厚,土质均匀,壁立不倒,便于挖作洞穴。古人营建的房屋最初有横穴、竖穴或半穴居(图1-1),以后发展成为木骨架泥墙房屋,至今中国黄土高原仍盛行窑洞形式生土建筑;中国毛家嘴干阑遗址位于温暖多雨地区,这里的房屋上层作居住之用,下层用柱子架空,以防潮湿;干热地区(如吐鲁番)室外气温高,建筑多厚墙小窗,以避免内外空气流通,保持室内阴凉,形成厚重封闭的风貌;湿热地区(如西双版纳)的建筑,则以通透为原则,靠通风来形成凉爽的环境,以轻巧通透为其特色。此外,为了抵御严寒,北方的房屋朝向多采取南向,以便冬季阳光射入室内,并使用火炕与较厚的外墙和屋顶;在温暖潮湿的南方,房屋多采取南向或东南向,以接受夏季凉爽的海风,凡此种种,都是适应自然条件的结果。外国建筑的发展也不例外,如两河流域的巴比伦建筑和亚述建筑①,由于当地缺少优质石料而富有黏土,导致砖结构的发展,砖的使用又促使叠涩式和辐射形的拱券和穹隆结构的出现;古希腊由于当地石料丰富,创造了石梁柱结构体系,形成灿烂的古希腊建筑。

不同地区的自然条件是形成不同的地方建筑风格的重要因素,这一点始终贯穿在建筑发展的全过程。

(二)意识形态背景

中国古代建筑孕育、发展于整个中华文化的背景之中,社会的思想意识形态对中国古代建筑有着深远的影响。

1.以礼制为主流的儒道释的影响

传统的儒家思想一直是中国古代文化的主干,它强调的"礼"被统治阶级奉为一朝一代的典章,"礼"可以说是统治者用以治国的根本。《礼记》第一篇说得很清楚:"夫礼者,所以定亲疏、决嫌疑、别同异、明是非也。"又说:"道德仁义,非礼不成。教训正俗,非礼不备。分争辩讼,非礼不决。君臣、上下、父子、兄弟,非礼不定。"礼是决定人伦关系、明辨是非的标准,是制定道德仁义的规范。礼不仅是一种思想,

① 公元前4000年,两河流域下游建立了许多小奴隶制国家。公元前19世纪初,巴比伦王统一了两河下游,征服了上游。公元前900年左右,上游的亚述王国建立了版图包括两河流域、叙利亚和埃及的军事专制的亚述帝国,并开始兴建规模宏大的城市与宫殿。

而且还是一系列行为的具体规则，它不仅制约着社会伦理道德，也制约着人们的生活行为。这些规范的核心思想和主要内容就是建立一种等级的观念和等级的制度。

成书于东周的儒家经典《周礼·考工记》[①]是礼在建筑制度上的具体体现，起着等级名分、社会地位、宗法特权的物态标志作用。在奉周代典章为正宗的中国古代社会里，《周礼》无疑处于崇高的地位，对古代建筑文化的精神面貌与历史发展产生了很大的影响。大到城市、建筑组群，小到建筑单位的做法、斗拱、门钉、装饰彩画等，礼渗透到了古代建筑的各个方面。

在建筑组群的布局上，一进进院落、一座座厅堂，围绕着一条明确的中轴线，主次分明、壁垒森严，生动地反映出封建社会的等级关系。

在建筑单体上，按建筑所有者的社会地位规定建筑的规模和形制，这种制度至迟周代已经出现。其中，建筑法式规定具体做法和工程技术要求（图1－2）。法令规定建筑的规模和形制，凡逾越者即属犯法，《唐律》规定建舍违令者杖一百，并强迫拆改；如被指为模仿宫殿者，会招来杀身之祸。因建筑逾制而致祸的，历代不乏其人。汉代霍光墓地建三出阙[②]，成为罪状之一；宋末秦桧企图以舍宅逾制陷害张

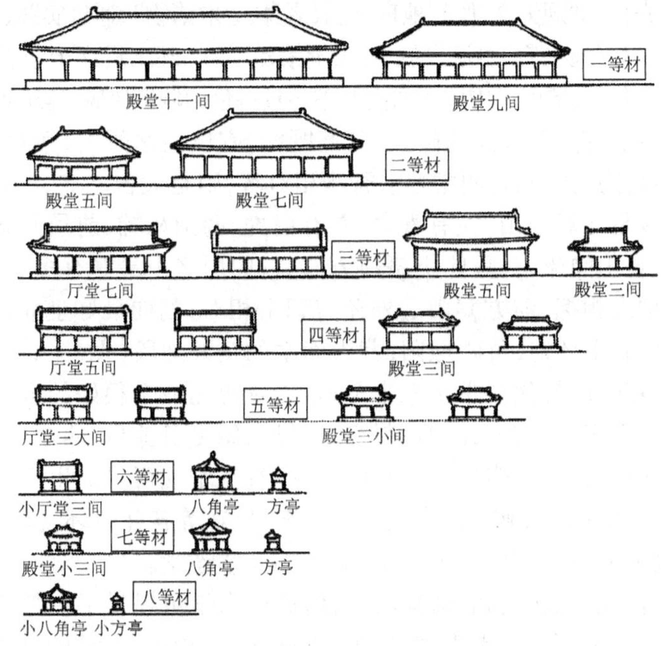

图1－2 宋《营造法式》以材为标准的不同建筑等级

① 《周礼·考工记》，东汉末被列为“三礼”之一，《仪礼》《周礼》《礼记》。唐文宗年间《周礼》又被刻入《开成石经》，列为《十二经》之一。参见附录《考工记·匠人》。

② 阙，古代宫殿、祠庙和陵墓前的建筑物，通常左右各一，建成高台，台上起楼观，两阙之间有空缺，故名阙或双阙。也有大阙旁建小阙，称“子母阙”。“三出阙”是以一座母阙、两座子阙排成的形式，是等级最高的标志，为帝王专用。

浚;清代和珅事败后,因其宅内建楠木装修和园内仿建圆明园蓬岛瑶台而被定为僭(jiàn)拟宫禁之罪。

在现存古建筑中,依然可见上述建筑等级制度的影响。北京大量四合院民居均为正房3间,黑漆大门;正房5间,是贵族府第;正房7间则是王府。江南和西北各城市传统住宅也多涂黑漆。这些都是受明代以来建筑禁令所限的遗迹。

在"礼"制约古代建筑的同时,以老子为代表的自然观对于中国古代建筑的影响也是长期并存的,强调自然至上理念,使一些建筑,特别是园林,表现出利用自然而不完全循规蹈矩的局面。道家的自然无为观,在精神桎梏的封建社会中,可以使人超越礼数,回归自然,求得片刻的松懈、宁静、欢愉。

另外,对于佛家狂热的信仰,使得历史上的佛教建筑,如石窟、佛塔、寺庙等,无论是规模还是建筑技术、美学特征,都对中国建筑文化做出了巨大贡献。

2. 易学堪舆在建筑中的影响

堪舆风水对古代建筑的选址及建筑营造中的具体做法有很大影响。风水起源于人类早期的择地而居,形成于汉晋之际,成熟于唐宋元,明清时更臻完善。基于天地人和的思维理念,古代先哲"仰观天文,俯察地理,近取诸身,远取诸物",通过实践、思考和感悟,而建立的人与自然因地制宜、协调发展的理想信念。这一理念贯穿于中国五千年文明史,造就了中国文化,也造就了中国东西南北中各具特色的城市风貌、建筑景观。

古人认为,凡京都府县,其基阔大,其基既阔,宜以河水辨之,河水之弯曲乃龙气之聚会也,若隐隐与河水之明堂朝水秀峰相对者,则是大吉之宅。风水学中所说的理想环境应该是背靠祖山,左有青龙、右有白虎,两山相辅,前景开阔;远处有案山相对,有水流自山间流来,呈曲折绕前方而去;四周之山最好有多层次,即青龙、白虎之外还有护山相拥,前方案山之外还有朝山相对;朝向最好坐北向南。如此,即形成一个四周有山环抱,负阴抱阳,背山面水的良好地段(图4-26)。这样的一个相对封闭的空间,用现代科学观念来分析,无疑也是一个很好的自然生态环境:背山可以阻挡冬季寒风;前方开阔可得良好日照、纳夏日凉风;四周山丘植被既可供木材、燃料,保持水土,也能形成适宜的小气候;流水既可保证生活与农灌使用,又可蓄水养殖。风水对气候、地质、地貌、生态、景观等各建筑环境因素的综合评判,从某种意义上说,就是古代的建筑环境学、城市生态学。

另外,对应古人祈福驱邪的精神需求,堪舆风水学也提供了一整套文化解读。如在易经八卦方位中,东、东南为震、巽方,五行属木,指春天,是朝气方位。因此,中国皇宫中的"东宫太子",是接班人的专有方位。中国传统四合院的院门多开东门、东南门、南门,也是为了迎取东方、东南方、南方来的带有生气的"和煦之风"。中国建筑的土木构建在世界建筑之林独树一帜,中国建筑,又称土木。这里有一种解释:西方是石构建筑,虽然中国古人很早也采用石材建造桥梁、阴宅等,但按照易经理念,石材所营造的"气场",不利于活人居住。所以,住活人的建筑,又叫阳宅,专以土木为材料而营建。这种说法虽然不尽科学,但也从一个侧面解释了延绵数千年的中国古代建筑的木构体系。

二、古代建筑历史演变

中国古代建筑可以从近百年上溯到六七千年以前的上古时期,经历了原始社会、奴隶社会、封建社会三个历史时期。其中封建社会是我国古代建筑发展成熟的主要阶段。

(一)原始社会

原始社会时期,中华民族的祖先在黄土地层上挖掘洞穴,作为居住之所。从全部挖掘在地面以下的"袋穴",上升到半地下的"浅穴";从露天的穴口,到用树枝等在穴口上搭盖遮蔽风雨的棚罩。穴居时代积累了对黄土地层的认识和夯筑的技能。搭盖穴口顶盖积累了对木材性能的知识和加工的经验技巧。穴口周围积土培实,以防地面水流入穴内;顶盖上留出洞口,以便排烟通风等。这些措施,逐渐形成了某些固定的屋顶形式。在南方某些低洼或沼泽地区,还从巢居逐步发展出桩基和木材架空的干阑构造。从新石器时代仰韶文化的西安半坡遗址等可以看到,当时的聚居点已经是有规划的形式,其中显然已能分出居住、烧制陶器、墓葬等区域范围;居住区的中心有一座"大房子";居住区外围挖有宽而深、类似城墙功用的壕沟,作为防护(图1-3)。

在原始社会时期,中国建筑已基本掌握夯筑技术和木材加工技巧以及某种简单成型的建筑形式,中国古代建筑开始萌芽。

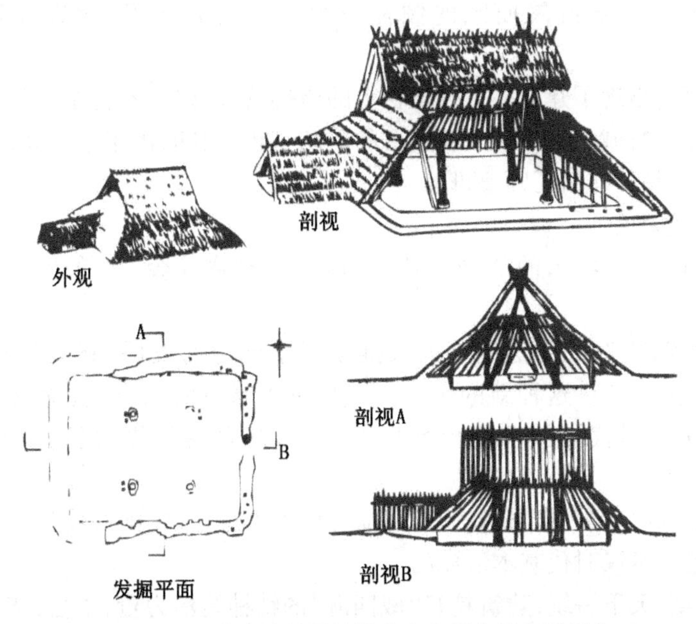

图1-3 西安半坡村原始社会大方形房屋复原想象

（二）奴隶社会

公元前21世纪，中国第一个皇朝——夏建立，随后的商代创造了灿烂的青铜文化，经过西周、春秋，前后约1600年，是奴隶社会时期，也是古代建筑的形成阶段。

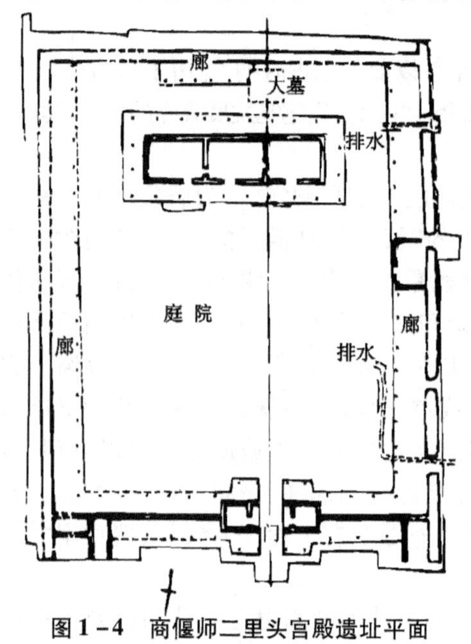

图1-4　商偃师二里头宫殿遗址平面

商代早期的河南偃师二里头遗址，是我国已知最早的宫殿遗址，从柱础的排列可以判定它是以木结构为骨架的，其布局反映了我国早期封闭廊院的面貌（图1-4）。根据考古的发现，中国传统院落式建筑群的组合至迟在商代早期已经开始定型，当时房屋多为高台建筑（建在高高土台上的建筑）或干阑式构造，除梁柱结构外，出现了井干式结构形式的墓室，传统木构架的主要形式已经初步形成，拥有较成熟的夯土技术。

西周时期，城市和建筑就有严格的规模等级，一般认为战国时流传的《考工记》记载的就是周朝的都城制度。陕西岐山凤雏遗址是已知最早、最严整的四合院实例（图4-1）。瓦是西周建筑的突出成就，从陶器发展而来的制瓦技术使建筑脱离了"茅茨土阶"的简陋阶段。

春秋时代，出现了建在高大夯土台上的诸侯宫室，以宫室为中心的城市格局也初具雏形，夯土筑城成为当时一项重要的国防工程。其时由于手工业的不断发展，出现了技术高超的建筑匠师鲁班。

（三）封建社会

从公元前5世纪末的战国时代，中国进入封建社会，建筑也进入成熟发展阶段。

战国时代，铁器的广泛使用大大推动了生产力的发展，新兴的地主经济逐渐取代了领主经济。这种新的生产方式促进了当时的工农业、商业和文化的发展，从而使战国时代的城市规模比以前宏大，高台建筑更为发达，并出现了砖和彩画。

据文献记载，秦汉的建筑发展较以前各代更为迅速，中国古代建筑作为一个独特体系，就是在秦汉时代基本形成的。

秦汉时期，天下一统，建筑具有"威四海"的精神统治力量，于是，产生了巨大华美的宫室和台榭楼阁；秦始皇的万里长城；汉武帝独尊儒术、等级分明的礼制建筑

(图1－5);规模浩大的水利灌溉工程灵渠、都江堰等,都在共同演绎着一个“秦砖汉瓦”的恢宏时代。著名的阿房宫就是这一时期的代表。唐代诗人杜牧《阿房宫赋》这样写道:“六王毕,四海一,蜀山兀,阿房出。覆压三百余里,隔离天日。骊山北构而西折,直走咸阳。二川(指渭川与樊川)溶溶,流入宫墙。五步一楼,十步一阁;廊腰缦回,檐牙高啄;各抱地势,钩心斗角……矗不知其几千万落。”可见规模之巨、气势之雄。现存的阿房宫遗址是一个横扩1公里的大土台,虽然当时的建筑已“楚人一炬,可怜焦土”,但还是能大致看出主体建筑的规模。

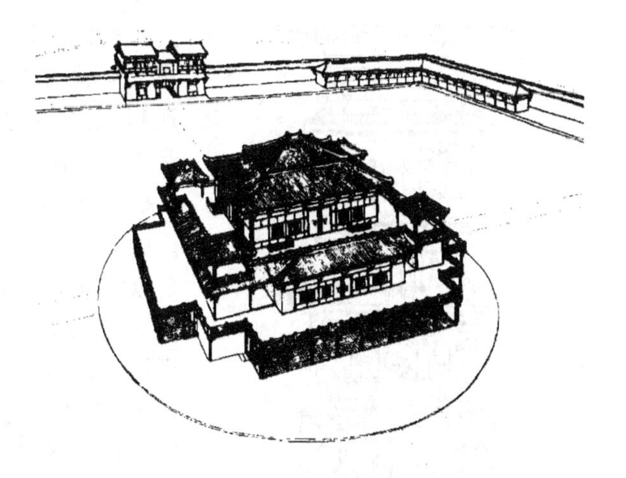

图1－5 汉长安南郊礼制建筑的中心建筑复原想象

秦汉时期,我国古代建筑的许多主要特征都已形成。建筑具有屋顶、屋身和台基三部分,和后代的建筑非常相似;建筑平面和外观日趋复杂,高台建筑日益减少,楼阁建筑逐步增加;从东汉的画像砖、明器和石阙上,可以看到种种斗拱的形象,虽然当时的斗拱形式很不统一,远未像唐、宋时期那样达到定型化程度,但其结构作用已经形成——即为了保护土墙、木构架和房屋的基础,而用向外挑出的斗拱承托更宽的屋檐;木建筑结构的抬梁式、穿斗式和井干式三种方法已十分清晰(图1－6);屋顶形式也多样起来,以悬山顶和庑殿顶最为普遍,攒尖、歇山与囤顶也已应用;砖石建筑和砖券结构有了较大发展,主要体现在墓室建筑上;城市规划将宫室、苑囿、官署等置于城的北部,住宅则位于南部,汉末营建的邺城成为后世都城规划的参考原型。

抬梁式结构
(画像砖)

穿斗式结构
(明器)

干阑式构造
(明器)

井干式结构
(铜器)

图1－6 汉代的几种木结构建筑

图1-7　北魏石窟塔心柱楼阁式木塔形象

魏晋南北朝300多年的更替，是中国历史上充满民族斗争和民族融合的时代，战乱迭起，宗教成为人民精神的寄托，统治阶级也利用宗教作为精神统治的工具。佛教的广为传播，产生了寺庙、塔、石窟和精美的雕塑与壁画等宗教建筑形式，丰富了中国建筑。南北朝时期的匠工在继承秦汉建筑成就的基础上，吸收了印度、犍陀罗和西域佛教艺术的若干因素，创造出灿烂的“本土化”佛教建筑和艺术，为隋唐建筑的发展奠定了基础。“南朝四百八十寺，多少楼台烟雨中”正是当时社会的写照。据记载，南北朝所建佛寺共达数千所，惜均已不存。这时期遗留的唯一建筑实例是砖构的登封嵩岳寺塔。这时开凿的石窟留存甚多，如大同云冈石窟、太原天龙山石窟、天水麦积山石窟、磁县南北响堂山石窟等，凿山时遗留下的一些窟廊和窟内的中心塔柱，是这一时期木构建筑的真实形象(图1-7)。石窟中浮雕的许多殿堂等建筑形象，也足以说明当时建筑的发展状况。建筑除宫殿、住宅等继续发展外，北魏洛阳都城规划的布局原则在汉末邺城的传统上逐步推进，作为都城中心的皇宫，其位置偏向北移，并在城外设立东西二市。另外，南北朝时期还出现了琉璃瓦这种建筑材料，对以后宫室建筑的装饰有很大影响。

隋朝统一全国后，开凿南北大运河，促进了以后中国南北地区经济文化的交流。隋朝的首都——大兴城，其规模宏大、分区明确以及街道的规整划一都超过了历代都城。唐代的长安城就是以大兴城为基础，成为当时世界上最大的城市。建于隋大业年间的河北赵县安济桥，是我国石拱结构的瑰宝，也是现今世界上最古老的敞肩拱桥。

隋、唐至宋是我国封建社会的鼎盛时期，社会经济文化繁荣昌盛，到唐中叶开元、天宝年间达到了极盛时期，建筑技术和艺术也有巨大发展和提高。唐代建筑主要有以下成就和特点：

第一，规模宏伟的城市规划。营建了首都长安和东都洛阳，建有大批规模巨大的宫殿、官署和寺观。这两座都城是我国古代规划严整、有着严格方格网道路系统的城市规划范例，影响已波及日本的平城京、平安京等城市。

第二，建筑群体的布局有了空间感。以大明宫为例，从丹凤门经第二道门至龙尾道、含元殿，再经宣政殿、紫宸殿和太液池南岸的殿宇而到达蓬莱山，这条轴线长约1600余米。含元殿利用凸起的高地作为殿基,加上两侧双阁的陪衬和轴线上空间的变化,造就了朝廷所需要的威严气氛。

第三,木建筑解决了大面积、大体量的技术问题,并已定型化。从现存的唐朝后期五台山南禅寺正殿和佛光寺东大殿来看(图1-8),当时木构架——特别是斗拱部分,构件形式及用料都已规格化,说明当时已有了用材制度。由斗、拱、枋组合成的"铺作",再进而为整体的铺作结构层,成为木构建筑发展成熟的标志。这种适宜建造大规模或高层建筑物的水平分层叠垒形式,至迟在初唐时已经成熟。

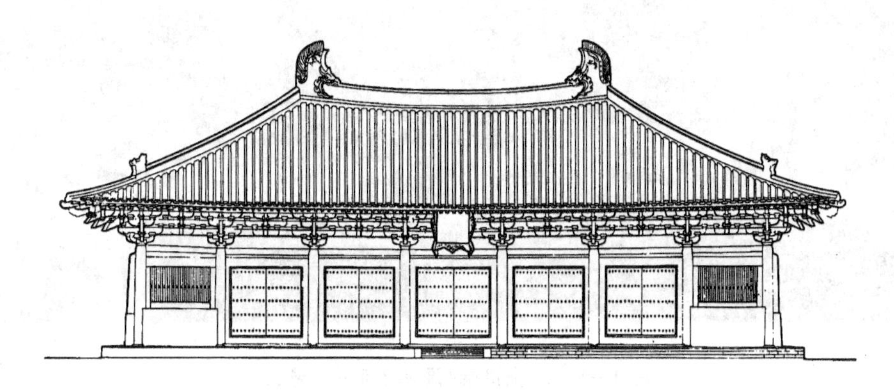

图1-8 佛光寺东大殿正立面(引自刘敦桢《中国古代建筑史》)

第四,砖石建筑有了进一步发展,佛塔采用砖石构筑者增多。目前我国保存下来的唐塔全是砖石塔。唐代砖塔有楼阁式、密檐式与亭阁式三种,其中楼阁式砖塔是由木塔演变而来,这种塔符合传统习惯的要求,可供登临远眺,又较为耐久;密檐塔平面多为方形,外轮廓柔和;亭阁式塔多作为僧人墓塔,规模小,数量多。唐朝砖石塔的外形,已开始朝仿木建筑的方向发展。

第五,建筑艺术日臻成熟。唐代建筑风格的特点是气势宏伟、严整而又开朗,在建筑物上没有纯粹为了装饰而加上去的构件,也没有歪曲建筑材料性能使之屈从于装饰要求的现象。例如斗拱的结构职能极其鲜明,华拱是挑出的悬臂梁,下昂是挑出的斜梁,都负有承托屋檐的责任。建筑色调简洁明快,屋顶舒展,门窗朴实无华。

唐代以后形成五代十国并立的形势,直到北宋又完成了统一,社会经济再次得到恢复和发展。

宋朝是中国古建筑发生较大转变的时期。具体有以下几方面的发展:

第一,城市结构和布局起了根本变化。都城布局打破了汉、唐以来的里坊制度。为适应手工业日益发展的要求,北宋的东京汴州开始临街设店,取消里坊和夜禁制度,形成了按行业成街的情况。一些邸店①、酒楼和娱乐性建筑也大量沿街兴

① 旅馆、客栈一类的住宿场所。

建起来。某些城市的大寺观还附有园林,或有集市,成为当时市民活动场所之一。这些情况显示工商业发展使得市民生活、城市面貌发生了变化。张择端著名的《清明上河图》就是宋代繁荣市井生活的写照(图1-9)。

图1-9　宋张择端《清明上河图》局部

第二,木构架建筑建立了古典的模数制。《营造法式》中把"材"作为造屋的标准,即木构架建筑的用"材"尺寸分成大小八等,按屋宇的大小、主次、量屋用"材"。"材"一经选定,木构架部件的尺寸都整套地随之而来(参见图1-2)。以后各个朝代的木构架建筑都沿用相当于以"材"为模数的办法,直到清代。

第三,建筑外观与色彩有很大发展。宋朝建筑的规模一般比唐朝小,甚至宫殿都使用悬山顶,无论组群与单体建筑都没有唐朝那种宏伟刚健的风格,但比唐朝建筑更为秀丽、绚烂而富于变化,出现了各种复杂形式的殿阁楼台。在装修和装饰、色彩方面,灿烂的琉璃瓦和精致的雕刻花纹及彩画增加了建筑的艺术效果。传统的园林建筑,经过北宋到南宋,更密切地和江南的自然环境相结合,创造了一些因地制宜的手法,一直影响到明清。

第四,砖石建筑的水平达到新高度。木塔到宋代已较少采用,绝大多数是楼阁式砖石塔。塔身多为筒体结构,平面多为八角形,可以登临远眺。如河南开封祐国寺塔是我国现存最早的琉璃塔,福建泉州开元寺双塔是我国规模最大的石塔。

辽、金、元等朝代融入外来文化,在建筑方面,大体仍沿袭唐宋传统。这一时期存留的建筑实物数量越来越多。可以看出,宋、辽在继承唐代建筑制度上,辽代建筑风格接近于唐代,而宋则完全以秀丽取胜,这种建筑风格为金、元所继承。另外,元代喇嘛教和伊斯兰教的建筑艺术逐步影响到全国各地,中亚地区各民族的工匠带来了异域的文化气息,使当时的宫殿、寺、塔及雕塑呈现出了异域风采。

明、清时期的建筑,沿着中国古代建筑的传统道路继续向前发展,获得了不少成就,成为中国古代建筑史上高度发展的时期。目前我们看到的大多数古代建筑都是这一时期的作品。其特征主要表现在以下几方面:

第一,城市建设除首都南京、北京外,出现了若干新兴的手工业、商业和对外贸易的城市及地方城镇。南北方城市根据地区、气候、地形等条件的不同,在布局上显示出各不相同的特色。

第二,建筑群的布局更为成熟,南京明孝陵和北京十三陵是善于利用地形和环境来形成陵墓肃穆气氛的杰出实例;而明代建成的天坛是我国封建社会末期建筑群处理的优秀实例;北京故宫的布局也是明代形成的,清代仅作了重修与补充;各地的佛寺、清真寺也有不少成功的建筑群布置实例。

第三,明代宫苑、陵寝的规模都很宏大,而清代的离宫园林,无论在数量上或质量上又都超过明代。由于统治阶级的提倡,明、清时期的祠祀建筑大为增多,不但在都城内修建许多大型坛庙,各地方也建造了大批祠庙和表彰封建道德与功绩的牌坊、碑亭等。明清的宗教建筑以佛教建筑比较突出。

第四,由于经济的发展,地方建筑也随之发展。在城镇和乡村中,增加了很多书院、会馆、宗祠、祠庙、戏院、旅店、餐馆等公共性的建筑。雕饰丰富的木、石、砖装饰较普遍地用于中大型住宅中,还有高达三四层的住宅。这些都是以往任何时期所未有的情况。中国建筑的地区特色从明代起更加显著,同时也开始走向程式化。如明中叶流传的总结江、浙一带地方建筑的著作《营造法原》,就体现了这种情况。

第五,明清时期已开始使用“千斤顶”、多刃的“刨子”“手摇卷扬机”等简单器械,以提高劳动生产率。木结构经过元代短时期的变动和酝酿,到明朝又趋于定型化。清朝颁布的《清工部工程做法》,统一了官式建筑构件的模数和用料标准,简化了构造方法。官式建筑的高度定型化,是长期经验积累的成果。其结果不但便于估工算料,加快施工速度,而且建筑造型也形成一定的比例关系,保证建筑艺术达到一定的水平。但同时,也限制了官式建筑的更多创造。到清中叶以后,在园林、家具、装饰、彩画等方面,由于过分追求细致,导致了堆砌、烦琐和缺乏生气的缺点。

第六,砖普遍推广于民居建筑,砖雕艺术已很娴熟。随着砌砖技术的发展,还出现了全部用砖拱砌成的建筑物——无梁殿,但多用作防火建筑,如佛寺的藏经楼等。同时,琉璃面砖、琉璃瓦的应用更加广泛,技艺更加精湛。由于明清宫殿、庙宇建筑的墙已用砖砌,屋顶出檐就可以减少,斗拱作用也相应减少。但由于宫殿、庙宇要求豪华、富丽的外观,因此失去了原来意义的斗拱不但没有消失,反而变得更加繁密,成了木构架上的装饰物。

另外,明清时期中国各少数民族(藏、蒙古、维吾尔)建筑均有相当发展,如西藏布达拉宫、新疆吐虎鲁克玛札等。承德外八庙建筑则反映了汉藏建筑艺术的交流融合。

明清两代遗留的建筑实物随处可见，宏大、完整的建筑组群为数甚多。其中如北京紫禁城宫殿、明十三陵、曲阜孔庙、清东陵和西陵、承德避暑山庄外八庙等，都是有计划、分期建造的宏大宫苑陵庙。此外，还有各地方的衙署寺庙、私人住宅和园林，都是我国古代建筑的瑰宝。明、清建筑继秦汉、唐宋之后，成为中国封建社会建筑的最后一个高潮。

第二节　古代建筑基本特征

一、古代建筑的外观特征

中国古典建筑与世界上其他建筑迥然不同，这种独特的建筑外形，是由建筑的功能、结构和艺术高度结合而产生的。

中国古典建筑由屋顶、屋身、台基三个部分组成，称为“三段式”，每部分各具特色（图 1－10）。

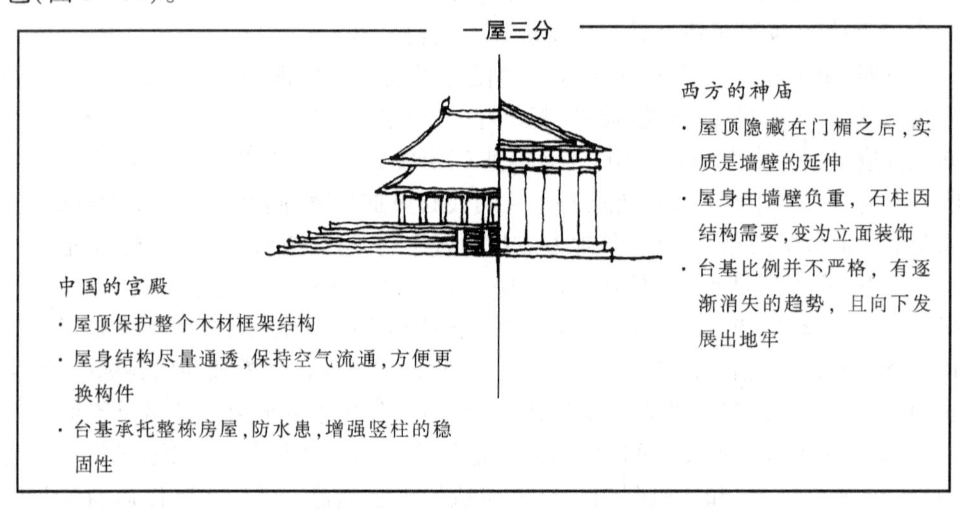

图 1－10　一屋三分示意图（摹自赵广超《不只中国木建筑》）

（一）屋顶

古建筑的大屋顶是最引人注目的外形，是中国古典建筑区别于西方古典建筑最鲜明的特征，视觉效果十分突出，世界少有。这种反曲向阳、具雕塑感的屋顶，不是古人凭空臆想出来的，而是我国古代匠师充分运用木构架特点，创造出的屋顶举折。屋顶起翘和出翘形成了如鸟翼伸展一般的檐角和流畅优美的屋顶曲线，令原本呆滞笨重的轮廓，变成了一条充满活力的天际线，柔和而有韵律，巨大沉重的屋顶也变得轻巧起来。

那么,屋顶为什么起翘?又是如何起翘的呢

“上尊而宇卑,则吐水疾而霤(liù)远。”(《考工记·轮人》)顶盖上陡峭,檐沿处和缓,雨水落下便可以冲得更远更急,这里虽然说的是车篷,但仿佛就是屋顶的写照,宽阔的屋檐既保护了木构架屋身,又使地基免于雨水的冲击而损坏。

屋顶大,又要撑得稳,最合理的办法就是采取将重力分散、逐步上升/下降的桁架结构。这种结构用材较短,选材方便,预制装嵌,起造迅速,同时还轻松化解了直线条三角形屋顶构架对立柱产生的沉重外推力。屋顶起翘如鸟儿展开翅膀,弯弯翘起的形态在视觉上具有很强的艺术性。

屋顶分不分等级呢

古建筑屋顶是森严礼制等级的绝对体现,在传统中国建筑中占有压倒性的位置,越高级的殿宇,屋顶就越大。屋顶越大,就越隆重。胡乱搭建者,不只犯法,兼且无礼(图1-11)。

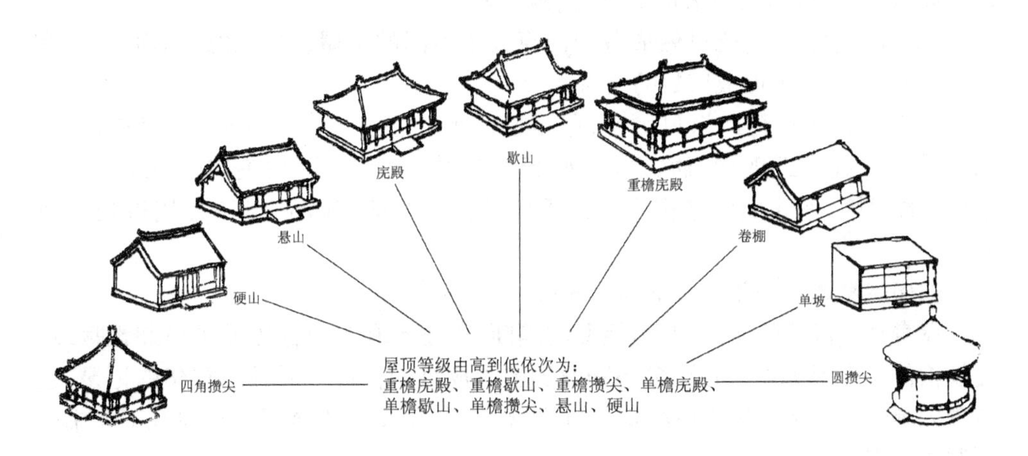

图1-11 屋顶的形式(引自田学哲《建筑初步》)

屋脊上的仙人走兽也同样显示着等级,最高级的屋脊上有9个装饰,最前的是龙,然后是凤、狮、海马、天马、甲鱼(鳌)、狻猊(披头)、獬豸和斗牛。故宫太和殿地位特殊,前面加上一个骑着小兽的仙人作为领队,后面加上一个行什作为殿后,突显其高级中的高级位置(图1-12)。

屋顶的仙人走兽难道仅仅是装饰吗

这些仙人走兽初看好似装饰,甚或儿戏,其中却隐藏着不可替代的功能作用:屋脊是屋顶两块坡面的接缝处,是整个屋顶最容易渗漏、结构最脆弱的部位,必须用砖瓦加固密封,庞大的屋顶坡面上一排排互相紧扣的瓦筒,非要牢牢钉固不可,覆上钉帽,这些钉帽就变成屋脊上的仙人走兽装饰。屋脊相交的点便是“鸱吻”努

图 1-12　屋顶的走兽

力咬着之处(图1-13)。垂脊不往外跌,是因为有一队仙人走兽在牢牢地“坐”着。这些看似装饰的设计,是不折不扣的“形式服从功能”,丝毫没有故作姿态。

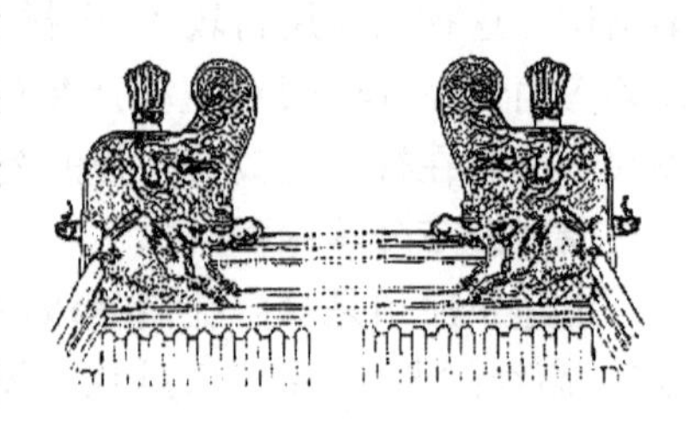

图 1-13　鸱吻

(二)屋身

中国古典建筑屋身部分是建筑的主体,运用木结构框架这种承重结构体系,柱子解放了房屋的墙体,赋予建筑物以极大的灵活性,既可轻盈灵透,又可随意装饰。既可做成各种门窗大小不同的房屋,也可做成四面通风、有顶无墙的凉亭,还可做成密封的仓库。

西方古典建筑是以石材为主,厚重墙体承受着房屋巨大的负荷,窗户狭小、房间阴暗。到了近现代,西方才在框架结构的支持下,开始追求和探索“流动空间”的意境,而我们的老祖宗在几千年前就已经把“流动空间”运用得相当纯熟了。

轻便屋身还有一些意想不到的好处

屋身替代沉重的墙体,变为轻便的隔断物,还有利于根据需要进行装设拆改、更换构件。中国历史上有许多将宫殿拆解为成批的构件然后异地重建的记录,也有预先制作结构构件运至现场安装的记载。古人又率先尝试了现代建筑工业中的预制化生产。

屋身除了承重的柱子,还有什么

负重既然不是墙壁的功能,责任由柱承担,那么柱与柱之间的墙壁,无论是土、木、砖、石,都可以像衣服般灵活地穿在通明剔透的框格子上。在寒冷的地方厚实,在温暖的地方轻松。幅员辽阔的中国,就出现了形形色色、各种不同的墙壁,而且可大可小。组成屋身的往往是考究的门、柱和漂亮的窗,以及其他替代墙的隔断,极具装饰性。

门,是建筑的门面,不同的建筑有不同的门(图 1-14)。始于汉代的《三礼图》“门堂之制”,很早就定下每一个阶层的住屋形式。“堂”是主体,“门”是面目,什么门就有什么堂,表里如一,不得混乱。同时,门还是从“外”到“里”的层层过渡,标志着不同空间的开始与终结,不同的空间有不同的门。

墙，要么空灵剔透，要么薄如屏风，宋《营造法式》称这些轻巧的墙为隔扇（图1－15）。“墙”可以随时迎接和风丽日，观赏精心布置的庭园，或进行宴会游乐，在不同的季节，甚至会为一线温柔的夕阳而敞开。

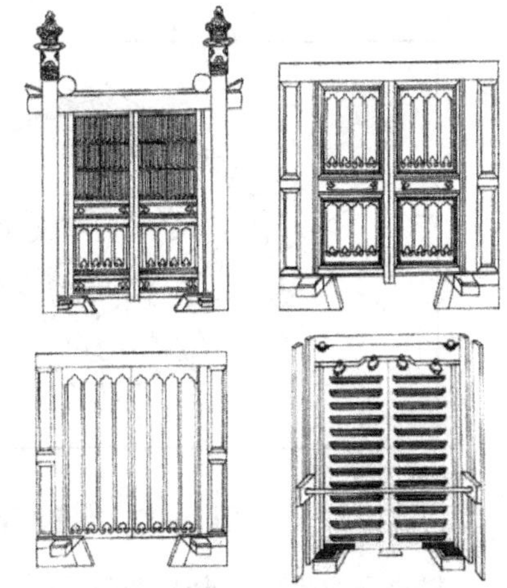

图1－14 《营造法式》中的木门样式

窗，款式更是数不胜数（图1－16）。巧手的工匠，根据主人的喜好，加上自己的灵感，随时随地创造出新的图样来。清代富庶的江南城市苏州，单是庭园窗花图案，就多达千种以上，镂空的图案在不同的光线下，充满浮雕的趣味。

图1－15 各种纹式的隔扇

图1－16 各种纹式的窗

（三）台基

台基，是我国古代建筑不可缺少的一部分，是建筑立身之所，它肩负着通风、防潮、稳定立柱等多种功能，同时，台基又好像一个巨大的承托垫子，避免柱基因为负重不同而出现沉降，一旦遇上猛烈的地震，土地颠簸抖动，整个台基就会像一只浮筏那样发挥缓冲的作用，抵消地震对建筑物的不规则摇撼。现存那些曾经遭受过连番地震，依旧保存下来的古代建筑，绝非侥幸，除了木框架结构在防震方面的优越性之外，台基的作用也实在功不可没（图1－17）。

台基除了通风、防潮、稳定立柱、防震等功能之外，还有其他作用吗？

“基为墙之始”（《说文》），台基稳然在建筑物之下，“九层之台，起于累土”（《老

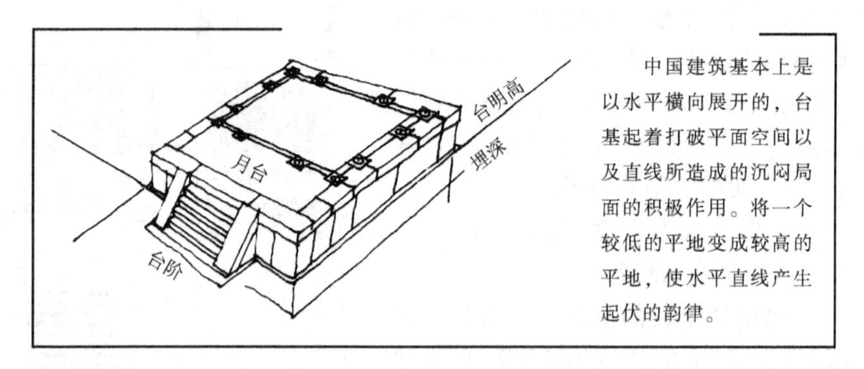

图1－17　台基(摹自赵广超《不只中国木建筑》)

子》)，按老子的说法，台基象征着崇高道德的第一步。住在里面的人德行越高，台基就越高，所谓君子不重则不威，德高，台基自然厚重。经过几千年的发展，台基的文化和美学价值远超过了它的实际功能，所以一直都未因为需要而妄加调整。比如既未因防潮问题已得到解决而将其高度下降，也没有像西方建筑那样动辄就变成地牢。

台基昭示着身份和权力，在重要的建筑上多为雕刻丰富的白石须弥座(图1－18)。须弥座①不仅具有装饰作用，也是最高级别的台阶，配以栏杆、台阶，有时可以做到两三层，更显得建筑雄伟、壮观，工艺精湛，装饰考究。唐代大明宫含元殿，筑于长安城北龙首原13米多高的高台上，殿前有三条70余米长的龙尾道，壮丽巍峨，各国来朝的使节战战兢兢走完最后一级，双腿正好累得跪下来。

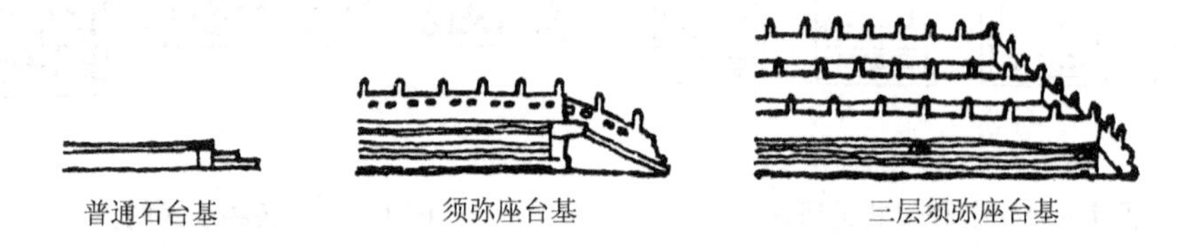

图1－18　台基的等级(引自田学哲《建筑初步》)

二、古代建筑的结构特征

中国古代建筑主要是采用木构架结构，人们常用“墙倒屋不塌”这句谚语来形容古代建筑，它生动地说明这种木构架的特点。我们在前面讲屋身的特点时已经说过，建筑的重量是由构架承受的，墙不承重。这样的木建筑，屋身墙壁都轻巧得

① 须弥座，又名“金刚座”，即佛像底座，为我国传统建筑的一种台基。一般用砖或石砌成。在古代建筑中，这种基座形式称为须弥座。

可以又拆又装，墙倒了自然“屋不塌”。

木构架是屋顶和屋身部分的骨架，它的基本做法是以立柱和横梁组成构架，四根柱子组成一“间”，原理和搭积木差不多，将四根柱子竖起，加上屋顶，便成了一间房屋的雏形，而一栋房子由几个这样的“间”组成。屋顶部分也是用类似的梁架重叠，逐层缩短，逐级加高，柱上承檩，檩上排椽，构成屋顶的骨架，也就是屋顶坡面举架的做法。

欣赏古建筑的结构很方便，可以不用打开盖子来研究，因为它是外露的。古建筑的框架结构为了保持木材通风及便于更换构件，玲珑剔透，一目了然，可观性很强。

不同的地域气候有不同的木材品种，也有不同的处理方法。中国有56个大小不同的民族，各个民族不同的生活习惯都足以发展成为独立的结构形式。这里只简单介绍两种主要的结构类型。

(一)抬梁式

抬梁式也称叠梁式，就是屋瓦铺设在椽上，椽架在檩上，檩承在梁上，梁架承受整个屋顶的重量再传到木柱上，就这样一个抬着一个(图1－19)。

抬梁式构架的好处是室内空间很少用柱(甚至不用柱)，结构开敞稳重，屋顶的重量巧妙地落在檩梁上，然后再经过主立柱传到地上。这种结构用柱较少，由于承受力较大，柱子的耗料比较多，流行于北方。大型的府第及宫廷殿宇大都采用这种结构。

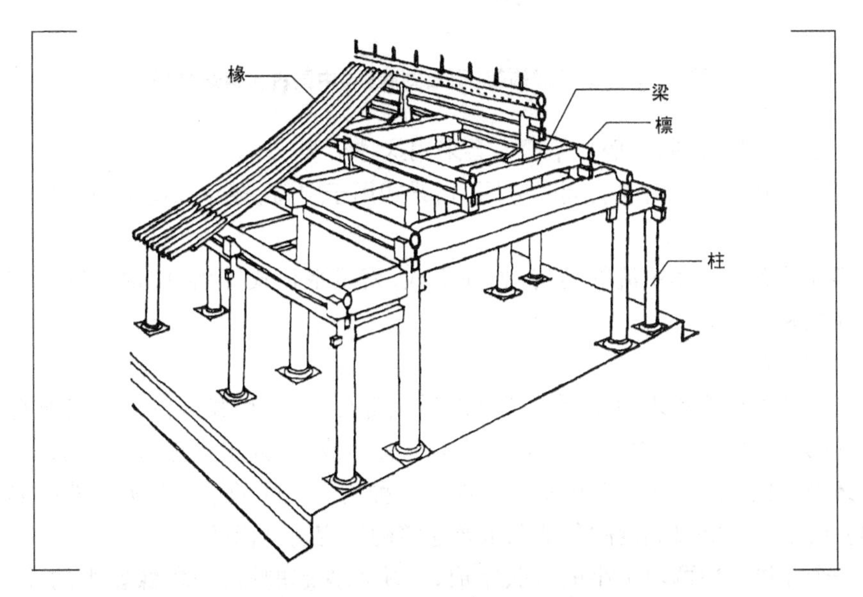

图1－19　抬梁式构架(引自田学哲《建筑初步》)

(二)穿斗式

穿斗式又称立帖式,直接以落地木柱支撑屋顶的重量,柱间不施梁而用穿枋联系,以挑枋承托出檐(图1-20)。穿斗式结构柱径较小,柱间较密,应用在房屋的正面会限制门窗的开设,但做屋的两侧,则可以加强屋侧墙壁(山墙)的抗风能力。其用料较小,选用木料的成材时间也较短,选材施工都较为方便。在季风较多的南方一般都使用这种结构。

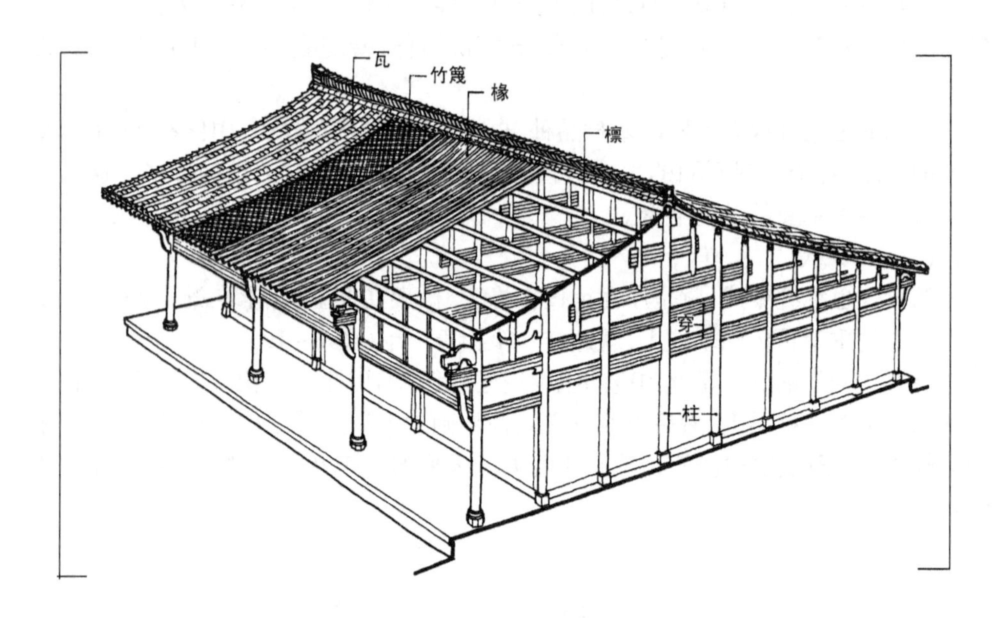

图1-20 穿斗式构架(引自刘敦桢《中国古代建筑史》)

由于竖架较灵活,一般竹架棚亦会采用这种结构。

穿斗式和抬梁式有时会同时应用(抬梁式用于中跨,穿斗式用于山面),发挥各自的优势。

其他还有一些非主流的结构,如井干式、密梁平顶式等,它们都分别适应了不同的地域和气候。

(三)斗拱

在大型木构架建筑的屋顶与屋身的过渡部分,有一种我国古代建筑所特有的构件,称为斗拱。它是由若干方木与横木垒叠而成,用以支挑深远的屋檐,并把其重量集中到柱子上。用来解决垂直和水平两种构件之间的重力过渡。斗拱是我国封建社会中森严等级制度的象征和重要建筑的尺度衡量标准。

一个斗拱是由两块小小的木头组成,一块像挽起的弓,一块像盛米的斗,但就是这两块小小的木头托起了整个中华民族的建筑,成了传统中国古建筑艺术最富创造性和最有代表性的部分(图1－21)。

斗拱的组合一点也不复杂,斗上置拱,拱上置斗,斗上又置拱,重复交叠,千篇一律,却千变万化,让人眼花缭乱(图1－22)。《清工部工程做法》足足用13卷的篇幅来列举30多种斗拱的形式,但这种令人莫测高深的结构,实际上还有着更多的变化。因为斗拱本身是一种"办法",在被定型为"格式"之前,一直都在因不同需要而自由组合。

图1－21　斗拱的组成

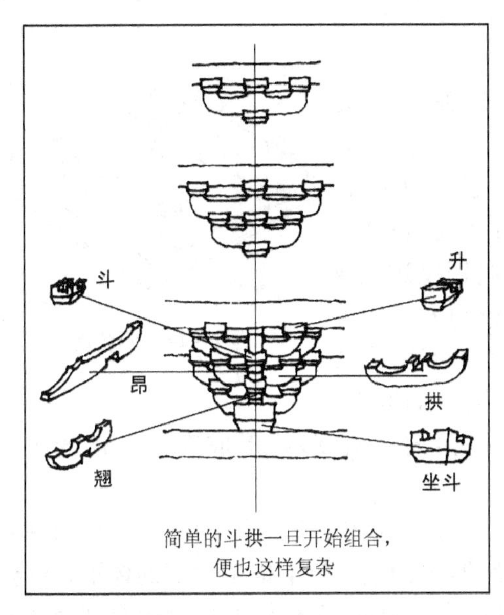

图1－22　斗拱的组合

斗拱在我国古代建筑中不仅在结构和装饰方面起着重要作用，而且在制定建筑各部分和各种构件的大小尺寸时，都以它作为度量的基本单位。如坐斗上承受昂翘的开口称为斗口，作为度量单位的"斗口"是指斗口的宽度。

斗拱在我国历代建筑中的发展演变非常显著,可以作为鉴别建筑年代的一个主要依据。早期的斗拱主要作为结构构件,体积宏大,近乎柱高的一半,充分显示出在结构上的重要性和气派。唐、宋时期的斗拱还保持这个特点,但到明、清时期,它的结构功能逐渐减弱,外观也日趋纤巧,本来的杠杆组织最后沦为檐下的雕刻(图1－23)。虽然斗拱仍旧是中国建筑最有代表性的部分,但却无可奈何地走到了尽头。

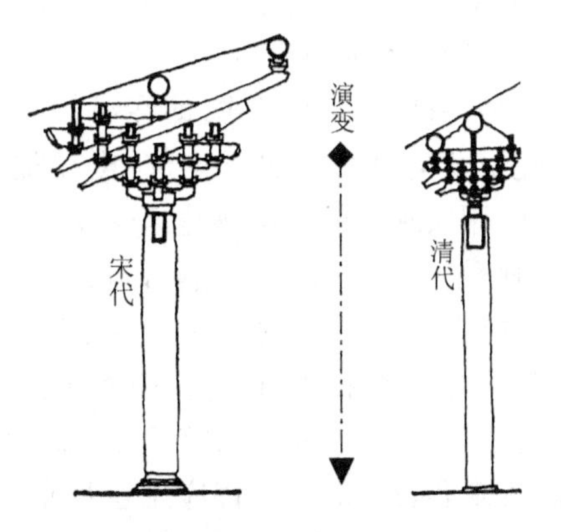

图1－23　宋清两代的斗拱比较
(引自田学哲《建筑初步》)

三、古代建筑的群体布局特征

中国古代建筑一般都是由单个建筑物组成的群体。这种建筑群体的布局,除了受地形条件的限制或特殊功能要求(如园林建筑)外,一般都有共同的组合原则,那就是以院子为中心,四面布置建筑物,每个建筑物的正面都面向院子,并在正面设置门窗。

规模较大的建筑由若干个院子组成。这种建筑群体一般都有显著的中轴线，在中轴线上布置主要建筑物，两侧的次要建筑多作对称布置。个体建筑之间有的用廊子相连接，群体四周用围墙环绕。北京的故宫就是这种群体组合原则的典型，显示了我国古代建筑在群体布局上的卓越成就。

这种布局特征是中国封建社会传统儒家思想的体现，礼制制度贯穿于其中。自西周以来，礼制就约束着造房及建城，并世代相传。

建筑群体的布局万变不离其宗，先是由单体建筑构成院落，然后，再由院落构成群体。

建筑院落的布局大体可分为两种：

一种是“四合院”式，即在纵轴线（前后轴线）上先安置主要建筑及其对面的次要建筑，再在院子的左右两侧，依着横轴线以两座体形较小的次要建筑相对峙，构成正方形或长方形的院落，这就是四合院（图1－24）。四合院的四角通常用走廊、围墙等将四座建筑连接起来，成为封闭性较强的整体。这种布局方式适合中国古代社会的宗法和礼教制度，便于安排家庭成员的住所，使尊卑、长幼、男女、主仆之间有明显的区别。同时也为了保证安全、防风、防沙，或在院落内种植花木，形成安静舒适的生活环境。

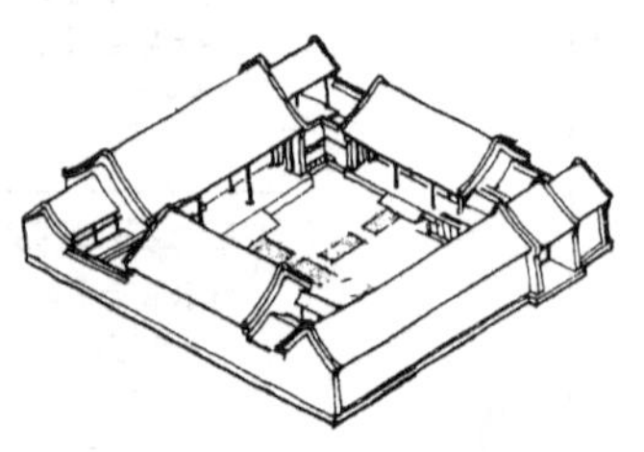

图1－24　四合院

四合院有极强的适应性，对于不同地区的气候影响，以及不同性质的建筑在功能上和艺术上的要求，只要将院落的数量、形状、大小，与木构架建筑的体形、式样、材料、装饰、色彩等加以变化，就能够得到解决。因此，在长期的奴隶社会和封建社会中，在气候悬殊的辽阔土地上，无论宫殿、衙署、祠庙、寺观、住宅都比较广泛地使用这种四合院的布局方法。

另一种是“廊院”式，即在纵轴线上建主要建筑及其对面的次要建筑，再在院子左右两侧，用回廊将前后两座建筑连接为一，这就是“廊院”（图1－25）。这种以回廊与建筑相组合的方法，可收到艺术上大小、高低、虚实、明暗的对比效果，同时走在回廊上还可向外眺望，扩大实际空间。自汉至宋、金，宫殿、祠庙、寺观和较大的住宅都应用这种布局方式。其中唐宋两代为盛。唐代后期又出现了具有廊庑的四合院，它既保留廊院的一部分特点，又将使用面积扩大，显然比廊院更切

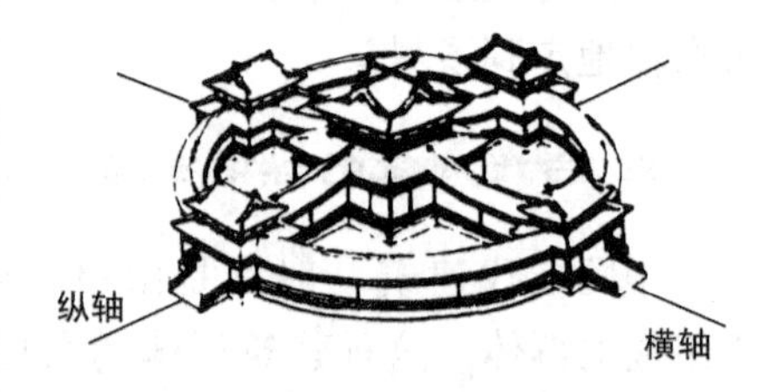

图1－25　廊院（宋·金明池水殿）
（引自刘敦桢《中国古代建筑史》）

合实用，所以从宋朝起，宫殿、庙宇、衙署和住宅采用廊庑的逐渐增多，而廊院日益减少，到明清两代几乎绝迹。

当一个院落建筑不能满足需要时，往往通过轴线控制，采取纵向扩展、横向扩展或纵横双方都扩展的方式，构成各种各样的建筑群体（图1－26）。

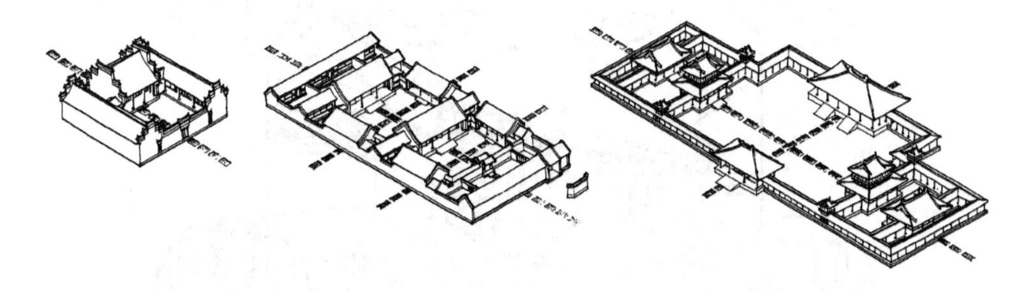

图1－26　院落的组合（引自建筑设计资料集编委会《建筑设计资料集3》）

四、古代建筑的装饰及色彩特征

所谓"雕梁画栋"正是我国古代建筑装饰及色彩特征的真实写照。

（一）装饰

装饰是建筑的细部，中国古代建筑上的装饰细部，大多是以结构构件经过艺术加工而发挥其装饰作用的，木建筑外露结构从不遮蔽（以便木料通风、维修），经过细工处理的木框构件，本身就已经是了不起的雕刻，再在上面进行有节制的装饰，更是锦上添花。梁枋、斗拱、檩椽，都是结构与艺术的完美结合。

建筑上的装饰部分，重点都在显眼处。

一座建筑不单纯是工程技术，同时也是一种综合艺术，这是缺一不可的。在综合艺术中要体现雕刻、彩画、壁画、色彩以及各种装饰。以一个佛殿为例：柱础石、屋槽、斗拱、瓦当、正脊、门帘等部位都做得精致；在梁架部位，斗拱、梁头、瓜柱都有雕刻，起到画龙点睛的作用。同时，我国古代建筑还综合运用了传统工艺美术以及绘画、雕刻、书法等方面的卓越成就，赋予了建筑色彩以生命，体现了我国浓厚的传统民族风格。如额枋上的匾额、柱上的楹联、门窗上的棂格、梁上的雕刻等，都是丰富多彩、变化无穷（图1－27）。

雕刻在古代建筑中无处不在。

雕刻有木雕、砖雕、石雕之分，雕刻手法有透雕、立体圆雕、浮雕、镶嵌雕饰等各种，加上瓦作、陶泥塑造等，雕饰手段之多，可想而知。

"雕梁"就是将梁头或重点部位施以雕刻，雕琢出各种花纹供人们欣赏。无论南方北方，各式的建筑都或多或少地采用雕刻与彩画。例如在大梁及梁头部位进

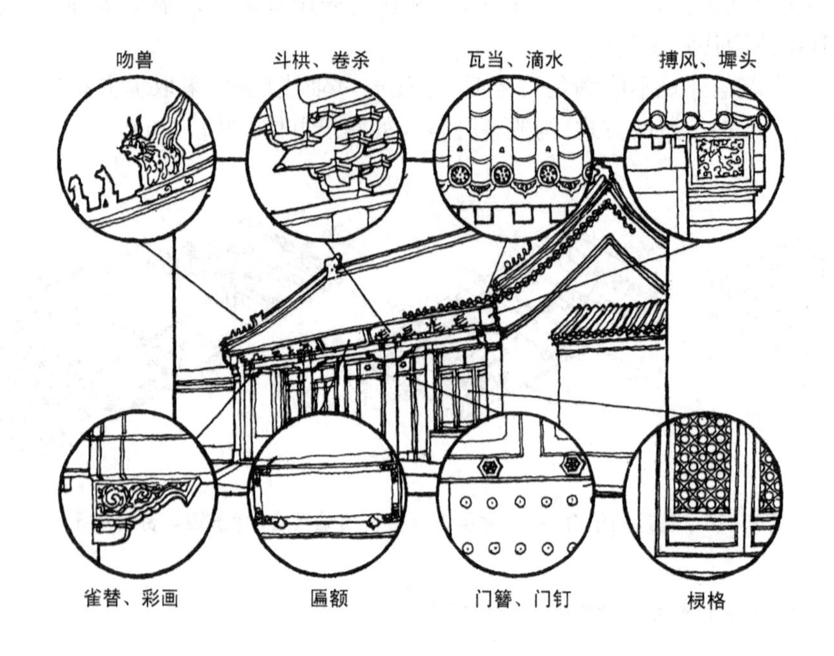

图 1－27　建筑的装饰(引自田学哲《建筑初步》)

行雕刻,门窗部位、外檐梁的中心及端部、端头、垂莲柱、屋脊、脊头垂鱼、惹草、腰花、门龛与床罩、地罩等部位也要雕刻。南方的建筑中雕刻更为盛行,福州、潮州等地连同整个木梁架全部成为雕刻品。有的人家大门口的结构不论什么材质,全部予以雕刻。把外檐的斗拱及梁柱端部雕琢成极其俊美的纹样(图 1－28)。

图 1－28　南方建筑的木雕花

大体上,南方建筑雕刻玲珑而精细,风格柔而软、细而腻。北方以山西为代表,建筑雕刻粗犷、豪放。

(二)色彩

中国古代建筑的用色极为大胆,惯用大面积的原色——黄、红、青、绿、蓝、黑、白。

古代建筑的色彩从春秋时期起,不断发展,大致到明代总结出一套完整的手法,不过随着民族和地区的不同,又有若干差别。春秋时代宫殿建筑已开始使用强烈的原色,经过长期发展,在鲜明色彩的对比与调和方面积累了不少经验。南北朝、隋、唐间的宫殿、庙宇、邸第多用白墙、红柱,或在柱、枋、斗拱上绘有各种彩画,屋顶覆以灰瓦、黑瓦及少数琉璃瓦，而脊与瓦采取不同颜色，已开后代“剪边”屋顶的先河。宋、金宫殿逐步使用白石台基，红色的墙、柱、门、窗及黄、绿各色的琉璃屋顶，而在檐下用金、青、绿等色的彩画，加强阴影部分的对比。这种方法在元代基本形成，到明代更为制度化。在山明水秀、四季常青的南方，房屋色彩受气候、环境、社会等方面的影响，多用白墙、灰瓦和栗、黑、墨绿等色的梁架、柱装修，形成了与环境相调和、秀丽淡雅的格调。

除审美之外，色彩的使用，在封建社会中还受到等级制度的限制。自西周“明贵贱，辨等级”以来，色彩严格分成等级：金、黄、赤、绿、青、蓝、黑、灰、白。宫殿用金、黄、赤色；官邸用绿、青、蓝色；民舍只可用黑、灰、白色。

目前一般所见的是清代的宫殿、庙宇，用黄色琉璃瓦顶、朱红色屋身，檐下阴影里用蓝、绿色略加点金，再衬以白色石台基，各部分轮廓鲜明，使建筑物更显得富丽堂皇。建筑上使用这样强烈鲜明的色彩而又得到如此完美的效果，在世界建筑上是少有的。

彩画是古建筑色彩的独特体现，可以说，出色的梁枋彩绘，设色并不逊于工笔画。

中国古代木建筑物对抗风雨的第一道防线就是檐枋下的绘画，木材之所以能够避过虫蚁蛀蚀，也是因为檐枋下的彩画。颜料可以辟湿，有些更含有剧毒，令虫蚁退避三舍。古老的木建筑得以保存，一层油彩，作用非常之大。这层薄薄的“保护膜”使古代的木构建筑物令人感到更加赏心悦目。

建筑彩画的前身是“挂”上去的。最初的建筑较为低矮，堂前殿后，就是张挂帷幛来分隔内外。早期建筑的色彩，主要是这些悬挂在殿堂里的重重幔幕。

秦汉之前宫殿流行在横梁上悬挂帷幕织锦来装饰。至今梁上依旧保留着画上一块方形彩绘，将梁身裹住的习惯。这种图案到现在仍然叫作“包袱”。至于梁柱两端用来镶嵌的铁箍，已在木作技术成熟后弃用，只留下彩绘痕迹。

明清时期最常用的彩画种类有和玺彩画、旋子彩画和苏式彩画。它们多做在檐下及室内的梁、枋、斗拱、天花及柱头上。彩画的构图都密切结合构件本身的形式，色彩丰富，为我国古代建筑增添了无限光彩（图1－29）。

彩画也有严格的等级：

旋子彩画①，用于寺庙、祠堂、陵墓等建筑，根据等级划分为多种做法，分别以旋花组合图案表现。

和玺彩画，是用于宫殿建筑装饰中最高级的彩画。它包括：

· 金龙和玺：宫殿中轴主殿建筑

· 金凤和玺：与皇家有关的建筑（地坛、月坛）

① 旋子彩画及下面的和玺、苏式彩画均为清代建筑彩画种类。

· 龙凤和玺：皇帝与皇后、妃子之寝宫

· 龙草和玺：皇家敕令建造的寺庙

· 苏画和玺：皇家园林建筑

苏式彩画，主要用于园林建筑和住宅，又称园林彩画。

和玺彩画和旋子彩画为"规矩活"，必须按规矩做活。苏式彩画与和玺彩画和旋子彩画的规矩形成鲜明对比。它源于苏杭地区，风格犹如江南丝织，自由秀丽、图案精细、花样丰富，常以山水、花卉、禽鸟为主题。

自古以来，"雕梁画栋"也有地域之分。"雕梁"在南方流行，因为彩画怕湿，阴雨连绵对彩画不利。彩画的色与粉受潮，易于变色、褪色，甚至使彩画脱落，所以南方普遍采用雕刻。北方干燥，"画栋"很少受气候的影响，所以彩画绘制的比较多，因此有"南雕北画"之说。

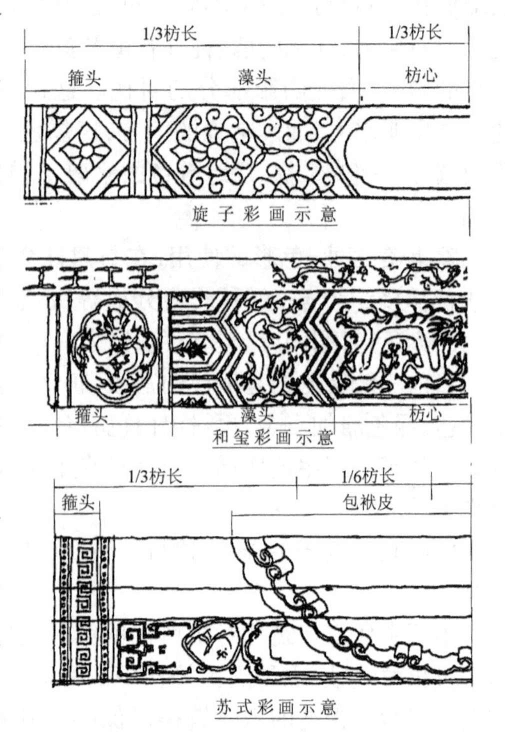

图 1-29 建筑彩画（引自田学哲《建筑初步》）

本章小结

我国古代建筑具有卓越的成就和独特的风格，在世界建筑史上占有重要地位。

我国古代建筑经历了萌芽、形成、高潮、发展几个历史阶段，在漫长的岁月里，逐步掌握了营建地面房屋的技术，创造了以夯土墙和木构架为主体的建筑，出现了宏伟的都城、宫殿、宗庙、陵墓等建筑，形成了成熟的、独特的建筑体系，不论在城市规划、建筑群、建筑空间处理、建筑艺术与材料结构的和谐统一、设计方法、施工技术等方面，都有卓越的创造与贡献。时至今天，这些方面仍可供我们欣赏、参考和借鉴。

思考与练习

1．我国独特的古代建筑体系产生的原因主要有哪些？

2．建筑发展到唐代，主要有哪些成就？宋代有哪些变化？

3．中国古代“三段式”建筑外观有什么特征？

4．木构架结构有几种类型，分别有何特点？我国古建筑所特有的结构构件是什么？

5．院落是我国古代建筑主要的布局方法吗？它们是如何布局的？

6．中国古建筑在装饰色彩上最突出的特点是什么？

第2章

古代城市与帝王建筑

本章导读

中国古代城市是帝王统治臣民的主要依托，也是中国古代建筑艺术的重要组成部分。它鲜明地反映了中国古代社会思想状态的变化，体现了建筑工匠驾驭城市建筑全局的卓越能力。同时城市还是一个错综复杂而又包罗万象的组合体。其中，宫殿、坛庙、陵墓对城市的布局有着决定性的影响，是古代帝王所建造的最隆重、最宏大、最高级的建筑物，耗费了大量人力、物力和财力，代表了一个时期建筑文化的最高水平。

第一节　古代城市

一、古代城市的起源与发展

“城”和“市”原本是两个不同的概念。“城”是防御功能的概念，“市”是贸易、交换功能的概念。两者的结合是社会进化的产物，也是古代城市两个最基本的功能。

考古发掘证明，三千多年前殷商时代的中国已经有城市。当时中国城市的规模已经很大，城市功能也很复杂。

春秋战国时期的城市，有王城和外郭的区分，反映了“筑城以卫君，造郭以守民”的要求，棋盘形格局已初步形成。城市带有围墙，内为城，外为郭。城中有城，内城即为宫城。手工业作坊集中分布在宫城周围。市民有明确的居住区域，市场有固定的位置。这种格局一直延续到唐朝。

汉长安城将宫室与里坊结为一体，先建宫殿，然后修建城墙，城市平面不甚规整，被后人形象附会为“斗城”。

三国时期，中国古代城市开始有明确的规划意图，有整体综合的观念，有处理大尺度空间的丰富艺术手法，也有修建大型古代城市的高超技术水平。曹魏邺城采用了功能分区的方式，以主要干道和宫殿建筑群形成中轴线布局的城市，对以后中国城市的布局影响较大(图2－1)。

南北朝时期,北魏都城洛阳进行了大规模的扩建,加强了全面规划,在原来东汉洛阳城的东、南、西三面扩建居住里坊和市,形成王城居中偏北的布局,为中国古代前期城市建设的高峰起了先导作用。

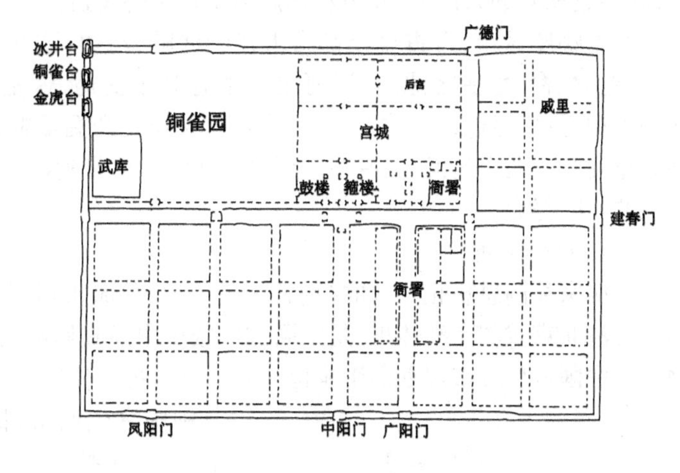

图2－1 曹魏邺城复原平面图

隋唐长安城的规划是中国古代最杰出的城市规划成就之一。公元582年由城市规划家宇文恺制订,并按照规划进行建设。城市平面为矩形,宫城居中偏北,采取严格的中轴线对称、封闭式棋盘形布局,影响深远及于日本、朝鲜等国的都城建设。

宋开封城原为汴河连接黄河的漕运重镇,按五代周世宗柴荣颁发的诏书有规划地进行扩建,形成宫城居中的三套城墙布局。这种布局方式影响了金中都、元大都、明清北京城的规制。后来,商品经济的发展使城市里坊制逐渐废弛。北宋中叶,开封城走向较为开放的街巷制体系,形成了中国封建社会后期的城市结构形态。

元大都采用春秋战国时期理想都城的规划思想,因地制宜,由城市规划家刘秉忠主持规划,布局严整对称,南北轴线与东西轴线相交于城市的几何中心。

明代的北京城是在元大都基础上建成的,清代继续作为都城。它被完整地保留下来,成为中国古代城市规划的杰出典范,受到举世称赞。

二、古代城市的鉴赏

(一)城市选址

中国古代城市都非常重视城市的选址。《管子》提出"凡立国都,非于大山之下,必于广川之上,高毋近旱而水用足,下毋近水而沟防省"的科学原则,主张建设城市要选择依山傍水的地形,以免受旱涝之害,节省开渠引水和筑堤防涝的费用。中国一些著名的城市,如西安、洛阳、开封、苏州、杭州、北京、南京等选址,都经过周密的考虑。千百年来它们虽遭受不少天灾战祸,但经过重建、改建或扩建,仍保存至今。

从风水角度看,选址也是第一重要的。历代开国之君,往往亲派大臣要员兼携"阴阳"先生,去勘察地形与水文情状,这在古代称为"相土尝水"。汉高祖定都长安，就经过反复勘察论证，并由丞相萧何亲自主持建造。

无论哪座城市，自古至今都力求建于河畔、江边，这在“风水”中称为得其“水脉”，水为生命、生活之源，有江河之水也有利于交通，这是古代建城的必备条件。如果水源不足，经过人工改造也要获得，如汉长安开掘郑渠，隋、唐修运渠以及元疏掘通惠河与南北大运河等，有“风水”上的讲究，更是解决城市交通，努力扩大漕运区域的实际努力。

（二）规划思想

与儒家礼制思想相一致的《周礼·考工记》的城市形制，及其在唐长安城、元大都和明清北京城的完整体现，是中国古代城市中最具影响力的典型格局，而其他思潮对于中国古代城市规划的影响也具有不可忽视的作用。

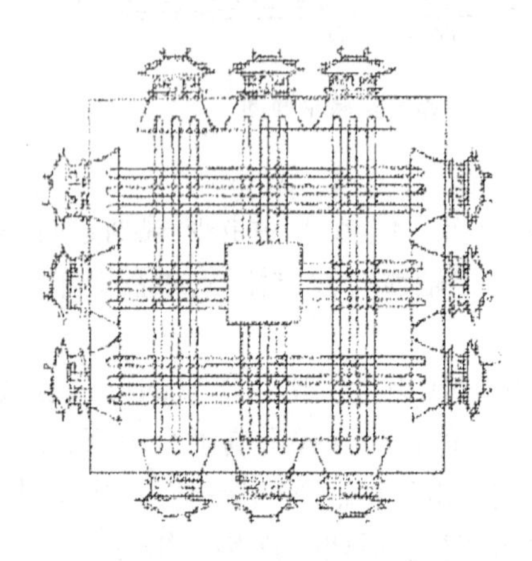

图2－2 《三礼图》中的周王城图

中国古代城市，特别是都城和地方行政中心，往往是按照一定制度进行规划和建设的。《周礼·考工记》中对周代的城市建设制度有明确的记载。城的大小因受封者的等级而异，城内道路的宽度、城墙的高度和建筑物的颜色都有等级区分。《考工记》关于王城的记载：“匠人营国，方九里，旁三门，国中九经九纬，经涂九轨，左祖右社，面朝后市，市朝一夫”[①]（图2－2）。这些关于城市规划的原则，以《考工记》一脉相承的儒家思想为依据，维护传统的社会等级和宗教礼法，表现为城市形制的皇权至上理念。它们虽然在南北朝以前的都城规划中尚未充分体现，但对于隋唐以后都城的规划布局却产生很大影响。元大都和明清北京城的规划布局，可以说是严格遵循上述原则的。

与此同时，以管子和老子为代表的自然观对于中国古代城市形制的影响也是长期并存的，强调“因天材，就地利，故城郭不必中规矩，道路不必中准绳”的自然至上理念。许多古代城市格局既体现了《周礼·考工记》的礼制思想，也表现出利用自然而不完全循规蹈矩。到了宋代，东京汴梁城的商业大街取代了唐长安城中集中设置的东西两市，商品经济和世俗生活的发展开始冲破《周礼·考工记》的礼制约束，对城市的形制与规划思想产生影响。

① 是说建筑师、规划师营建城市，要方9里，各旁开3个城门，城中9条经纬大街，南北大街要9条车道（即“九轨”）宽度。宫城左为祖庙，右为社稷坛，宫前设朝，宫后设市场，此市、朝用地规范为“一夫”（方百步）。

(三)城市布局与里坊

中国古代城市的布局特征十分明显,是以宫殿为中心,中轴线对称、街道呈棋盘式布局的城市典型。

中轴线对称的平面布局,其渊源,是中国传统的内向庭院式低层建筑群所具有的主次分明,以中轴线突出主要建筑物的布局手法,同时也是由于封建社会中反映统治阶级意图的不正不威的等级观念和秩序感的需要。

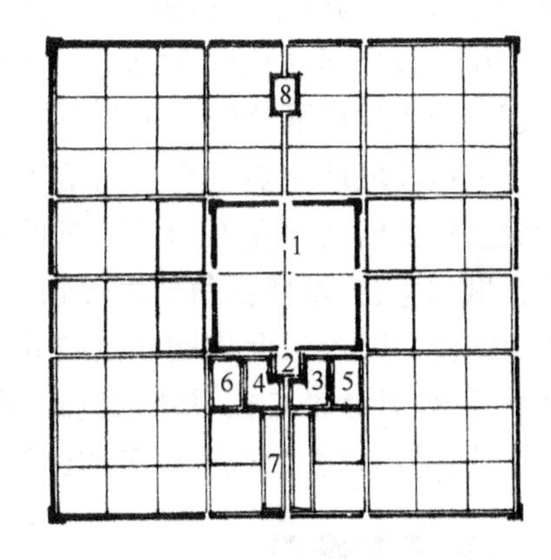

图2-3 周代王城闾里示意图

1.宫城 2.外朝 3.宗庙 4.社稷
5.府库 6.廊 7.官署 8.市

棋盘式布局,主要来源于古代的里坊制。在周代王朝中,除天子王城外的地区,每25户人家为一基本单元,称之为“闾”“里”(图2-3)。这种闾里制度实际上是封建君主为方便统治劳动人民而设置的。其结果是城市布局的规格化,每一方块用地相等,这一封闭的方格用地就是“里”或“坊”。早期的里坊制管理非常严格,除皇族显贵外,居民一律不准沿街开门。傍晚街鼓一停,居民不得上街行走,夜间还要关闭坊门,待日出再开。城市街景也因此显得单调而无生气,街边都是高大的土墙,缺少变化。后期随着商业的繁荣,到了宋代就基本废除了里坊制,里坊与市融合,可以沿街设店,形成繁华的商业街。

明清时期,由于皇城居中,这时的城市街巷又有了不同,全城道路分干道和“胡同”两类,干道宽约25米,胡同6~7米。胡同一般是东西向,前后两条胡同间距50步,约77米,在两胡同的地段上再划分住宅基地。这种有规律的街巷布置和唐代以前一里见方的里坊形成两种不同的居住区处理方式(图2-4)。

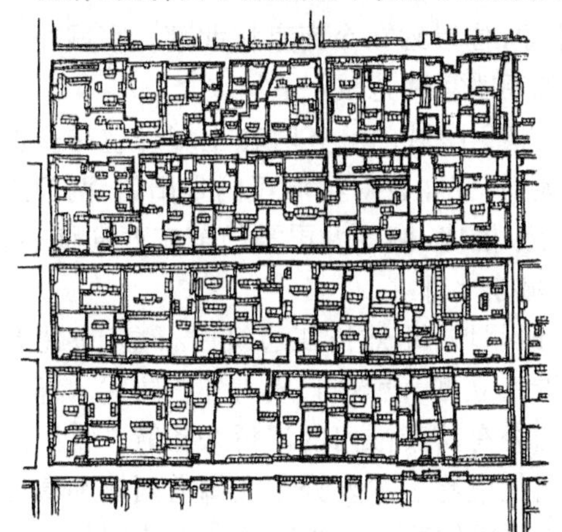

图2-4 清代北京典型街巷示意图
(引自刘敦桢《中国古代建筑史》)

(四)筑城技术

我国是世界上古代筑城技术最多样、最发达的国家之一,近3000座古代城址有如明珠,镶嵌在辽阔的土地上。

版筑法,是我国古代筑城的主要方法。早期版筑法一般是用斜行夯土来顶住城墙的主体部分,用绳将木棍编成"板"状,用两块木棍板封夹,两板中间放土,用石或杵夯实而成。这种方法到商周时代有了较大的发展,如郑州商城、偃师商城和山西垣曲商城的墙体都用这种方法夯筑而成。为了加固,还在土中加水平方向木骨,称为红木。这种做法自汉长城开始,下至南北朝、唐、宋,最晚到元代朝廷使用。汉代西部长城有的还在版筑中加芦苇。直到今天,一些盐碱地区,在夯土中还加芦苇层以隔盐碱。唐朝长安宫殿的城墙也是用夯土筑造的。

宋以前城墙主要是土城,从战国到宋朝,只有个别石头城和砖城出现。秦朝蒙恬北击匈奴时,曾"垒石为城";三国曹魏邺城曾"表饰以砖";唐代的大明宫宫墙只是在城门墩台、城墙拐角处用砖砌筑。虽然五代以后,砖城有所增加,但我们从《清明上河图》中看到,北宋初年的汴京,也只是在门墩和城墙拐角处包砌砖头。明初修北京城,开始也是在墙外侧包砖,到1421 年才在内墙砌砖。明朝中期,砖城普及,到清代,县城以上的城不用砖的已经很少见了。

三、典型案例

中国古代的城市规划强调战略思想和整体观念,强调城市与自然结合,强调严格的等级观念,多考虑宗教、防卫等因素的影响,规划思想和成就集中体现在作为"四方之极""首善之区"的都城建设上。

(一)建康城

建康城位于今江苏省南京市,是三国吴、东晋和南朝宋、齐、梁、陈六朝的都城。吴时名建业,西晋改称建康,作为都城前后历时322 年。建康城东北依钟山,西北濒长江,沿江丘陵起伏,东南有青溪和秦淮河环绕,历来称形胜之地,所谓"钟阜龙盘,石城虎踞",山川形势极佳(图2-5)。

吴的都城周20 余里,南北长,东西略短,位置约在今南京城北部。宫城在城内偏北,西为孙权建的太初宫,东为孙皓建的昭明宫和苑城。

东晋和南朝的都城仍沿用吴旧城,增辟9 座城门。齐时在土城外包砖。据记载,当时有宫墙三重,外周八里。南面是大司马门,直对都城正门宣阳门,两门之间是二里长的御道。御道两侧开有御沟,沟旁植槐、柳。大司马门前东西向横街,正对都城的东、西正门。苑囿主要分布于都城东北郊。

建康无外郭城,但其西南有石头城、西州城,北郊长江边筑白石垒,东北有钟山,东有东府城,东南两面又沿青溪和秦淮河立栅,设篱门,成为外围防线。都城南面正门即宣阳门,再往南五里为朱雀门,门外有跨秦淮河的浮桥朱雀航。宣阳门至朱雀门间五里御道两侧布置宫署府寺。居住里巷也主要分布在御道两侧和秦淮河畔。秦淮河南岸的长干里[1]就是极具特色的居住里巷。北岸的乌衣巷则是东晋时

---

① 干指山垄间的平地,里是里坊、里巷。

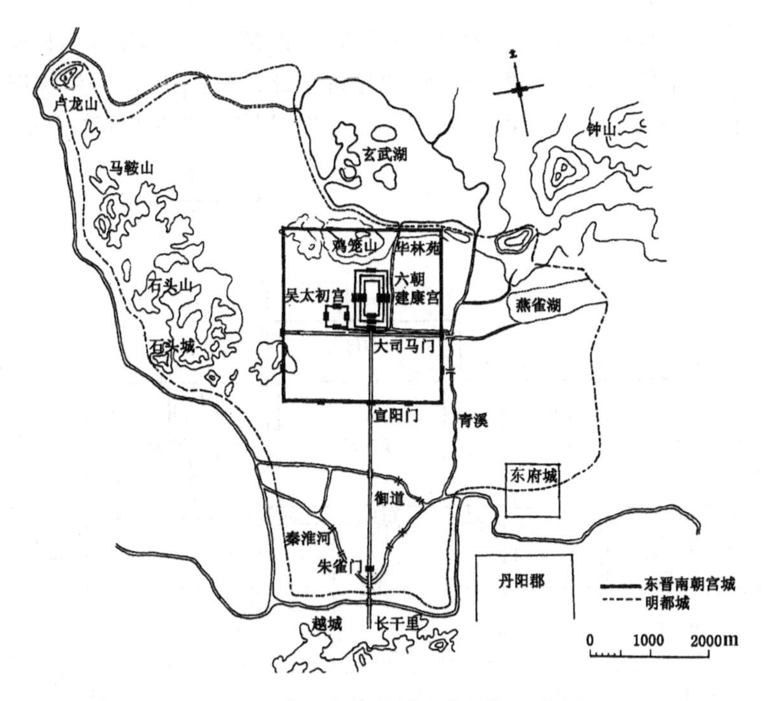

图2-5 东晋南朝都城建康平面想象图

王、谢两姓名门贵族累世居住之地。王公贵族的住宅多分布在城东青溪附近风景优美的地带。

整个建康城按地形布置,形成不规则的布局,只有中间一条御道笔直向南,可直望城南牛首山,作为天然的门阙。其他道路都是“纡余委曲,若不可测”,可见地形对城市布局的影响,这也是建康城的特色。

六朝帝王都信仰佛教,建康城内外遍布佛寺,有五百余所。著名的有同泰寺(今鸡鸣寺前身)、瓦官寺、开善寺和城东北摄山的石窟寺等。

城中河道以秦淮河通长江,又从秦淮河引运渎直通宫城太仓,运输贡赋,北引玄武湖水南注青溪和运渎,以保证漕运和城壕用水。

两晋、南北朝时期的城市,是继承东汉洛阳和汉末邺城的规划而发展的。宫室都建在都城中心偏北处,构成以宫室为中心的南北轴线布局。宫殿的布局,把前殿的东西厢扩展为东西堂。到东魏,又附会“三朝”制的思想,在东西横列三殿以外,又有以正殿为主的纵列两组宫殿。这种纵列方式为后来隋、唐、宋、明、清等代所沿用,并发展为纵列的三朝制度。这时洛阳与邺城的居住区,沿袭汉长安的闾里制度,但市场移到都城外的南部及东西两侧,比汉长安的市场更为集中。后来规模巨大、规划整齐的隋唐长安城就是在这些基础上出现的。

（二）隋唐长安城

长安位于今陕西省西安市。始建于隋开皇二年(582 年)，因隋文帝杨坚在北周曾封为大兴公，故命名为大兴。隋亡唐兴，仍定都于此，改名长安。唐初曾进行过几次大规模的修建。因始建于隋，建成并兴盛于唐，故一般称为隋唐长安城①（图 2 –6）。

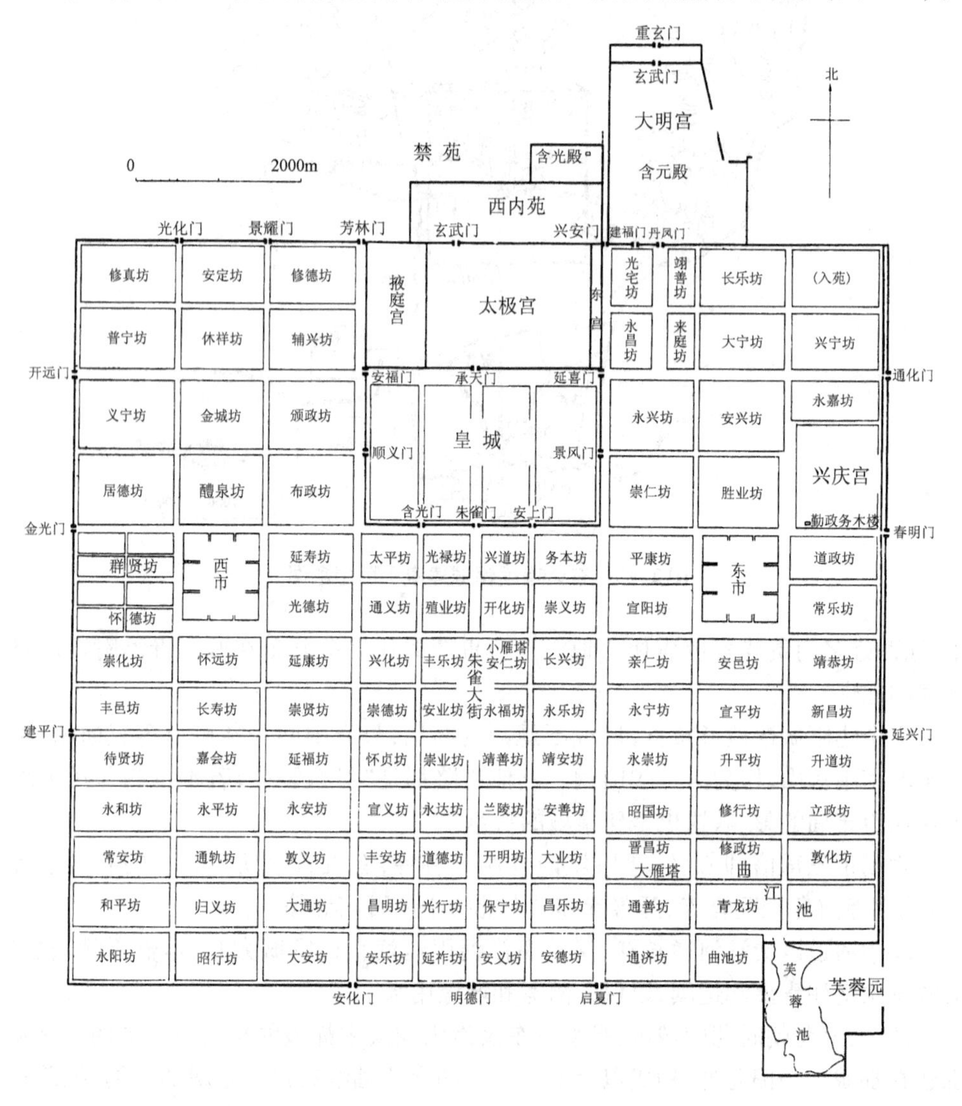

图 2 –6 隋唐长安城平面图

① 注:20 世纪 50 年代以来数次发掘唐长安城，证明了有关唐长安城规划的记载，确认了城门、道路、坊、市的具体位置和尺度。准确地绘制出的唐长安城平面图，是中国古代建筑史上第一幅具体的古代城市平面图。这些考古发掘也明确了长安城的部分宫殿(如大明宫、兴庆宫、麟德殿)的位置、规模、布局，使唐代宫殿组群布局真相大白。

据文献记载,隋初大兴建城时的规模为外郭东西18里115步,周围67里,城内面积约84平方公里,是现存明清长安城的7倍。唐初在城北龙首原建大明宫后,城市面积为87平方公里,城北尚有广阔的禁苑。据宋《长安志》记载,城内长安、万年两县共有8万户,其中包括许多贵族官僚府第,此外尚有寺庙的僧道,教坊的舞伎、乐工,再加上常驻军队约10万人,总人口将近100万,是当时世界上规模最大的城市。

隋唐长安城在布局上受曹魏邺城和北魏洛阳城的影响,隋文帝总结以前各朝都城的经验,认为两汉以后,皇城内都散居人家,宫阙、官府和居民相互杂处,很不方便,因此将宫城、皇城和居住里坊严格分开,功能分区明确,是隋大兴城建设的革新之处。同时,采用中轴线对称布局,宫城位置居中偏北,设置官衙、官办作坊和仓库、禁卫军营房等。宫城南面为皇城。皇城内左有太庙,右有太社。皇城外东、南、西三面为居住里坊,北面为禁苑。

长安城的道路系统为严格的方格网状,有南北大街11条,东西大街14条,其中通向城门的几条主要干道十分宽阔,如在中轴线上的朱雀大街,宽达150米。居住里坊内的道路为“十”字形或“一”字形,宽约15～20米,与全市性道路分为两个系统。东城墙平行处筑有夹城,夹城内为皇帝专用道路,可通兴庆宫和城东南的芙蓉池(曲江池)。

长安街道虽宽,但全是土路,大雨后泥泞不堪,上朝都得停止,唯有从宰相府到宫城前这一段路面铺沙子,称为“沙堤”。街旁植槐树,开排水沟,沟外就是高而厚的坊墙。因此长安城内的街道两边全是一望无际的槐树行列和夯土墙,虽有大臣府第的大门和里坊的门点缀其间,但街景仍十分单调。

全城划分为108个坊,以朱雀大街为界,东归长安县管辖,西归万年县管辖。坊有4种规模,最大的约80公顷。有些坊内有大府第和大寺庙。坊四周筑有坊墙,大都开4个坊门。朱雀大街两侧的小坊只开东西两个坊门。三品以上的贵族官吏才许在坊墙上开门。里坊有严格的管理制度,日出开坊门,日落时击鼓闭坊门。

长安城在朱雀大街两侧、东西主干道南,设置东市和西市。东市名“都会”,西市名“利人”,面积各约100公顷。市内有井字形街道,宽14～16米。市中设肆和行,按行业集中。两市都有外国商人(以波斯人和阿拉伯人居多)开的店铺。全城河道分东西两区,通宫城和御苑,又与东西两市沟通,便于商品运输。城外渠道经渭河入黄河,便于漕运。街道两旁植行道树。

隋唐长安城是按规划在平地上建造起来的大城市。城墙和道路的方向为正南北、正东西,直角相交,反映了当时先进的测量技术。隋唐长安城的建设规划对当时和后世国内外的都城建设规划产生了较大影响,如渤海国、上京龙泉府、日本的平城京(今奈良西)、平安京(今京都)等,均模仿长安城的布局。

(三)元大都和明清时代的北京城

从1267年到1274年,元朝在北京修建新的都城,命名为元大都。元大都继承和发展了中国古代都城的传统形制,并经明清两代以及以后的继续发展,成为自唐长安城以后中国古代都城的又一典范——明清北京城。

元大都城市格局的主要特点是三套方城、宫城居中和轴线对称布局(图2-7)。

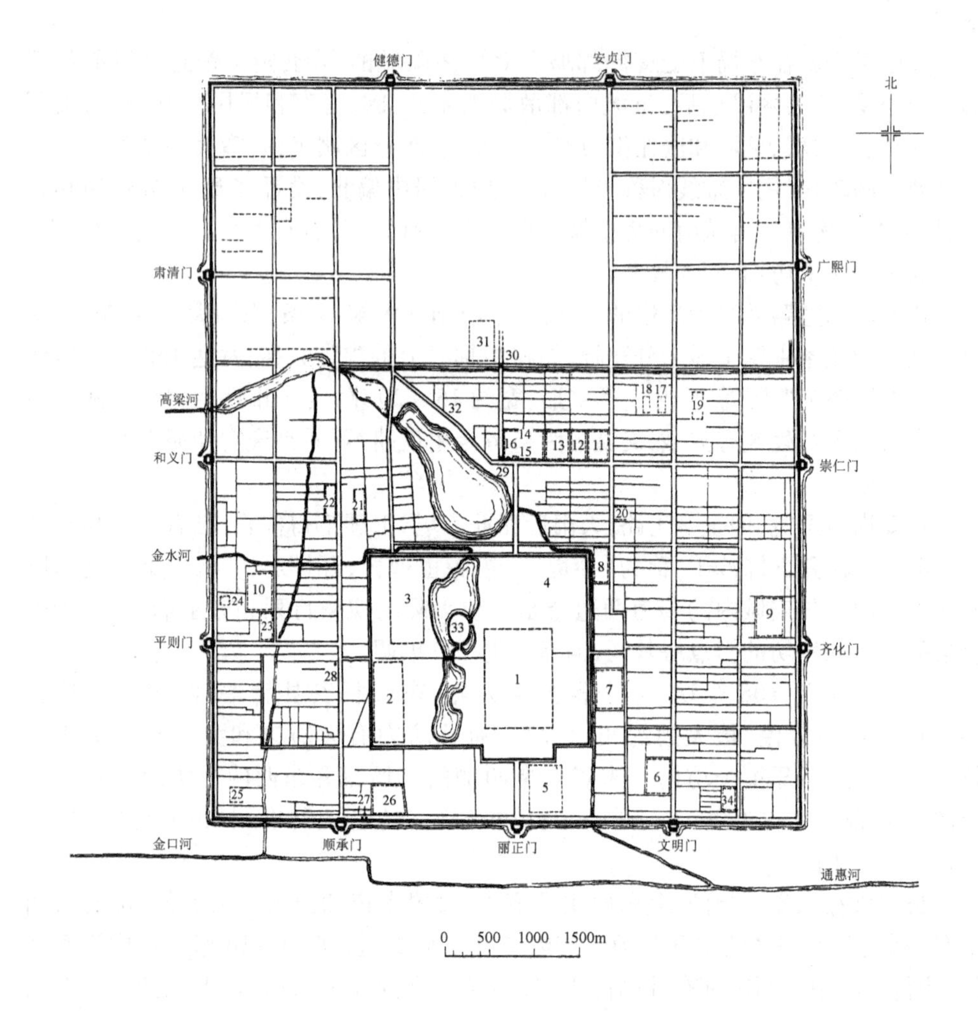

图2-7 元大都复原平面图

1.大内 2.隆福宫 3.兴圣宫 4.御苑 5.南中书省 6.御史台 7.枢密院 8.崇真万寿宫(天师宫) 9.太庙 10.社稷 11.大都路总管府 12.巡警二院 13.倒钞库 14.大天寿万宁寺 15.中心阁 16.中心台 17.文宣王庙 18.国子监学 19.柏林寺 20.太和宫 21.大崇国寺 22.大承华普庆寺 23.大圣寿万安寺 24.大永福寺 25.都城城隍庙 26.大庆寿寺 27.海云可庵双塔 28.万松老人塔 29.鼓楼 30.钟楼 31.北中书省 32.斜街 33.琼华岛 34.太史院

三套方城分别是内城、皇城和宫城,各有城墙围合。皇城位于内城的南部中央,宫城位于皇城的东部,并在元大都的中轴线上。在都城东西两侧的齐化门和西侧门内分别设有太庙和社稷坛,商市集中于城北,显示了"左祖右社"和"面朝后市"的典

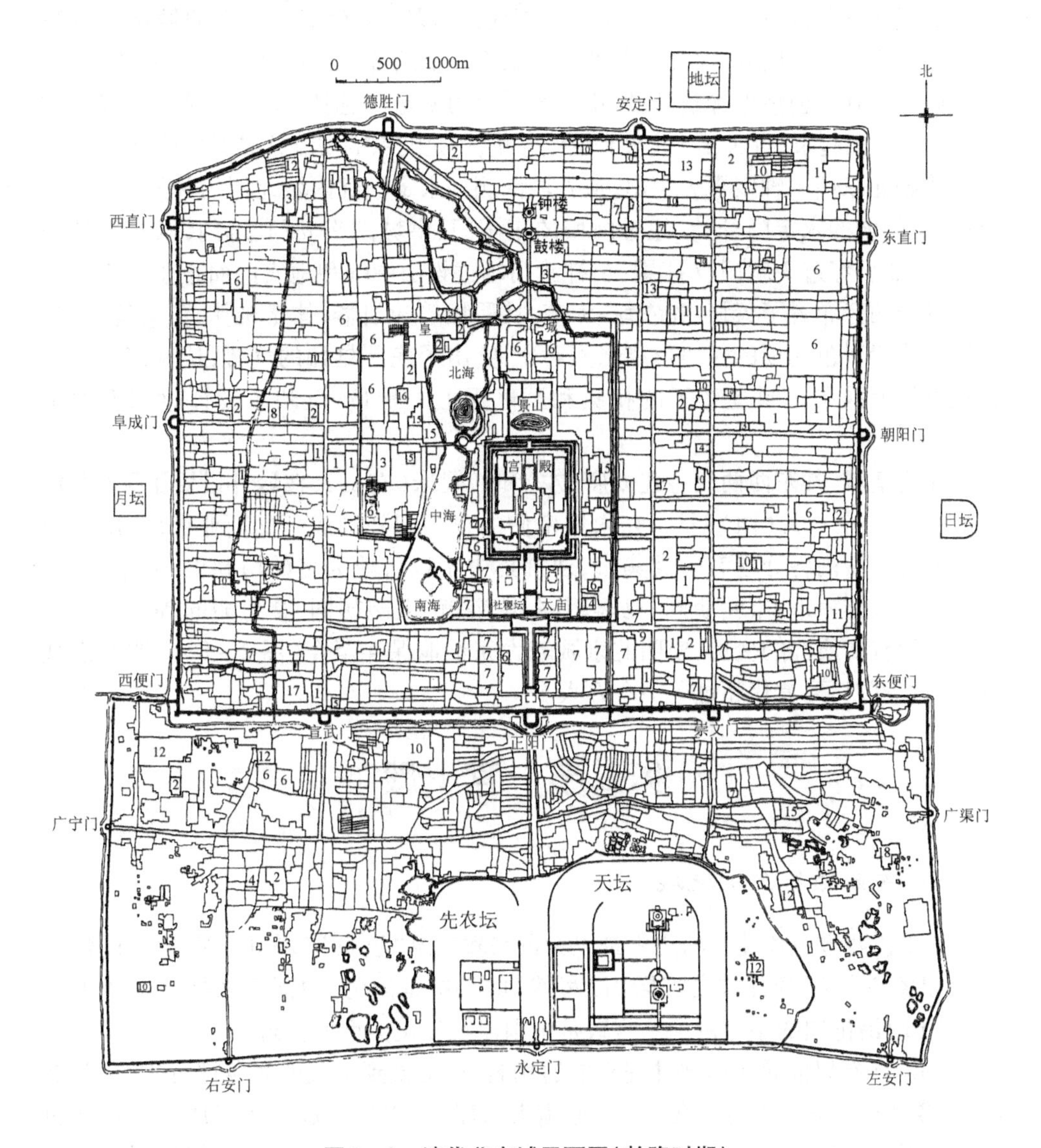

图2-8 清代北京城平面图(乾隆时期)

1. 亲王府 2. 佛寺 3. 道观 4. 清真寺 5. 天主教堂 6. 仓库 7. 衙署 8. 历代帝王庙 9. 满洲堂子 10. 手工业局及作坊 11. 贡院 12. 八旗营房 13. 文庙、学校 14. 皇史宬(档案库) 15. 马圈 16. 牛圈 17. 驯象所 18. 义地、养育堂

型格局。元大都有明确的中轴线,南北贯穿三套方城,突出皇权至上的思想。也有学者认为,元大都的城市格局还受到道家的回归自然、阴阳五行思想的影响,表现为自然山水融入城市和各边城门数的奇偶关系。

历经元、明、清三个朝代,北京城未遭战乱毁坏,保存了元大都的城市形制特征。明北京城为了防守,将元大都北面约2.5公里的荒凉地带放弃,缩小城框,将城墙向南移了0.5公里地加筑外城,由于当时财力不足,只把城南天坛、先农坛及稠密的居民区包围起来,而西、东、北没有继续修筑,于是北京的城墙就成了"凸"字形。

明朝北京使中轴线更为突出,从外城南侧的永定门到内城北侧的钟鼓楼长达8公里,从外城的永定门开始,经过内城的正阳门、皇城的天安门、端门,以及紫禁城的午门,然后穿过3座门、7座殿,出神武门越过景山中峰和地安门而止于鼓楼和钟楼。轴线两旁布置了天坛、先农坛、太庙、社稷坛等建筑群,体量雄伟、色彩鲜明,与一般市民青灰色瓦顶的住房形成强烈对比,突出了庄严雄伟的气势,从城市规划和建筑设计上强调了封建帝王的权威和至尊无上的地位,反映了设计意图上的阶级性。

作为皇城,其东西两侧各建太庙(左)和社稷坛(右),又在城外设置了天(南)、地(北)、日(东)、月(西)四坛,在内城南侧的正阳门外形成新的商业市肆,即大栅栏的前身。城内各处还有各类集市,通常集中于以行业为名的坊巷里,如羊市、马市、果子市、鲜鱼市、巾帽胡同、豆瓣胡同、珠宝市、银碗胡同、金鱼胡同等。由于清北京城没有实质性的变更,使明北京城较为完整地保存至今(图2-8)。明北京城的人口近百万,到清代超过了100万人。

第二节　宫　殿

一、宫殿的起源与发展

如果说西方古代建筑的历史是以大量宗教建筑"组织"起来的,那么,中国建筑文化,无疑是围绕着都城之宫殿而"写就"的。这是因为,中国历来是一个淡于宗教、浓于政治伦理的东方古国。宫殿是中国建筑文化类型的主角。

"宫"在秦以前是中国居住建筑的通用名,从王侯到平民的居所都可称宫,秦汉以后,成为皇帝居所的专用名;"殿"原指大房屋,汉以后也成为帝王居所中重要建筑的专用名。此后的"宫殿"一词习惯上指秦以前王侯居所和秦以后皇帝的居所。宫城包括礼仪行政部分和皇帝居住部分,称前朝后寝或外朝内廷;此外,还有仓库和生活服务设施。宫殿一般是国中最宏大、最豪华的建筑群,以建筑艺术手段烘托出皇权至高无上的威势。

中国宫殿建筑的历史,几乎与中国古城的文化史一样悠久。

中国已知最早的宫殿遗址是河南偃师二里头商代宫殿遗址，这是一组廊庑环绕的院落式建筑。院落式成为后世宫室一直沿用的布局形式。

成书于战国时代的《考工记》记载了当时人们对宫殿建筑的规划，认为宫殿的基本制度应该分为举行重大仪式和政治活动的“外朝”、处理日常政务的“治朝”和起居生活的“燕朝”。“内有九室，九嫔居之”，“外有九室，九卿朝焉”，整个宫殿布局前朝后寝，左祖（宗庙）右社（社稷），有中轴线，筑城墙，形成宫城。《考工记》在西汉中期被发现，并正式列为儒家经典，其宫室制度对汉以后各代的宫室有极大影响。

汉时因还未发现《考工记》，故修建宫殿未受其影响。西汉长安的宫殿大都自成一区，布局松散，占地广大，比如未央宫面积有5平方公里之大。东汉建都洛阳，将南、北两宫集中组织在同一条纵轴线上，安排在都城北部。

曹魏邺城，宫殿集中于一区，分区明确，结构严谨。主要道路正对城门，发展了城市的中轴线，在宫室布局上附会《考工记》“三朝”制的思想，于大朝太极殿之后又安排了常朝昭阳殿。这种方式被隋唐长安城所继承和发展。

隋唐长安城总结了曹魏邺城等都城的经验，在方整对称的原则下，沿着南北轴线，将宫城和皇城置于全城的主要地位；三朝五门南北纵列布置，并以纵横相交的棋盘形道路将其余部分划为108个里坊，分区明确、街道整齐，充分体现了封建统治者的理想和要求。其门殿纵列的制度成为中国封建社会中、后期宫殿布局的典型方式。

北宋宫殿为了弥补场面局促的缺陷，宫城正门前向南开辟宽阔的大街，街两侧设御廊，街中以杈子（栅栏）和水渠将路面隔成三股道，中间为皇帝御道，两侧可通行人。渠旁植花木，形成宏丽的宫城前导部分，也是金、元、明、清宫前千步廊的滥觞。

金中都宫殿的后寝部分分为皇帝正位和皇后正位两大组建筑，这一做法为后来元、明、清三代所沿袭继承。

明清的北京城是在元大都的基础上改扩建而成，其布局鲜明地体现了中国封建社会都城以宫室为主体的规划思想，是我国封建社会后期宫殿建筑的典型。它以太和殿为整个宫殿建筑的中心，在南北中轴线上依次布列了天安门（皇城正门）、端门、午门（宫城正门）、太和门、太和殿、中和殿、保和殿、乾清门等“三朝五门”。轴线两侧是东西六宫（嫔妃居所），还有乾东五所和乾西五所（皇太子居舍）。它们如同众星拱月一样围绕着乾清宫和坤宁宫（皇帝和皇后起居的场所），集中体现了皇帝至高无上的封建威权。宫城后矗立着景山。这种布局使宫殿苑囿占据全城的中央部分，满足了统治阶级附会古代制度和便于统治的要求。

二、宫殿的鉴赏

（一）遵循礼制

公元前206年，汉高祖刘邦建立汉王朝。他的下臣在咸阳兴建起宏大的宫室。

刘邦因为刚打下天下就大兴土木而感到不妥，丞相萧何对他说："天子以四海为家，非令壮丽无以重威。"（《史记·高祖本纪》）可见古人早就知道宫殿建筑需壮丽宏大以显示皇天之重威。

在空间观念上，中国的宫殿是民居的扩大。它淡化了民居作为"家"的那份亲和与温馨，强调的是政治的威权与伦理的严峻。宫殿是规模最大、形态最复杂、等级最高的四合院群体。

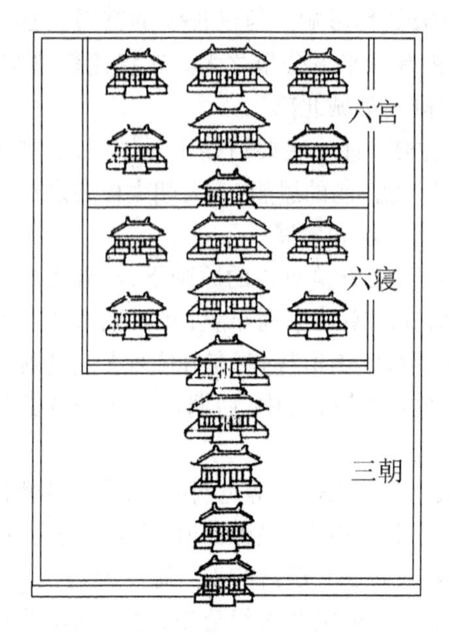

图2-9　周代寝宫图

古代最早的建筑则例《周礼·考工记》反映了严格的宫室制度（图2-9）。周有"六宫六寝"制度，学者这样注释："寝，高级住宅的称谓，六寝是皇帝本人日常起居的地方，六宫即后宫，由皇后掌管的地方。"宫殿要"前朝后寝"，前朝有外朝、治朝、燕朝等三朝（又称大朝、日朝、常朝）和皋门、应门、路门等三门（《周礼·考工记》），所谓"三朝五门"[①]。通过明确的中轴线来组织建筑单体和院落空间，产生层层递进、起承转合的主序列，辅以众多变化丰富的次轴线、次空间来体现和突出主次、尊卑的等级关系。现存的明清故宫就是儒家礼制的建筑典范。

建筑是传统礼制的一种象征与标志。与其他类型的建筑相比，宫殿建筑的礼制象征与标志作用表现得更为明显和突出。

（二）阴阳五行、天人合一

阴阳五行是中国古代的一种世界观和宇宙观。古人认为世上万物皆分阴阳，男性为阳，女性为阴；方位中前为阳，后为阴；数字中单数为阳，双数为阴等。

宫殿中帝王执政的朝廷视为阳放在前面，将帝后生活起居的寝宫视为阴放在后方，这不仅适应使用功能方面的需要，也符合阴阳之说。前朝安排了三座大殿，后宫部分只有两座宫（明清故宫中是乾清和坤宁二宫，交泰殿是后期加建的），符合单数为阳，双数为阴之说。

古人认为世界是由金、木、水、火、土五种元素所组成。地上的方位分为东、西、

① 战国《考工记》在西汉中期被发现，经东汉末郑玄注释，被正式列为儒家经典。《考工记》中所述的三门，经注释扩大为五门，故以后各代宫殿外朝部分都是"三朝五门"。

南、北、中五方；天上的星座分为东、西、南、北、中五官；颜色分为青、黄、赤、白、黑五色；音阶分作宫、商、角、徵、羽五声。同时还把五种元素与五方、五色、五声联系起来组成有规律的关系。例如天上五官的中官居于中间，而中官又分为三垣，即上垣太殿、中垣紫微、下垣天市，这中垣紫微自然又处于中官之中，成了宇宙中最中心的位置，为天帝居住之地。

地上的帝王自比天子，居住的宫殿也就称为紫微宫。汉朝皇帝在都城长安的未央宫别称紫微宫。明、清两朝把皇帝居住的宫城禁地称为紫禁城也是事出有因。

《三辅黄图》关于秦阿房宫所在宫苑区也有这样的记述："因北陵营殿，端门四达，以则紫宫、象帝居。渭水贯都，以象天汉。横桥南渡，以法牵牛。"紫宫、天汉、牵牛都是天上星座的名称。按天上星座的布列来安排地上皇家宫苑的布局，这就是"天人感应"思想在帝都规划上的具体表现。

五官除中官外，东官星座呈龙形，与五色中东方的青色相配称青龙；西官星座呈虎形，与西方的白色相配称白虎；南官星座呈鸟形，与南方朱色相配称朱雀；北官星座呈龟形，与北方玄色（黑色）相配称玄武。所以青龙、白虎、朱雀、玄武成了天上四个方向星座的标记，也成为地上四个方位的象征，因而也成了人间的神兽。秦汉时期已经有了四神兽纹样的瓦当，成为当时用在宫殿上的特殊瓦当（图2-10）。唐朝长安的皇城和宋朝汴梁的宫城，南门都称为朱雀门，北门都称为玄武门。明朝、清朝紫禁城的午门也称为"五凤楼"，凤本属鸟类，所以午门也称朱雀门，北面的宫门自然称玄武门。

青龙

白虎

朱雀

玄武

图2-10 秦汉瓦当四神兽纹样（引自刘敦桢《中国古代建筑史》）

五种颜色中，除了东青、西白、南朱、北黑以外，中央为黄色，黄为土地之色，土为万物之本，尤其在农业社会，土地更有特殊的地位，所以黄色成了五色的中心。在后期的皇宫中，几乎所有的宫殿屋顶都用黄色琉璃瓦就不奇怪了。

（三）比附象征

现存的宫殿建筑中，由于封建迷信存在很多比附象征。我国著名的建筑史学家傅熹年教授在紫禁城院落面积和宫殿位置的模数关系上进行了探讨，发现紫禁城主要院落和重要建筑存在一些有趣的数学现象(图2－11)。

首先,后寝二宫组成的院落南北长218米,东西宽118米,二者之比为11:6;由前朝三大殿组成的院落南北长437米,东西宽234米,二者之比同样为11:6;而且后者的长、宽都几乎为前者的2倍,即前朝院落的面积等于后宫院落的4倍。其次,在后宫部分的东、西两侧各有东西六宫和东西五所,经测量,这东、西两个部分的长为216米,宽为119米,这尺寸与后宫院落大小基本相同。由此可以看出,前朝院落与东西六宫、五所的面积都可能是根据后宫院落大小而定的。傅教授认为,中国封建王朝的建立,对皇帝来说是“化家为国”,所以以皇帝的家,即后宫为模数来规划前三殿与其他建筑群,这是完全可以理解的。

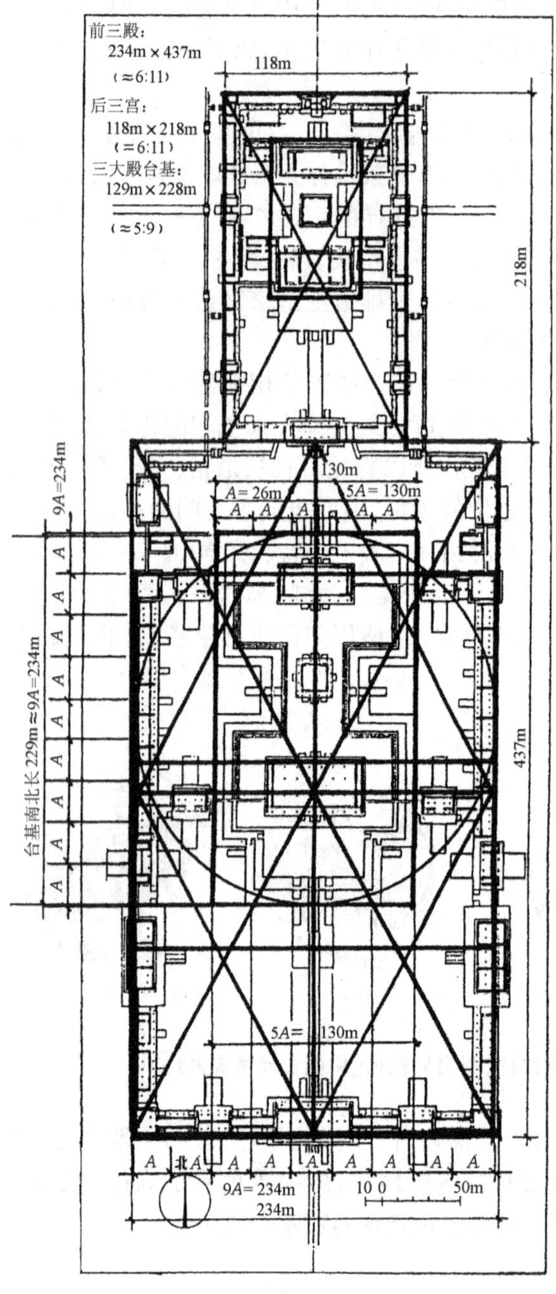

图2－11 紫禁城平面分析
(引自楼庆西《中国古建筑二十讲》)

另外,如果在后宫院落和前朝院落的四角各画对角线,那对角线的交点正落在乾清宫和太和殿的中心。这很可能是一种决定建筑群中主要殿堂位置的设计手法,中心之前为庭院,之后安排其他建筑以突出主要殿堂的地位。这种现象在北京智化寺、妙应寺等重要寺庙中同样存在。傅教授还发现,前朝三大殿共处的“工”字形大台基,其南北之长为232米,东西宽130米,二者之比为9:5。按阴阳之说,单数为阳,阳数为九属最高,五居中,所以古代常以九和五象征帝王之数，称“九五之尊”。在这座重要的台基上采用此数，应当说不是设计者的无意巧合。

三、典型案例

（一）咸阳宫、阿房宫

距今2200年前后，秦始皇灭掉了韩、魏、楚、燕、赵、齐六国，建立起我国历史上第一个中央集权的封建大帝国。他以都城咸阳（今陕西咸阳市东北）为中心，进行了空前的建筑活动。其中规模最大的宫殿有咸阳宫、阿房宫等。

咸阳宫是秦朝最主要的宫殿，位于渭水北岸“咸阳原”的高地上。据近年考古发掘得知，它的营造方式也是先筑高土台子，然后依台建筑多层的楼台宫室。并以上层做主殿，下层为起居室。有的起居室内还砌有壁炉，附有盥洗淋浴用的房间。宫殿的前面都有甬道，甬道外面还有回廊，宫殿之间再以复道相连。宫室的内壁都用彩画装饰，色彩以黑色为主，赭色和黄色次之。这是由于秦人迷信黑色，认为这种色彩可以使他们兴旺发达的缘故。复杂的陶制下水道的结构，也是咸阳宫建筑上的一个显著特点。

阿房宫是秦始皇晚年时在咸阳渭水南岸所建“朝宫”中的一座前殿。“朝宫”及其毗连的“信宫”面积很大，范围直抵临潼骊山的秦始皇陵附近。朝宫的前殿就是历史上有名的阿房宫。阿房宫从公元前212年开始建造。所谓“阿房”，是指宫殿的屋顶有四个大屋角，都朝上反翘着的缘故。为了建造这座大殿，秦始皇征调了全国大批良工巧匠来咸阳。所用的材料是北山上出产的美石，以及四川和湖北等地的贵重木料，所谓“蜀山兀”。据《史记·秦始皇本纪》记载：“先作前殿阿房，东西五百步，南北五十丈，上可以坐万人，下可以建五丈旗。周驰为阁道，自殿下直抵南山。表南山之巅以为阙。为复道，自阿房渡渭，属之咸阳，以象天极阁道绝汉抵营室也。”可知阿房宫不仅规模异常宏大，从整体规划构图方面把数十公里外的天然地形“南山之巅”也组织进去，气魄宏伟，反映了中国古代能工巧匠的智慧。现在阿房宫只留下长方形的夯筑土台，东西约长1公里余，南北约长0.5公里，后部残高7～8米。台上北部中央还残留不少秦瓦。

（二）大明宫

隋唐长安城是在总结汉末邺城经验基础上发展起来的，方整对称，整齐划一。宫城在全城最北的中部（图2－12）。

大明宫高居龙首原上，遥对终南山，俯瞰长安城，规模宏大，气势壮阔。宫城平面呈不规则长方形，南宽北窄。北墙长1135米，南墙（即长安城北垣的一段）长1674米，西墙与南北墙垂直，长2256米，东墙倾斜有曲折。宫墙均为夯土墙，仅在同城门相接处和城墙转角处内外表面砌砖。城墙之外平行还筑有夹城，夹城距宫城55米、160米不等，为防御之用。宫城南墙有五门，正中为丹凤门；西墙

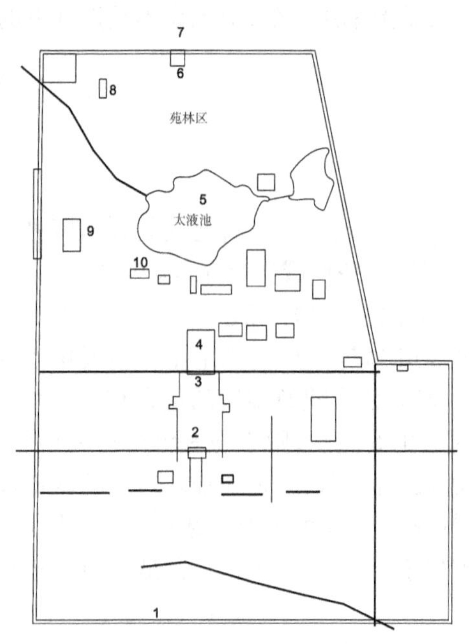

图 2－12　大明宫平面布局遗址

1. 丹凤门　2. 含元殿　3. 宣政殿　4. 紫宸殿
5. 蓬莱山　6. 玄武门　7. 重玄门　8. 三清殿
9. 麟德殿　10. 沿池回廊

有三门；北墙有三门，正中为玄武门；北门一带是当时北衙禁军的驻地，关系到宫廷的安危，所以在不到 200 米距离内设了三道门（包括玄武门内的重门），门的基址尚存。

据记载，大明宫分为外朝、内廷两部分。外朝沿袭唐太极宫的三朝制度，沿着南北向轴线纵列了大朝含元殿、日朝宣政殿、常朝紫宸殿。三殿东西两侧建有若干殿阁楼台。外朝部分还附有若干官署。内廷部分以太液池为中心。池中建蓬莱山，池周布置曲廊。周围殿宇厅堂、楼台亭阁罗布，寝殿在池南。这是帝王后妃起居游憩的场所。

大明宫的含元殿是中轴线上的第一座宫殿，也是举行重要典礼仪式的场所。含元殿利用龙首原高地为殿基。现残存遗址高出南面地平 10 余米，殿址上现存方形柱础一座，下面方形部分长宽各 1.4 米，高 0.52 米，上凸覆盆高 0.10 米，上径 0.84 米。仅从这一构件的尺寸，可见含元殿的尺度规模。殿前龙尾道长 75 米，道面平段铺素面方砖，坡面铺莲花方砖，两边为有石柱和螭首的青石勾栏。含元殿东西两侧前方有翔鸾、栖凤两阁，以曲尺形廊庑与含元殿相连。这组庞大的宫殿建筑群，体现了唐代建筑的雄伟风格，成为后世宫殿的范例（图 2－13）。

图 2－13　含元殿复原想象图（引自刘敦桢《中国古代建筑史》）

(三)北京故宫

北京故宫在明清北京城内中部,从明永乐十九年(1421 年)直至清末的 490 年间,是明、清两朝的皇宫。古代皇宫是禁地,又有紫微垣为天帝所居的神话,故称宫城为紫禁城。它是中国现存规模最巨大、保存最完好的古建筑群(图2-14)。

对于这样一项庞大的工程,除了首先要进行总体规划和建筑设计以外,其次就是采集建造房屋所需的材料。修建这座宫殿的木料,大都是从浙江、江西、湖南、湖北和四川一带的深山老林中伐来的。当时运输条件很差,大树砍倒以后,要等待雨季利用山洪从山上冲下来,然后由江河水路运至北京,从产地到北京,往往需要三四年的时间。经水运的木材还需经过晾干方能存入仓库备用。还有砖、瓦、石料等,据说,建造紫禁城共需用砖 8000 万块以上。这些砖不可能都在京城附近烧制,如殿堂铺地的金砖为江苏苏州所产,需要特殊的工艺,从选泥、制坯、烧窑、晾晒一直到验收、运输都有严格的要求,产品质地坚硬,外形方整,敲之出金属声,故称“金砖”。这些砖也要靠运河北运。京城附近也遍设窑厂,现在北京还能寻找到与当年建造宫城有关系的地名,像琉璃厂、琉璃渠、大木仓胡同、方砖厂胡同等,可见工程之浩大。

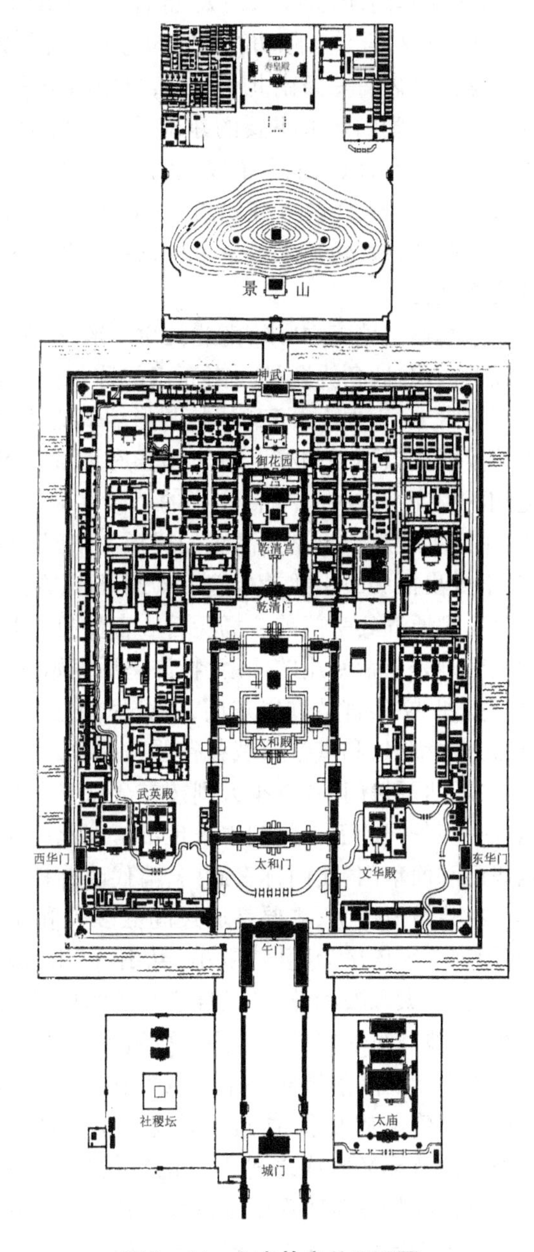

图 2-14 北京故宫总平面图

明成祖朱棣登位后决定筹建北京宫殿。从永乐五年(1407 年)开始征调工匠预制构件,到正式开工,共准备了近 10 年的时间,至永乐十八年(1420 年)方才建成。

故宫的总体设计多比附周礼古制,如“前朝后寝”。在午门前建端门、天安门、大明门(即中华门,已拆除),使太和殿前有五重门以示“五门”之制,前三殿以示“三朝”之制等。这种合乎实际功能需要的前朝后寝的布局成了历代皇宫的基本格局。

紫禁城内有一条南北中轴线,自午门至玄武门,同北京城中轴线重合。在中轴线上布置外朝内廷最主要的建筑前三殿和后三宫。其余东西六宫、乾东西五所对称布置在左右,以拱卫中轴线上的建筑。它利用院落的大小、殿庭的广狭来区分主次,前三殿是全宫最大建筑群,占地面积为宫城的12%,后三宫面积为前三殿的1/4。其余宫殿,包括太上皇、皇太后的宫殿,又小于后三宫,以突出前三殿、后三宫的主要地位。

紫禁城宫墙高10米,南北长961米,东西长753米,外有宽52米的护城河。城每面开一门,四角为角楼。南面正门称午门,是整座宫城的大门,建在高高的“凹”字形墩台上,正面下开三门洞,凹形两翼近内转角处各开一门洞,称掖门。台上正中建重檐庑殿顶的门楼。左右转角和两翼南端各建一重檐攒尖顶方亭,其间连以宽阔的廊庑。这种呈“门”字形的门楼称为“阙门”,是中国古代大门中最高级的形式,午门大殿屋顶也是最高级的式样。午门作为紫禁城的大门,同时又是皇帝下诏书、下令出征和战士凯旋向皇帝献俘的地方。每遇宣读皇帝圣旨,颁发年历书,文武百官都要齐集午门前广场听旨。官员犯死罪,也有“推出午门斩首”之说①。午门中央门洞是皇帝专用的门道,特许皇后完婚入宫时和进士中状元出宫时可用此门。百官上朝,文武官员进出东门,王公宗室进出西门。如遇大朝皇帝升殿,朝见文武百官人数增多,和皇帝殿试各省晋京的举人时,才把左右掖门打开,文、武官员分别进出东、西两掖门,各省举人则按在会试时考中的名次,单数走东掖门,双数走西掖门。一座午门的五个门洞也表现出了如此鲜明的等级制度。紫禁城东门和西门称东华门和西华门,北门称玄武门,清代改称神武门,上面都建重檐庑殿顶门楼。

在建筑形体上,主要是通过间数多少和屋顶形式来区分主次,间数以11间为最,屋顶等级依次为庑殿、歇山、悬山、硬山,最重要的加重檐。宫中最重要的正门午门、正殿太和殿和乾清宫、坤宁宫等都用重檐庑殿顶,间数为11间或9间,属最高等级,其他群组依次递降。同一群组中,配殿、殿门比正殿降一等。通过这些手法,把宫中大量的院落组成一个轴线突出、主从分明、统一和谐的整体,把君臣、父子、夫妇等封建伦常关系,通过建筑空间形象体现出来。而大小规模不同的院落和建筑外形的差异又造成多种多样的空间形式,使在总体的统一和谐中又富于变化。紫禁城宫殿是最能体现中国古代建筑中院落式布局特点和艺术表现力的典范。

为了创造背山面水理想的风水模式,紫禁城在兴建时,用挖掘护城河的泥土在

---

① 俗语说“推出午门斩首”,其实禁城之内从不斩人。明朝斩人于西市,清朝则在菜市口。但明朝大臣如触怒皇帝被批“逆鳞”者,均要受“廷杖”,就是棍击屁股,行刑地点在午门御路东侧。最初此刑只是象征性的责打,但后来发展到打人致死。如正德十四年(1519年),群臣上谏,阻止皇帝朱厚照到江南选美女,结果130多人受廷杖,有11人当场被打死,所以民间有“推出午门斩首”之言流传。

宫城的北面堆筑了一座景山，又从护城河中引出水流，自紫禁城的西北角流入宫城，并让它流经几座重要的建筑前面，以造成背山面水的吉利环境。于是，在太和门前出现了金水河，河道弯曲如带，故称“玉带河”。当年皇帝御门听政，文武百官清早就立候在这条玉带河的南面，等帝王驾到。玉带河不仅具有风水作用，也有排泄雨水、供水灭火的功能。

太和殿是宫城最重要的一座殿堂，皇帝登基、完婚、寿诞，每逢重大节日接受百官朝贺和赐宴都要在这里举行隆重的礼仪。其后的中和殿是帝王上大朝前做准备和休息的场所。中和殿北面的保和殿是皇帝举行殿试和宴请王公的殿堂。太和、中和、保和三大殿组成为紫禁城前朝的中心，无论在整体规划与使用功能上都处于整座宫城最重要的位置，尤其以太和殿最为突出（图 2－15）。当年的规划者和匠师们运用最大的广场、最高的台基与建筑、最讲究的装饰，通过环境的经营及建筑本身的形象与装饰，使紫禁城威武壮观。

图 2－15　故宫太和殿立面图

后宫也有三座主要的大殿。最前面的是乾清宫，即皇帝、皇后的寝宫，有时皇帝也在这里接见下臣，处理日常公务。其后是交泰殿，为皇后接受皇族朝贺的地方。最北面的坤宁宫为皇后居住的正宫。三座宫殿同处于中轴线上，并且坐落在同一座台基上。乾清、坤宁二宫象征天地，乾清宫的东西庑日精门、月华门象征日月，东西六宫象征十二辰，乾东西五所象征天干等，赋予了皇宫至高无上的象征。乾清宫与坤宁宫用的是最高等级的屋顶。按礼制，后宫应比前朝低一等级，所以这里的台基只有一层。另外，乾清宫前面的庭院远没有前朝的那么宽广，在乾清门与大殿之间还连着一条甬道，使人们进入后宫大门后直接可以走到乾清宫而不必由庭院登上高高的台基。看来，这里还是供帝王生活的寝宫。

在汉白玉栏杆衬托下的皇宫大殿，仿佛天上仙界的琼楼玉宇，是神仙住的地方。从总体看，紫禁城宫殿尺度庞大，是极端非人性化的。但为什么还要这样建呢？礼制使之然也。皇帝在里面尽管受罪不舒服，但还要摆谱。无怪乎康熙、乾隆一次又一次地下江南，为的就是找寻人性的空间。相比较，离宫宫殿就人性化得多，这也是皇帝们常年在园林行宫中料理朝政的主要原因。

历史给我们留下了一座完整的紫禁城。如今这座庞大的宫殿已经失去了当年皇权的威势，不再具有那种对臣民的威慑力量了，展现在我们面前的是一片金碧辉煌的古代建筑精品。它反映了古代工匠无比的智慧与创造力，反映了中国古代建筑文化的辉煌。

第三节 坛 庙

一、坛庙的起源与发展

坛庙是一种祭祀建筑。它不是宗教建筑，却具有一定的民族宗教文化的崇拜意义；它不是宫殿，但又渗融着政治、伦理的丰富内容。它是遵从“礼”的要求而产生的建筑类型，因此，也称为礼制建筑。

同为祭祀建筑的坛和庙，在建筑形式上有所不同，祭祀的对象有区别，使用者也有不同。

（一）坛

坛，主要用于祭祀天地、社稷等活动的台型建筑，是在平地上以土堆筑的高台。远古的祭祀活动最初是在林中空地的土丘上进行，后来逐渐发展为用土筑坛。早期的坛可以用于祭祀，也可用于会盟、誓师、封禅、拜相、拜帅等重大仪式。后来逐渐成为中国封建社会最高统治者专用的祭祀建筑，规模由简而繁，体形随天、地等祭祀对象的特征而有圆有方，做法由土台演变为砖石包砌（图2－16）。

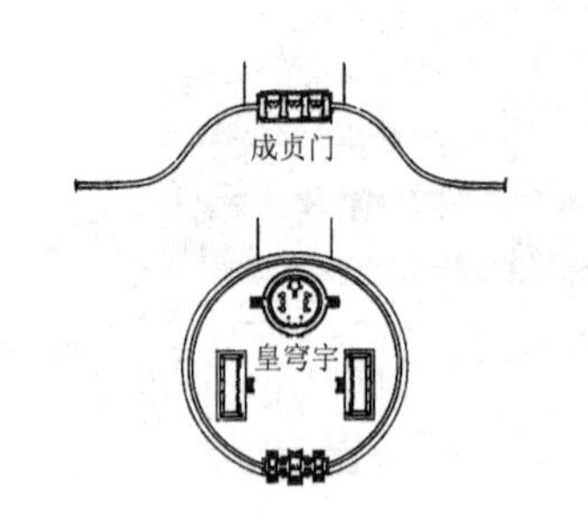

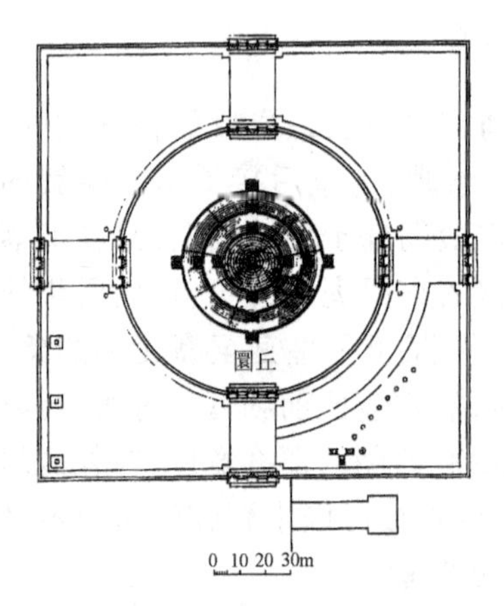

图2－16 北京天坛的祭坛

古代对天地自然的恐惧与祈求，产生了人类早期的原始信仰。进入农业社会，祈盼风调雨顺、五谷丰收，加重了对天地自然的崇拜，随之发展为对天、地、日、月的祭祀。天、地、日、月皆属自然之神，当然适宜于在露天祭祀，为了祭祀仪式的隆重与方便，都在祭祀场所的中心，自地面上堆筑起一个高出地面的土丘，作为特定的祭祀地，这就是祭祀所用的“坛”。

祭祀天地之礼古已存在，早在夏代就有了正式的祭祀活动，在以后的历朝历代都受到统治者的重视。所谓“王者所以祭天地何？王者父事天，母事地，故以子道事之也”(《五经通义》)。帝王自比天地之子，祭天地乃尽为子之道，所以祭祀天地成了中国历史上每个王朝的重要政治活动。“国有大丧者止宗庙之祭，而不止郊祭①，不止郊祭者不敢以父母之丧，废事先之礼也。”(《左传》)皇帝去世或皇帝生母去世均称国之大丧，大丧期间，停止祭祖活动，但不能停止祭天地之礼。

(二)庙

庙，主要用于供祀祖宗、圣贤、山川的屋宇建筑，其建制类似于宫殿，有严格的等级规定。

在中国两千年的封建社会中，宗法礼制始终是封建专制的基础。宗法礼制的主要内容是以血缘的祖宗关系来维系世人，以祖为纵向，以宗为横向，以血缘关系区分嫡庶，规定长幼尊卑的等级，形成了从上到下的重血统、敬祖先、君臣父子明晰的社会意识。无论是太庙、宗祠，还是文庙、武庙，都是提供实行宗法礼制教化的场所。

祭祀祖宗之礼是最先出现的。帝王诸侯奉祀祖先的建筑称宗庙，也称太庙，庙制历代不同。史籍记载夏代五庙、商代七庙、周代七庙，为一帝一庙制。东汉以后，只立一座太庙，庙中隔成小间，分供各代皇帝神主，因而太庙间数不同。太庙是等级最高的建筑，后世惯用庑殿顶。现存明、清北京太庙大殿就是重檐庑殿顶。祖庙发展到明朝才允许庶民设立宗祠。但从此就大量出现，遍及各地，形式也呈现百花齐放的局面。

由于历代帝王均对前朝都城、祖庙等有“铲帝王气”之举，所以目前太庙仅存北京皇城内明代的太庙。但家庙、宗祠倒是留存众多。

中国古代非常重视坛庙的建造与祭祀，历代都有礼官设立，专门从事祭祀活动。周有“典祀”，负责坛庙之郊祭；汉代设诸庙令；魏晋有太庙令；唐代改作郊社令，主持坛庙之祭；到了明代，因北京坛庙建筑的盛况，开始专设天坛、地坛、帝王坛与祈年殿等各奉祀之礼官。清代除设祭署奉祀外，更设尉官，掌管祭坛祭庙之事，有社稷坛尉与堂子尉等，统称坛庙官。

二、坛庙的鉴赏

(一)等级分明，种类繁多

《礼记》中规定“天子祭天地，祭四方，祭山川，祭五祀”，而诸侯只能“祭山川，

① 古代将祭祀天地日月皆称为“郊祭”，即在都城之郊外进行祭祀。这是因为天、地、日、月均属自然之神，在郊外祭祀更接近自然，而且可以远离城市之喧嚣，以增加肃穆崇敬之情。

祭五祀”。还规定“非其所祭而祭之,名曰淫祀,淫祀无福”,非帝王而祭了天地非但属越礼的行为,还无效应。所以祭祀天地成了帝王的专利。

坛是皇帝的专利,所以一般只是根据祭祀的对象分为若干种,比较简单。如天坛、地坛、日坛、月坛、社稷坛、先农坛等。

庙由于使用者和崇拜的对象主要分为三类:

祭祀祖宗的庙。天子、官宦贵族,都有祖庙,但规格、品位不同,只有帝王的祖庙能称为太庙。祖庙的规模,周代《礼记·王制》规定:天子七庙[1],诸侯五庙,大夫三庙,士一庙,庶人无庙,仅可在家中设祭。贵族显宦奉祀祖先的建筑称家庙,或宗祠。宗庙之制渗透了强烈的政治、伦理色彩。

奉祀圣贤的庙。圣贤是世人效仿崇拜的楷模。最著名的是奉祀孔丘的孔庙,又称文庙。孔丘被奉为儒家之祖,汉以后历代帝王多崇奉儒学,敕令在京城和各州县建孔庙。山东曲阜孔庙规模最大。奉祀忠义之神关羽的庙称关帝庙,又称武庙。另外,许多地方还奉祀名臣、先贤、义士、节烈,如奉祀诸葛亮的“武侯祠”,奉祀岳飞的“岳王庙”等。

祭祀山川、神灵的庙。中国从古代起就崇拜天、地、山、川等自然物并设庙奉祀,如后土庙(祀地神)。最著名的是奉祀五岳——泰山、华山、衡山、恒山、嵩山的神庙,其中泰山的岱庙规模最大。

(二)布局象征

坛庙的布局表现具有礼制与象征、崇拜与审美的双重性质与内涵。

历朝规划和建造都城,都将这些祭祀场所放在重要的位置。按礼制关于郊祭的原则,把祭天场所(天坛)放在都城的南郊,祭地场所(地坛)放在北郊。这是因为在阴阳关系中,天属阳,位南;地属阴,位北。所以在南郊祭天,北郊祭地,一上一下,一南一北,一阳一阴,两者相互对应。另外,“祭日于东,祭月于西,以别外内,以端其位。日出于东,月生于西,阴阳长短,终始相巡,以至天下之和”(《礼记·祭义》)。所以祭日于城之东郊,祭月于城之西郊,这样祭祀天、地、日、月各得其位,以达到天下之和。

至于宗庙的位置,在《周礼·考工记》中提到“左祖右社,面朝后市”。就是说在王城中,祖庙的位置应在王城中央宫城的左方,左为上、为尊,与王城中社、朝、市相比位置更为重要。礼制还规定,“君子将营宫室,宗庙为先,厩库为次,屋室为后。”在营建宫室时首先也应该建造宗庙,反映了宗庙在宫室中的地位。这种“左祖右社”或“左庙右寝”之文化观念,源于《周易》后天八卦方位模式,东方为震位,认为其风水地望有雷震兴发之吉象,故在此设家庙。就算一般平民建祠堂,也取“风水”吉利之处,以地方上最精良之材料与技术建造,往往形体高大而连绵,装饰华美,成

① 天子祭祖的七庙,就是祭始祖、高祖、曾祖、祖、父的五庙加上祭远祖的昭、穆二庙。

为当地村镇最醒目的建筑。

另外，坛庙也同宫殿一样，应和阴阳五行，追求强烈的象征意义。比如建筑的形象、颜色、材料、数目，甚至植物的选择，都有很深的寓意。

这些做法其实是为了顺应上天，以求天人合一，从而祈求国运昌明、子裔繁荣、血缘家族发达、生命永恒。

(三)祭祀主题

儒家的礼治作为一种顽强的封建政治伦理观念，清晰地反映在坛庙建筑"规矩方圆"的建筑形式和格局上。"上事天，下事地，尊先祖而隆君师，是礼之三本也。""天地"具神权；"先祖"具族权；"君师"具治权。儒家对天地山川、祖宗圣人、帝王先师等的礼，使天地、先祖、君师成为坛庙中等级规格最高的、最考究的、仪式最隆重的祭祀主题，也使天坛、太庙、孔庙成为坛庙建筑中的典型代表。

另外，封建祭祀坛庙还反映了一种农业社会特有的文化主题，就是"农"。

中国几千年的封建社会其实就是农耕社会，以农立国。其农业文化，在世界四大文明古国中发展较早。坛庙制度中，不管是天地分祭，还是天地合祭，都强烈地表现了崇"农"的文化主题。祭天祀地，为的是祈求风调雨顺、国泰民安。也反映了农业社会"靠天吃饭"低下的生产力水平。明清北京天坛的祈年殿，所祭即为农神。社稷坛所祭是土地和谷神。先农坛所祭为神农氏，建造时的文化主题，就是借名义上的帝王躬耕籍田典礼之处，象征天子躬耕，万民群效。还有象征为皇后亲饲蚕桑的先蚕坛(已毁)，这些都建于京城郊外。这种建筑文化现象只有古老的中国才会有，是独特的。至于对五岳、四海之类的祭祀及所建坛庙，在文化上也与中华自古崇"农"有关。

(四)建筑特征

坛庙建筑中，庙与宫殿的特征形制类似，不必赘言，这里主要说坛。

中国历代各种坛的建筑制度有所不同，如天和地、社和稷，有时分祀，有时合祭；都城各坛的坐落方位，各朝也有所不同。

坛，是在平地上以土堆筑或砖石包砌的台形建筑。它的形式多以阴阳五行等学说为依据。例如天坛、地坛的主体建筑分别采用圆形和方形，来源于天圆地方之说。现存天坛所用石料的件数和尺寸都采用奇数，是采用古人以天为阳性和以奇数代表阳性的说法。而社稷坛却一反中国传统建筑布局方式，把拜殿设在坛的北面，由北向南祭拜，这是根据《礼记·郊特牲》所说的"社祭土而主阴气也。君南乡于北墉下，答阴之义也"。

坛既是祭祀建筑的主体，也是整组建筑群的总称。按后一含义，它应包括许多附属建筑。主体建筑四周要筑一至二重低矮的围墙，古代称为"壝"，四面开门。墙外有殿宇，收藏神位、祭器。又设宰牲亭、水井、燎炉和外墙、外门。壝墙和外墙之间，密植松柏，气氛肃穆。有的坛内设斋宫，供皇帝祭祀前斋戒之用。整个建筑群的组合,既要满足祭祀仪式的需要,又要严格遵循礼制。

三、典型案例

(一)北京天坛

坛庙之坛,最初的目的就是祭天。“燔柴于泰坛,祭天也。”(《礼记·祭法》)这是中国上古初民因崇天、祭天观念而自然产生的一种建筑样式。高台,所以登高以亲天之故。

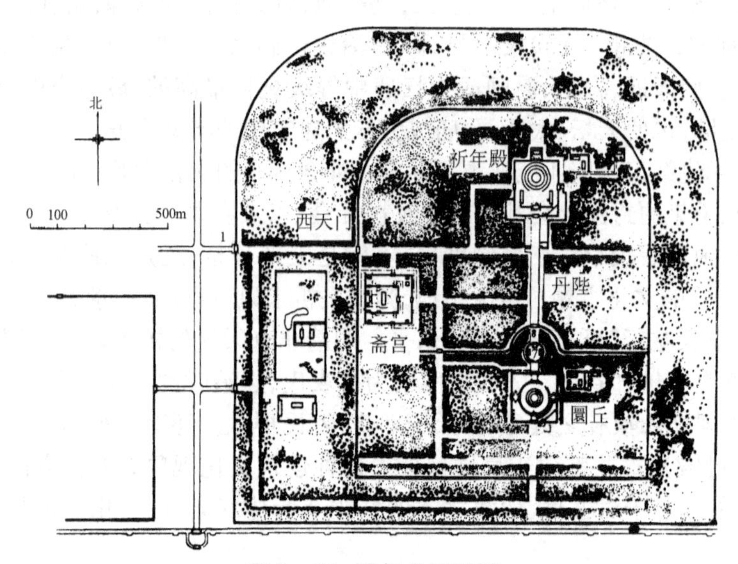

图 2－17　天坛总平面图

祭天最为隆重,因此天坛在诸祭坛中规模最大,建筑也最讲究。天坛始建于明永乐十八年(1420 年),与紫禁城同时完成。虽经几次修建,但总体规划与建筑布局始终未变,占地面积约 280 公顷,大致相当于紫禁城面积的 4 倍(图 2－17)。

天坛的正门位于西面居中位置,与北京城中轴线相连。西门往东是第二道西天门,路南有一组斋宫,供皇帝在祭天前居住。每年冬至前一天,皇帝出紫禁城来到斋宫,在这里沐浴和斋戒,表示对祭天的虔诚之心与神圣之意。

祭祀的主体建筑位于天坛偏东,呈南北中轴线布局。最南端的圜丘,是一座露天的圆形坛,分上下三层汉白玉石平台,每层的四周都围有石栏杆;圜丘四周没有房屋建筑,只有里外两道矮墙相围;两道矮墙的四面各有一座石造的牌楼门。圜丘平台就是皇帝举行祭天的中心场所(图 2－16)。

祭天大典在每年冬至的黎明前举行,皇帝亲临主祭。这时,坛前的灯杆上高悬着称为望灯的大灯笼,里面点着高达 4 尺的大蜡烛。在圜丘的东南角设有一排燎炉,炉内放松香木与桂香木,专门用来燃烧祭天用的牲畜与玉帛等祭品,香烟缭绕,鼓乐齐鸣，造成一种十分神圣的气氛。圜丘以北有一组建筑，名“皇穹宇”。其主殿为一圆形小殿，平时在里面置放昊天上帝的神牌。主殿两侧有配殿，四周有圆形院墙相围，形成一个圆形的院落。这面围墙用细砖筑造，磨砖对缝，做工精细，有一种奇特的功能，当两个人站在墙内不同的地点贴墙讲话时，由于墙面的连续折射，可以相互很清楚地听见对方的声音。这就是天坛著名的回音壁。据说当时虽然已经具有设计、建造这种效果的工艺水平，但这种效果并非当初有意追求的，而是因为圆形墙体精确的圆周率，以及围墙自身坚固、光滑所致。

天坛另一组祭祀建筑祈年殿位于皇穹宇之北，中轴线的北头，是皇帝每年夏季祈求丰年的地方。主殿为祈年殿，屋顶三层青琉璃瓦，殿下有三层汉白玉石台基，坐落在院落的靠北居中，前有祈年门，后有皇乾殿，左右各有配殿，四周有院墙相围，形成一组祭祀建筑群（图2－18、图2－19）。

图2－18 北京天坛祈年殿平面图

圜丘与祈年殿，一个祭天神，一个祈丰年，分别位于同一条中轴线的南北。它们之间以一条长达360米的“丹陛桥”大道相连。这条大道宽30米，高出地面4米，两旁广植松柏。人行其上，仰望青天，四周一片起伏的绿涛，由南往北，仿佛步入昊昊苍天之怀，集中体现了这个祭天环境所要达到的意境。丹陛桥将两组具有不同祭祀内容的建筑连接在一起，成为一组完整的祭祀建筑群体。

天坛除以上斋宫与祭祀建筑群外，还有位于西门内的神乐署与牺牲所，这是供舞乐人员居住和饲养祭祀用牲畜的地方。在圜丘之西和祈年殿的东北也各有一组宰牲亭和神厨、神库建筑，是祭祀时屠宰牲畜和制作祭祀食品、储存祭祀用具的地方。此外，天坛内大部分地区都种植了松柏等常青树木。几组祭祀建筑在占地达280公顷的坛区内只占很小的一部分。大片的绿色丛林使天坛有了一个与紫禁城完全不同的环境，这就是祭祀天地所需要的肃穆环境。

天坛的斋宫、圜丘、祈年殿和神乐署、牺牲所等附属建筑在物质功能上满足了祭祀的要求，那么它们如何满足帝王在祭祀方面的精神要求呢？在这里，我们可以

图 2－19　天坛祈年殿

看到古代工匠应用了多方面的象征手法而达到了这方面的要求。这种象征性手法集中表现在形象、数字与色彩三个方面。

古代中国人相信天圆地方之说，昊昊上天是圆的，苍茫大地是方的。在天坛，圆与方的形象被大量运用。天坛里外两道围墙，都是上圆下方，因为苍天在上，大地在下。圜丘三层平台皆为圆形，而其外两层矮墙却是内圆外方；皇穹宇的大殿与围墙都是圆的；祈年殿建筑与台阶皆圆形，而其外院墙为方形。

世上万物皆分阴阳，天为阳，地为阴，数字中单数为阳，所以帝王祭天自然要用阳数中最高数字即九。圜丘最上一层即举行祭天大礼之场所，坛面全部用青石铺砌，中央一块圆石为心，围绕中心石的四周皆用扇面石，一层一层逐层展开。第一层为 9 块扇面石，第二层为 9 × 2 共 18 块扇面石，第三层为 27 块，直至第九层 81 块。三层平台四周皆有石栏杆，最上一层的四面栏杆，每面各有 9 块栏板，四面共 36 块；第二层每面 18 块，下层每面则 27 块。三层平台之间皆有台阶上下，每层台阶皆为 9 步。祈年殿为祈求丰年之地，所用数字多与农业有关。圆形大殿的柱子分里外三层，最里层为 4 根大立柱，象征着一年四季；中层 12 根立柱象征一年 12 个月；外檐 12 根立柱象征一天 12 个时辰；中、外两层 24 根柱子又象征一年 24 个节气。中国社会长期以农业为经济基础，农业生产的丰歉的确与天时季节密不可分。

苍天是蓝色的，土地是黄色的，这成为人们精神上的象征依据。天坛的许多建筑上都用了蓝色。圜丘四周的矮墙墙顶用的是蓝色琉璃瓦；皇穹宇、祈年殿的屋顶也全部用蓝琉璃瓦；连两组建筑的配殿与院门的屋顶也用了蓝琉璃瓦。

中国古代的陵墓和坛庙多喜欢在陵区和坛区里广植松柏，代表长青不衰。松柏苍绿之色，久而久之逐渐带有了肃穆与崇敬的象征意义。在天坛内，如果说形象与数字的象征意义较隐晦，人们不能很明白地领悟到其中的含义，那么在色彩上却不一样。色彩表现的象征意义是人们从自身的经验中能够体验到的。天坛的苍绿环境,由白色与蓝色组成的建筑形象,使整个天坛具有一种极肃穆、神圣而崇高的意境。中国古代工匠在这座祭天祈丰年的特殊建筑上发挥了他们无比的创造力,给我们留下了一颗建筑史上的明珠。1998年,天坛这一世界建筑艺术中的珍宝被联合国教科文组织列入《世界文化遗产名录》。

(二)太庙

皇帝祭祀祖先的场所就是太庙。早期的宗庙没有一座留存至今,我们今天能见到的最早的只有北京皇城内明代的太庙了。

元大都就是按照古代王城的制度规划的,"左祖右社"把太庙和社稷坛分别放在都城的东西两边。明朝永乐年间改建北京时,将太庙和社稷坛移到皇城里紫禁城前的左右两边。太庙位于皇城内天安门与端门的左方,里外有三层围墙,西边有门与端门内庭院相通。在第一二道院墙之间种有成片柏树,形成太庙内肃穆的环境。在第二三两道院墙的南面正中设有琉璃砖门与戟门,戟门之内才是太庙的中心部分。这里有三座殿堂前后排列在中轴线上。前为正殿,是皇帝祭祖行礼的地方,每年在岁末大祭时,将寝宫中供奉的祖先牌位移入殿内举行隆重的祭祀仪式。大殿面阔原为9开间,清朝改为11间,用的是最高等级的重檐庑殿屋顶,坐落在三层石台基上。我们知道,紫禁城的前朝三大殿、长陵的祾恩殿、天坛的祈年殿这三处大殿用的是三层台基,如今,太庙也是这样的规格,说明了祭祀祖先在封建制度中的重要地位。正殿之后为寝宫,是平时供奉皇帝祖先牌位的地方。最后为祧庙,按礼制,这里供奉着皇帝的远祖神位。清朝入关进北京后,把在东北未称帝时期的几位君主追封为皇帝,他们的神位就供奉在这里。在中轴线的两侧各有配殿,殿中存放祭祖的用具。太庙如今已成为北京市的劳动人民文化宫。

(三)社稷坛

帝王祭祀社稷由来已久,《周礼·考工记》中的"左祖右社"制反映了古代把祭社稷放在与祭祖先同样重要的位置。何谓社稷,《孝经纬》称:"社,土地之主也,土地阔不可尽敬,故封土为社,以报功也。稷,五谷之长也,谷众不可遍祭,故立稷神以祭之。"在以农业为主的古代中国,祭祀社稷十分重要,早期将太社与太稷分置两坛而祭,直到明永乐定都北京,才把社与稷合而祭之,设社稷坛于紫禁城之右,按古制形成"左祖右社"的格局。

社稷坛面积约24公顷,其中主体建筑由社稷坛、拜殿与戟门三者组成,居于全坛的中轴线上。因为祭祀是坐北向南进行,所以最北为戟门,为社稷坛的正门。戟门之南为拜殿,供帝王在祭祀时避风雨之用。拜殿之南为社稷坛,是举行祭祀仪式的地方。坛为方形土台以象征地方之说,边长15米,高出地面约1米,台上铺设五色土。《周礼》中说:"以玉作六器,以礼天地四方:以苍璧礼天,以黄琮礼地,以青圭礼东方,以赤璋礼南方,以白琥礼西方,以玄璜礼北方。"(见《周礼·春官宗伯第三》）在这里也是在东、南、西、北四个方向分别填铺青、红、白、黑四种颜色的土，而以黄色土居中。而且这五色之土皆由全国各地纳贡而来，以表示“普天之下，莫非王土”，帝王一统天下的威望。方坛四周有一道坛墙相围，坛墙很矮，墙面上贴以琉璃砖，也是按东、南、西、北四个方位，分别为青、红、白、黑四种颜色，在每面围墙的中部各有一座石造的棂星门。这样的布置不但使祭坛有一个限定的空间，而且也使祭社稷之坛更具气势。社稷坛如今已成为北京市的中山公园。

（四）孔庙

孔庙也称为文庙，是分布最广、规模与形制多样的宗庙。与一般的宗庙有所不同，它既有儒家所推崇的一般崇祖的意义，又富于“尊孔”的人文精神含义。

孔庙，古时全国各地多有，是祭祀“至圣先师”孔夫子的庙。孔子及其儒学，在中国文化中影响十分深远，作为“万世师表”，在文人学子及全民中树起了一个“准宗教”性质的偶像，设庙以祭，成为浸透了儒学精神的建筑文化内容。各地以曲阜孔庙为楷模，竞相建造文庙，虽然规模、手法各有差别，而文化模式则基本一致，往往建泮池、万仞宫墙、棂星门、金声玉振牌坊、魁星阁、文昌阁、舞乐月台、大成殿等，成为标举文运、倡导伦理之象征。

孔子故居鲁城阙里在今山东曲阜。曲阜孔庙是全国现存仅次于北京紫禁城宫殿的巨大古建筑群，是中国古代大型祠庙建筑的典型，保有宋金以来的总体布局和金元以来数十座古建筑。

曲阜县城原在孔庙东 5 公里，明正德八年（1513 年）迁至孔庙处，新县城以孔庙为中心，入曲阜南门隔一横街即为孔庙外门，这在中国古代城镇布局上是一特例。

孔庙占地近 10 公顷，纵长 600 米，宽 145 米，前后有八进庭院，殿、堂、廊、庑等建筑共 620 余间。前三进都是遍植柏树的庭院，第四进为奎文阁建筑组，第五进为碑亭院，第六、第七进为孔庙主要建筑区，第八进为后院（图 2 – 20）。

孔庙前三进为引导部分，布置有金声玉振牌坊、石桥、棂星门、圣时门、弘道门和大中门，是孔庙的前奏。它用横向的墙垣，把纵深的空间分隔成大小不同的院落。各院落内古柏葱翠。自大中门起才是孔庙本身，平面长方形，周围有院墙，四角有角楼，仿宫禁制度。自大中门入内，经同文门，为两层奎文阁。阁高 24.7 米，是孔庙的藏书楼，建于明弘治十七年（1504 年）。

奎文阁至大成门之间为碑亭院落，共 13 座碑亭，皆重檐高阁，形体宏大，多为明清所建。

进入大成门即为孔庙的主要建筑区，包括大成殿、寝殿、圣迹殿以及两侧的东庑、西庑等。这部分的规模布局，明代以前已经形成，明中叶曾改建，清代又加修建。

大成殿是供奉孔子的大殿，正中供祀孔子像，两侧配祀颜回、曾参、孔伋、孟轲等“四配”[①]及十二哲像[②]。殿始建于宋天禧元年（1017年），明重建，清雍正二年（1724年）再建成现状。殿面宽9间，进深5间，重檐歇山顶，覆黄色琉璃瓦。殿建在两层石砌高台上，规制相当于故宫保和殿。据记载：“大殿高七丈八尺六寸，阔十四丈二尺七寸，深七丈九尺五寸。”殿外的10根石柱还刻有蟠龙，上下两龙对翔戏珠。殿内柱用楠木，天花错金装龙，彩画五色间金，富丽堂皇。中央藻井蟠龙含珠，如太和殿形制。大成殿的规格等级显示了神化后孔子的帝王地位。

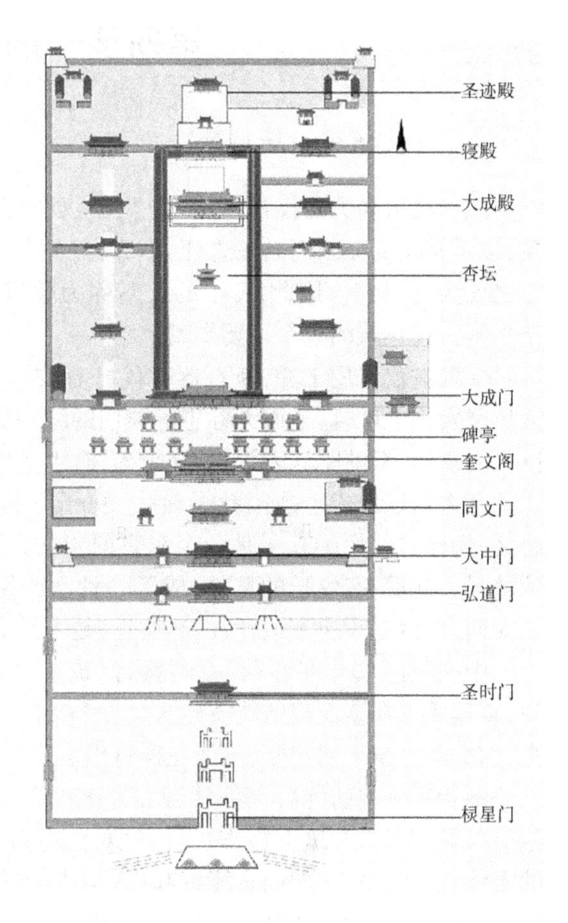

图2－20 曲阜孔庙总平面图

大成殿前露台宽阔，为祭祀时舞乐之处。相传殿前是孔子讲学之所在，建有“杏坛”亭，周围保留了年代久远的柏树，环境静谧肃穆。大成殿后为寝殿，供奉孔子夫人。两侧庑殿则祀奉孔门弟子及历代先贤名儒的牌位。最后为圣迹殿，明万历二十年（1592年）建，现存仍为原物，殿中有孔子周游列国线刻石画120幅。

孔庙虽地处山东，建筑则是历朝官修的，虽不免少量的地方风格掺入，仍可视为研究金、元、明、清官式建筑的极好实例。

① “四配”即：复圣颜回、宗圣曾参、述圣孔伋、亚圣孟轲。颜回，即颜渊；曾参，即曾子，均为春秋时期鲁国人，孔子的弟子。孔伋，字子思，战国时期鲁国人，孔子之孙，相传为曾参的学生。孟轲，即孟子，战国时期邹人，相传为孔伋（子思）门人的学生。

② 十二哲即：闵损、冉雍、端木赐、仲由、卜商、有若、冉耕、宰予、冉求、言偃、颛孙师、朱熹。

第四节 陵 墓

一、陵墓的起源与发展

战国时将高大的坟丘称作“陵”，秦汉时帝王一级的称“山陵”，比喻君王的形象，以示其崇高。因而君王之死，不称为“死”，而叫作“山陵崩”，发展到后来则称帝王之死为“驾崩”。因此，帝王的坟墓称为陵寝、陵墓。陵墓是中国帝王的坟墓，也是中国古代建筑的一个重要类型。

中国古代习用土葬，新石器时代已有坟墓这种建筑形制。墓葬多为长方形或方形竖穴式土坑墓，地面无标志。殷周的墓葬也没有坟丘，殷墟遗址中曾发现不少巨大的墓穴，有的距地表深达10余米，有大量奴隶殉葬和车、马等随葬。

巨大坟丘形成于战国孔子时代，孔子将其父母合葬时曾说：“古也墓而不坟。封之，崇四尺。”因为孔子是一个东奔西走的人，为了便于识别，于是就筑了四尺高的坟丘。此后，有坟丘的墓葬，成了一种文化风俗。如果人死下葬后不起坟丘，就子女而言，就是大逆不道，所以起坟丘，是一种对尊贵死者的“礼貌”。

中国“礼”文化在春秋、战国盛行，筑墓以起坟丘，并且发展到在坟前树碑、种树，直至后来在墓区建造陵寝建筑与设“神道”“石象生”等，墓丘越筑越大、越来越高，随葬品也越来越丰富，越发花样百出。

秦始皇陵空前绝后，规模巨大，封土很高，围绕陵丘设内外二城及享殿、石刻、陪葬墓等，据记载，地下寝宫装饰华丽，随葬各种奇珍异宝。汉代同样以人工夯筑的宏伟陵体为中心，四向有陵垣和门，构成“十”字形对称布局，在陵体上筑有祭祀建筑，其布局对后世陵墓影响很大，另外汉代陵墓多于陵侧建城邑，称为陵邑。

魏晋、南北朝的陵制比较卑小，只相当于东汉时期地方官一级的墓葬形制，地下部分也比较简陋，是中国比较提倡薄葬的时期。现今所留的主要是地面上的雕刻物，如碑、神道柱、石兽等，有很高的艺术价值。

唐代是中国陵墓建筑史上一个高潮，有的陵墓因山而筑，气势雄伟（如唐乾陵）。由于帝王谒陵的需要，在陵园内设立了祭享殿堂，称为上宫。同时陵外设置斋戒、驻跸用的下宫。陵区内置陪葬墓，安葬诸王、公主、嫔妃，乃至宰相、功臣、大将、命官。陵区继承了汉代四向对称的布局，南向有了一套入口与导引部分，排列石人、石兽、阙楼等。

北宋帝陵规模小于唐陵，大都集中在河南省巩县。南宋建都临安，仍想还都汴梁，故帝王灵柩暂厝绍兴，称攒宫。

元代按蒙古族习俗，平地埋葬，不设陵丘及地面建筑。

明代陵体放弃了历来的正方形布局，继承和发展了唐宋的引导部分，其典例是北京明十三陵。十三陵各陵都背山而建，在地面按轴线布置宝顶、方城、明楼、石五供、棂星门、祾恩殿、祾恩门等一组建筑，在整个陵区前设置总神道，建石象生、碑亭、大红门、石牌坊等，造成肃穆庄严的气氛。其中定陵已经考古发掘，地下寝宫分前殿、中殿、后殿和左右二配殿，俨然是地下的四合院，只是全部用石材构筑。明十三陵成为封建社会后期陵墓建筑的代表。

清代陵墓建筑布局和形制因袭明陵，建筑的雕饰风格更为华丽。

二、陵墓的鉴赏

(一)选址原则——风水龙穴

按照易理思维，无论是生是死均是自然的规律。人在活着的时候要营建“阳宅”，寻求养生的环境，利于生存的气场；而在死后也要建造“阴宅”，寻求安息的场所，利于神灵的转世。在中国现存的大量陵墓中，不难看出“阴宅”的建造实际上并不逊色于“阳宅”的土木之工。中国古人无论是建造“阳宅”，还是“阴宅”，均体现着《易经》的自然观，人的生生死死都是自然的育化，最根本的是“生”，“生生之谓易”，视死如生生更生。

风水这个名称的定义，源于阴宅。晋代郭璞所著《葬书》中首先提出了“风水”之说：“葬者，乘生气也。气乘风则散，界水则止。古人聚之使不散，行之使有止，故谓之风水。”认为死人安葬需选择有生气之地，生气遇风则散，有水则止，故只有避风聚水才能获得生气。所以阴宅往往选择在能使万物获得蓬勃生机的自然环境之中。

陵墓作为社稷的重要组成部分，其选址必须相天法地、天人合一，刻意追求“龙穴砂水无美不收，形势理气诸吉咸备”的山川地势，以为“山环水抱必有气”的风水格局可以保佑帝王万世兴旺。

历朝历代的陵寝建筑几乎均遵循“居中为尊”的易理观念。选址时据风水理论确定陵寝山向，着重于陵区山水形势，即所谓龙穴砂水总体上的权衡。在景观上，山川形势直接诉诸人视觉感受上的高下、大小、远近、离合、主从、虚实等空间形象，显现着明晰的条理秩序，寄托着天人合一的理想，成了具有合于人伦道德和礼制秩序的精神象征符号，景物天成，表现出尊卑、贵贱、主宾、朝揖、拱卫等关系。

清东陵正是这种理念的最佳体现。整个陵区以层峦叠翠的昌瑞山为靠山，龙蟠凤翥，玉陛金阙，如锦屏翠障；东有起伏的倒仰山，如青龙盘卧，势皆西向，俨然左辅；西有蓟县境内的黄花山，似白虎雄踞，势尽东朝，宛如右弼；朝山金星山形如覆钟，端拱正南，如持笏朝揖；案山影壁山圆巧端正，位于靠山、朝山之间，似玉案前横，可凭可依；水口山象山、烟墩山两山对峙，横亘陵区，形如阙门，扼守隘口；马兰河、西大河两水环绕夹流，顾盼有情；群山环绕的格局辽阔坦荡，金顶红墙、玉柱碧瓦掩映在苍松翠柏之间，构成了一幅自然和人文完美结合的壮丽画卷(图2-21)。

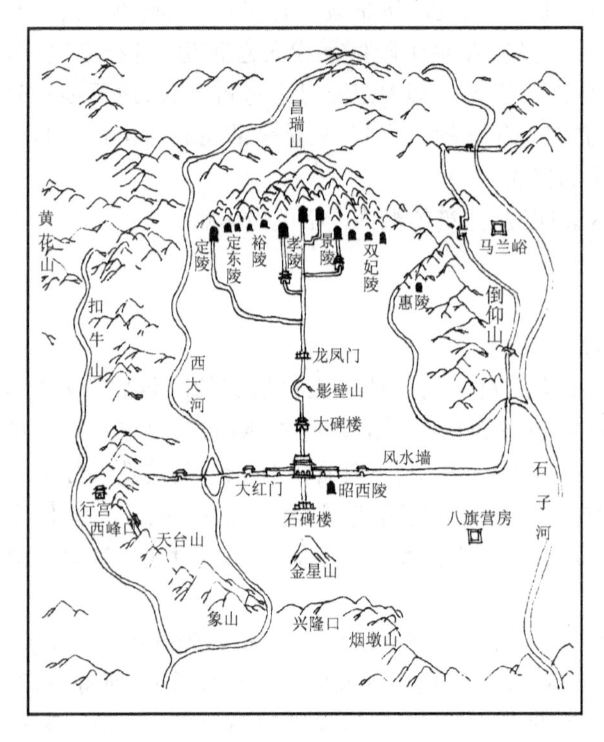

图 2-21　东陵平面图

(二)思想基础
——事死如事生

从“墓而不坟”到“封土为坟”的转化,说明了“礼”的思想观念向墓葬文化的渗透与影响。起土为坟,表示这里是死者葬所,便于祭奠与纪念,说明生者对死者感情上的那一份牵挂。同时,起土为坟更有“礼”的讲究,《左传》说:“事死如事生,礼也。”这道出了中国帝王陵墓建筑以“礼”为主要文化内容的思想基础。

据《周礼·春官·冢人》,所谓“公墓”与“邦墓”在“礼”的等级上是不同的,反映着活着时的“座次”,座次就是等级关系。活人生活在社会中,是有等级与位置的。人死了,其被埋葬的方式也是有等级的,葬仪中的等级实际是人活着时社会地位的延伸。《荀子》说:“丧礼者,以生者饰死者也,大象(像)其生以送其死也。”

中国古代崇信人死之后,在阴间仍然过着类似阳间的生活。先帝像生前一样上理朝政、下视群僚,乃至起居饮食、行猎出巡之类,均应“事死如事生”,因而陵墓的地上、地下建筑和随葬生活用品均仿照阳间。

文献记载,秦汉时代陵区内设殿堂收藏已故帝王的衣冠、用具,置宫人献食,犹如生时状况,其臣属在帝王陵寝中,对陵主铺床叠被、洒扫献食之类,成了每日必修的“功课”。秦始皇陵地下寝宫内的布置是“上具天文,下具地理”,“以水银为百川江河大海”,并用金银珍宝雕刻鸟兽树木,完全是人间世界的写照。陵东已发掘出兵马俑坑3处,坑中兵马俑密布,完全是一队万马奔腾的军阵缩影。

唐代陵园布局仿长安城,四面出门,门外立双阙。神路两侧布石人、石兽、石柱、番酋像等。唐懿德太子墓的地下部分是由墓道、过洞、天井、甬道、前室、后室组成,结合墓内四周壁画所画的城墙、阙楼、宫城、门楼、宫门、殿门等内容,可知这是比照了宫廷建筑风貌所设计的地下墓室。

明清的祭祀区更是按周礼“三朝五门”的格局,在中轴线上设置了依次为大红门、龙凤门、祾恩门(清称隆恩门)、陵寝门和方城门“五门”,外罗城、内罗城、方城与宝城合围的神灵区,形成“三朝”,与阳间的宫殿本无二致。

(三)空间布局

中国陵墓是建筑、雕刻、绘画、自然环境融于一体的综合性艺术。其布局可概括为三种形式:

以陵山(指陵丘)为主体的布局方式。此种布局以秦始皇陵为代表。其封土为覆斗状,周围建城垣,背衬骊山,轮廓简洁,气势巍峨,创造出纪念性气氛。

以神道贯串全局的轴线布局方式。这种布局重点强调正面神道。如唐代高宗乾陵,以山峰为陵山主体,前面布置阙门、石象生、碑刻、华表等组成神道。神道前再建阙楼,借神道上起伏、开合的空间变化,衬托陵墓建筑的宏伟气魄。

建筑群组的布局方式。明清的陵墓都是选择群山环绕的封闭性环境作为陵区,将各帝陵协调地布置在一处。陵墓群共用一条主神道,神道上设牌坊、大红门、碑亭等,建筑与环境密切结合在一起,创造出庄严肃穆的环境。

(四)用材和结构

陵墓墓室使用木、砖、石三种材料,因时代不同结构形式有所变化。

大型木椁墓室,是殷代开始一直到西汉时期墓室的特点。早期为井干式结构,即用大木纵横交搭构成。到西汉时又出现用大木枋密排构成的“黄肠题凑”[①]形式,形成木构墓室的高潮,汉代一些王墓即属此制。

砖筑墓室,是墓室结构的重要形式,反映出早期砖结构技术的发展水平。砖筑墓室分为空心砖砌筑和型砖砌筑两类。空心砖墓室始于战国末期,型砖墓室约始于西汉中期,南北朝和隋唐时期应用渐广。墓室顶部结构有几种形式,方形墓室顶部为叠涩或拱券结构,长方形墓室顶部为筒拱结构等。例如,南京南唐钦陵墓室的前、中二室为砖砌墓室。

石筑墓室,多采用拱券结构,五代时期的前蜀王建墓的墓室是由多道半圆形拱券组成。宋陵墓室虽然是由石料构成,但顶部是由木梁承重,为木石混合结构。明清陵墓墓室全部用高级石料砌筑的拱券,与无梁殿相似。数室相互贯通,形成一组华丽的地下宫殿。

三、典型案例

(一)秦始皇陵

中国秦朝第一个皇帝嬴政的陵墓。在今陕西省临潼县东约5公里,骊山北约1公里的下河村附近,建成于公元前210年。坟丘为夯土筑成,下部为原有山丘。现

① 汉代皇帝及诸侯王特有葬具。棺木之外以黄肠紧密累叠而成的椁。黄肠是柏木的心,其色黄而质地致密。题凑是用木条木块累叠互嵌,其端皆内向聚合。椁上成屋之四阿状。

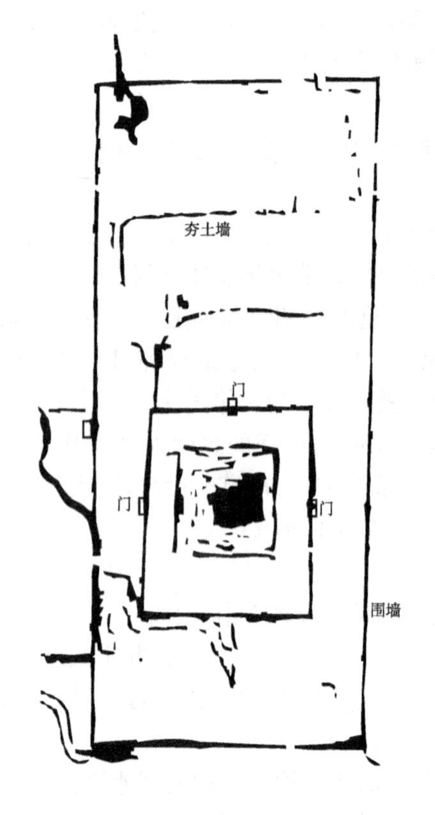

图 2－22　秦始皇陵平面图

存遗迹为截顶方锥形，高 76 米，底面长 515 米，宽 485 米。据研究，坟丘四周原有内外两重围墙，形状为长方形，内围墙周长约 2.5 公里，外围墙周长约 6.3 公里（图2－22）。《史记·秦始皇本纪》载："始皇初即位，穿治骊山，及并天下，天下徒送诣七十余万人，穿三泉，下铜而致椁，宫观百官奇器珍怪徙臧满之。"秦始皇陵是中国历史上体形最大的陵墓，当时地面上还建有享殿，供祭祀。项羽军入关中时，陵区建筑被火焚毁。地下墓室，尚未经考古发掘，情况不明。

通过《史记·秦始皇本纪》中对陵墓的一段描绘能了解到：陵墓的地宫内放满了珍珠、宝石，壁上有雕刻，天花与地上有日月星辰和江河湖海的印记，并且以水银充填江河之中；为了防止对墓室的破坏，还令匠人制作了弓箭安在门上。根据考古学家近年用科学方法对墓室探测，证明墓内确有水银储存，看来文献的描述并非虚构。

1974—1976 年，在秦始皇陵外围墙以东约 1225 米处发现 3 座陪葬的兵马俑坑，均为土木结构的地下建筑。最大的 1 号坑东西长 230 米，南北宽 62 米，深约 5 米。坑底为青砖墁地，于坑侧立柱。柱上置梁枋，梁枋上密排棚木。棚木上铺席，席上覆盖胶泥，胶泥上为封土。各坑内整齐地排列着如同真人真马大小的彩绘陶俑、陶马和木车等，呈军阵场面。已清理的约有陶武士俑近千、陶马上百及配备的战车数十辆。1979 年建立了秦始皇陵兵马俑博物馆。

陶俑替代真人殉葬，不能不说是一种进步。但是《史记·秦始皇本纪》又告诉我们，在秦始皇下葬后封闭陵墓时，"葬既已下，或言工匠为机，藏皆知之，藏重即泄，大事毕，已藏，闭中羡，下外羡门，尽闭工匠藏者，无复出者"。为了防止制作机弩和埋藏宝物的工匠泄露建造的机密，他们被留在墓道之中。这么一座动用了 70 万人力兴建的始皇陵，其中的秘密被埋入了地下。

然而据记载，始皇陵修竣仅 4 年，寝宫就被付之一炬。项羽打进咸阳之时，烧尽秦代宫殿，始皇陵自不能免。《水经注》说："项羽入关发之，以三十万人，三十日运物不能穷。关中盗贼销椁取铜……火延九十日不能灭。"此描述虽有夸张，但项羽"西屠咸阳"却是铁定的史实。后来，唐末的黄巢农民起义打进长安，又祸及始皇陵,曾在陵区乱掘了一番。所以后人有言,称秦始皇“生则张良捶荆轲刀,死乃黄巢掘项羽烧”。所谓“不朽”,在哪里呢?始皇陵冢的位置,在“回”字形平面围城的西南一隅。这种地理位置安排,也是很契合先秦儒家所推崇的易理的。《易经》后天八卦方位图即文王八卦方位图所规定的八个方位,以西南为坤位。据《易传》,坤者,地也,“坤为地”。“地势坤,君子以厚德载物”,坤象征博大、深厚的君子之德。因此,始皇陵冢所处的西南隅,在建筑文化中实在可以说是好“风水”,不仅象征帝王之魂回归于大地,而且象征“以厚德载物”的“君”德。岂料“二世而斩”,强大的秦帝国顷刻毁灭,所谓“西南得朋”(坤卦卦辞)似吉利得很,但又有何用呢?

(二)汉茂陵

汉茂陵位于今陕西省兴平县境内。茂陵仍沿承秦制,一是在帝王登位的第二年即开始兴建自己的陵墓;二是墓室仍深埋地下,上起土丘以为陵体。汉武帝于公元前 140 年登位,在位 54 年,其茂陵就建造了 53 年。

陵体为截顶方锥形,高46.5 米,每边长230 米,陵体之上原来还建有殿屋。陵体外围四周有墙垣,每边长达 430 米各开一门。门外各有双阙。在陵园的东西侧还有卫青、霍去病、李夫人等陪葬墓(图 2-23)。

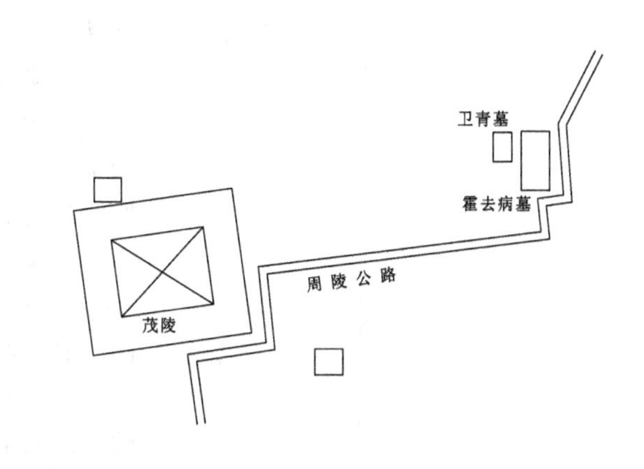

图 2-23　汉茂陵陵墓分布图

汉墓有些已改成了砖或石的结构。室顶和四壁都用长条形的空心砖或石料一块接着一块搭砌。砖、石表面上多雕刻有各种纹样,因此称为画像砖和画像石。纹样的内容既有人物、虎、马、朱雀、飞禽等动物的单独形象,又有描绘人们进行劳动、游乐、生活的场景。如墓主人打猎、出行、收租、宴乐。其雕法均为线雕和浅浮雕,即用刀在砖、石的表面上刻画出印,或者将底面作一些处理以使形象更显明。后来墓壁上的装饰由雕刻而逐步发展成为彩绘,就是在砖壁上先抹一层白灰,在白灰面上再进行黑白或彩色的绘画。

汉代的陵墓是保留至今唯一一种汉代建筑类型。汉墓中出土的大量画像砖、画像石和明器,为我们提供了那个时代建筑的形象资料。画像砖、画像石上所描绘的生活环境,免不了出现各种建筑的形象。明器是一种陪葬的器物模型,除了墓主人所用的器具以外,也有建筑模型。从中我们可看到那个时代的四合院、多层楼阁和单层房屋，各种屋顶、门窗以及它们的结构和装饰形式。因此，汉代陵墓在古代建筑史研究中占有重要的地位。

（三）唐乾陵

唐朝作为中国古代封建社会中期的强盛王国，不仅在其都城长安的规划和宫殿建筑上表现了它的威势，也在陵墓建筑上反映了这一时期的博大之气。唐朝的皇陵在总体上继承了前代的形制，以陵体为中心，陵体之外有方形陵墙相围，墙内建有祭祀用建筑，陵前有神道相引，神道两旁立石雕。但它与前代不同的是以自然山体为陵体，取代了过去的人工封土陵体。陵前的神道比过去更加长了，石雕也更多，因此尽管它没有秦始皇陵那些成千上万的兵马俑守陵方阵，但是在总体气魄上却比前代陵墓显得更为博大（图 2 －24）。

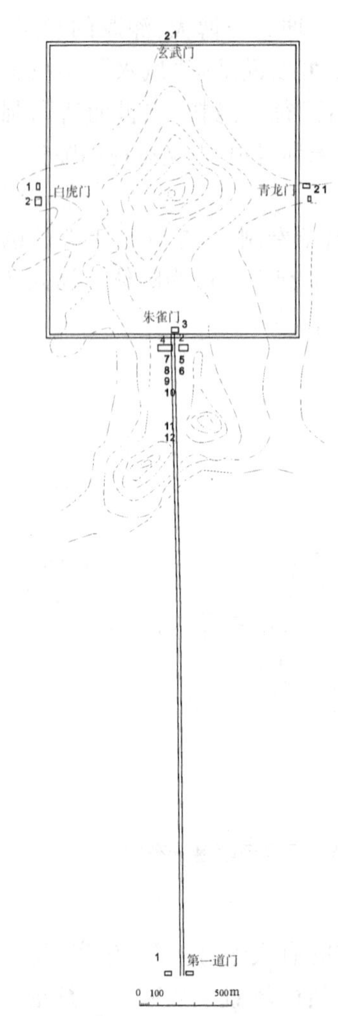

图 2 －24 唐乾陵平面图

1. 阙 2. 石狮一对 3. 献殿遗址 4. 石人一对 5. 番酋像 6. 无字碑 7. 述圣记碑 8. 石人十对 9. 石马五对 10. 朱雀一对 11. 飞马一对 12. 华表一对

乾陵位于今陕西省乾县北约 6 公里的梁山上，梁山有三峰，其中北峰最高，南面另有两峰较低，左右对峙如人乳状，因此又称乳头山。乾陵地宫即在北峰之下。北峰四周筑方形陵墙，四面各开一门，按方位分别为东青龙门、西白虎门、南朱雀门、北玄武门，四门外各有石狮一对把门。朱雀门内建有祭祀用的献殿，陵墙四角建有角楼。在北峰与南面两乳峰之间布置为主要神道。两座乳峰之上各建有楼阁式的阙台式建筑。往北，神道两旁依次排列着华表、飞马、朱雀各 1 对，石马 5 对，石人 10 对，碑 1 对。为了增强整座陵墓的气势，更将神道往南延伸，在距离乳峰约 3 公里处安设了陵墓的第一道阙门，在两乳峰之间设第二道阙门，石碑以北设有第三道阙门。门内神道两旁还立有当年臣服于唐朝的外国君王石雕群像 60 座，每一座雕像的背后都刻有国名与人名。这些外国臣民与中国臣民一样都要恭立在皇帝墓前致礼，所不同的是在他们的顶上原来建有房屋可以避风雨。这座皇陵以高耸的北峰为陵体，以两座南乳峰为阙门，陵前神道自第一道阙门至北峰下的地宫,共长4公里有余,其气魄自然是靠人工堆筑的土丘陵体所无法比拟的。至于乾陵地宫内的情况至今未能详知。经过探测,可以知道隧道与墓门是用大石条层层填塞,并以铁汁浇灌石缝,坚固无比。

(四)明十三陵

明成祖朱棣的长陵、仁宗的献陵、宣宗的景陵、英宗的裕陵、宪宗的茂陵、孝宗的泰陵、武宗的康陵、世宗的永陵、穆宗的昭陵、神宗的定陵、光宗的庆陵、熹宗的德陵、思宗的思陵等十三个皇帝的陵墓,位于北京市昌平区天寿山下。始建于永乐七年(1409年),迄于清初,是一个规划完整、布局主从分明的大陵墓群(图2-25)。

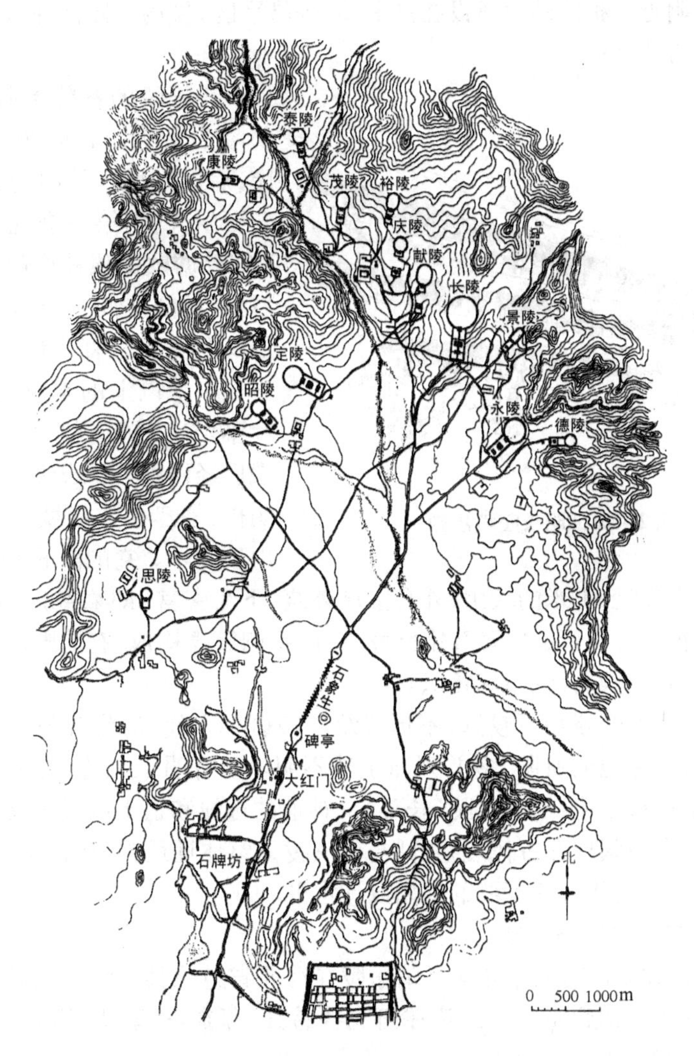

图2-25　明十三陵分布图(引自刘敦桢《中国古代建筑史》)

陵区群山环绕，南面开口处建正门——大红门，四周因山为墙，形成封闭的陵区。在山口、水口处建关城和水门，在山谷中遍植松柏。大红门外建石牌坊，门内至长陵有长 6 公里余的神道，作为全陵的主干道。

神道前段设长陵碑亭，亭北夹道设 18 对用整石雕成的巨大的石象生。神道后段分若干支线，通往其他各陵。长陵为十三陵主陵，其他十二陵在长陵两侧，随山势向东南、西南布置，各倚一小山峰。经过 200 余年经营，陵区逐渐形成以长陵为中心的环抱之势，突出了长陵的中心地位。长陵外其他各陵不另立神道，只在陵前建本陵碑亭，殿宇、宝顶也都小于长陵。各陵的神宫监、祠祭署、神马房等附属建筑都分建在各陵附近。护陵的卫所设在昌平县(今昌平区)城内。陵区在选址和总体规划上都是非常成功的。

图 2－26　明长陵祾恩殿

十三陵的各陵形制相近，而以长陵为最大。长陵为三进矩形庭院，后倚宝城。外门为开三门洞的砖石门，门内第一进院正中为面阔 5 间单檐歇山顶祾恩门。门内即祾恩殿，面阔 9 间，重檐庑殿顶，有三层汉白玉石栏杆环绕。内有 32 根直径 1 米以上的本色楠木巨柱，雄壮雅洁，为国内仅见(图 2 －26)。殿后经内红门入最后进院，北端的明楼，是建在方形城墩上的重檐歇山顶碑亭。它的前面有牌坊和石五供。宝顶是直径近 31 米的坟山，外有宝城环绕，下为玄宫(即墓室)。十三陵中 16 世纪建造的神宗万历帝的定陵墓室已发掘，由石砌筒壳构成，有前殿、中殿、后殿和左右配殿。与阳宅四合院布局相似。

汉代、唐代各帝陵相距较远，不形成统一陵区。宋代、清代各陵虽集中于一个或两个地区，但为地域所限，多并列而主从不明。只有明十三陵，集中于封闭山谷盆地，沿山麓环形布置，拱卫主陵(长陵)。神道的选线和道上的设置又加强了主陵的中心地位:在中国现存古代陵墓群中，十三陵是整体性最强、最善于利用地形的。从而可以了解到明代大建筑群的规划设计水平。

(五)清朝的东陵与西陵

清朝定都北京后有两个陵区。清东陵在河北省遵化县，葬顺治、康熙、乾隆、咸丰、同治等五帝及其后妃。清西陵在河北省易县，葬雍正、嘉庆、道光、光绪四帝及其后妃。

1. **清东陵**

清东陵建在昌瑞山脚下，占地2500余平方公里，四周有三重界桩，作为陵区标志。南面正门为大红门，门外有石牌坊。主陵是顺治帝孝陵，建成于康熙二年(1663年)，背倚主峰，前有长5公里的神道抵大红门，布置有具服殿、神功圣德碑楼、石象生、龙凤门、石桥。陵前有碑亭、朝房、值房。陵的正门为隆恩门，门内有隆恩殿、配殿、琉璃门、二柱门、石五供、方城明楼和宝顶(图2－27)。孝陵东为康熙帝景陵和同治帝惠陵，西为乾隆帝裕陵和咸丰帝定陵。诸陵地面建筑物比孝陵略有减少。乾隆帝的裕陵地宫用汉白玉石砌成，满雕经文佛像，工艺精致。咸丰妃那拉氏(慈禧)的定东陵的隆恩殿和配殿栏杆、陛石皆用透雕技法，墙体磨砖雕花贴金，梁柱皆用香楠，都是清代建筑工艺中的精品。

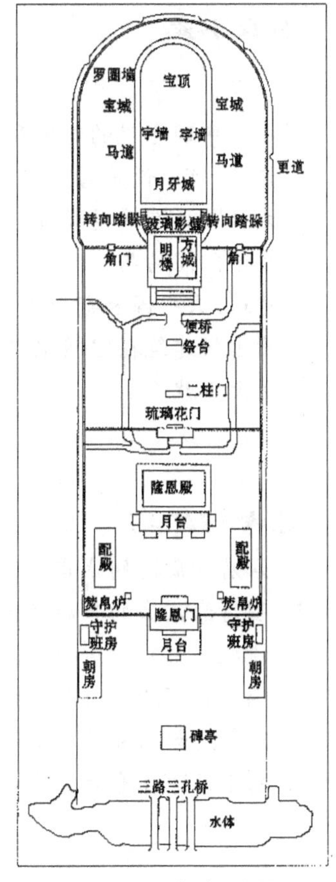

图2－27　孝陵平面图

2. **清西陵**

清西陵以太宁山为中心，占地800余平方公里。主陵为雍正帝泰陵，始建于雍正八年(1730年)，最南端仿清东陵之制，建大红门，门外石牌坊增为三座。门内神道长约2.5公里，陵本身和神道上设置都同东陵的孝陵近似。泰陵西为嘉庆帝昌陵、道光帝慕陵(图2－28)。泰陵东为光绪帝崇陵。其中慕陵体量稍小但做工考究，隆恩殿天花、裙板、雀替饰用龙纹，龙头突起，用楠木制作，加工精致，不加彩绘。宝顶呈圆形，不建方城明楼。

图2－28　慕陵神道碑

清代后妃另建陵，故东西陵还附有大量后妃陵，规制都低于帝陵。

清陵的建筑特点基本上仿照明陵，以始葬之陵为主，建主神道，总入口处建大红门和石坊，但两个陵区地形无环抱之势，各陵作平列布置，总体效果不及明十三陵。各陵前部大体仿明陵，但限于地势，后部宝城建在平地而不似明陵倚山，地宫埋深皆浅，各帝陵石象生数量不等，体量较小。

本章小结

中国古代的都城和帝王建筑的建设是密不可分的，尤其是宫殿、坛庙，可以说是唇齿相依的关系。古代城市是以宫城为中心，“左祖右社”，是皇帝为了显示其地位、维护其统治而修建的。古代城市是皇帝阳间的居所，而陵墓则是其阴间的住地。在宫殿、坛庙、陵墓的建造上，中国长期形成了一套独有的、完整的制度体系。其中，反映出古代建筑在空间组织、建筑造型、尺度、色彩、装饰等方面所取得的巨大成就。

思考与练习

1. 看看你周围的城市，在选址上是否比古人聪明？
2. 明清北京城的布局有什么特点？规划依据是什么？
3. 请从鉴赏的角度分析我国宫殿建筑的典型代表——紫禁城。
4. 坛庙在布局上有哪些讲究？
5. 陵墓是如何发展演变的，举例说明各时期的典型代表。
6. 明十三陵在布局上有什么特点？

第3章

宗教建筑

本章导读

宗教建筑是中国古代建筑的重要组成部分，而且由于宗教的特殊性，使得宗教建筑保存了许多古代建筑的孤例。宗教建筑，特别是外来宗教建筑如何在其历史发展的背景下，借鉴吸取其他建筑的优点为我所用，创造自己的形式与内容的，有哪些现存典型的实例可以体现。这些都是需要在本章中了解的。

第一节　佛　寺

一、佛寺的起源与发展

佛寺是佛教僧侣供奉佛像、舍利（佛骨），进行宗教活动和居住的处所。

公元前5—6世纪，佛教在古印度诞生。公元前3世纪，印度孔雀王朝的国王阿育王大力推行佛教，使印度佛教步出国门，走向世界。传入中国是东汉永平年间（58—75年）。

佛寺在中国历史上曾有浮屠祠、招提、兰若、伽蓝、精舍、道场、禅林、神庙、塔庙、寺、庙等名；或源于梵文音译、意译，或为假借、隐喻，或为某种类型的专称、别名，到明清时期通称寺、庙。“寺”原是古代官署名称，东汉永平十年（67年），天竺高僧竺法兰、摄摩腾等携带佛教经像来洛阳，最初住在接待外宾的官署——鸿胪寺，为了给他们提供礼佛、译经和传法的场所，汉明帝下诏，将此寺改建，由于佛经是用白马驮回的，于是便被定名为白马寺。这就是中国历史上修建的第一座寺庙，后世相沿以“寺”为佛教建筑的通称。

从洛阳白马寺的诞生到现在，中国佛教寺庙的建筑历史将近两千年。受到广大百姓的信奉，也得到统治者的重视与扶持。魏晋南北朝时期（5—6世纪）是佛教在中国传播的第一个高潮。据记载，当时南方的梁朝就有佛寺2846所，出家僧尼82 700余人；北方的北魏有寺院3万余座，僧尼200余万人。唐朝是佛教在中国发展的盛期，几代帝王都崇信佛教，他们在京都设立译经院，聘请国内外高师，培养了大批高僧、学者；在各地兴建官寺，僧人受到礼遇，使中国佛教不仅自身得到发展，而且还传向朝鲜、日本和越南。但随着佛教势力的壮大，危及朝廷利益，所以在北魏太武帝、北周武帝和唐武宗时曾先后发生过禁佛事件。但这种较大规模的禁佛事件在历史上只占很短时间。事件过后，佛教仍然得到重视与发展，并且逐步与中国本土文化相融合，形成了具有中国特色的佛教。佛寺建筑因而也成了中国古代建筑中很重要的一个组成部分。

在此期间，中国佛教寺庙的建筑发生了很大的变化。

从早期佛寺到唐朝初期，中国的佛教寺庙主要是以佛塔为中心的廊院式建筑群。据《魏书·释老志》载："自洛中构白马寺，盛饰佛图，画迹甚妙，为四方式。凡宫塔制度，犹依天竺旧状而重构之，从一级至三、五、七、九。"说明最初的佛寺以塔为中心，四周用堂、阁围成方形庭院。

从唐朝开始，佛寺逐步发展成以佛殿为中心的纵轴式排列、左右对称的建筑群。最初，寺中的佛塔和佛殿并列。继之，佛塔安置在佛殿之后。最后，将佛塔安置在寺外，或者另建塔院。这样，佛殿就逐步成为佛寺的中心，并逐步发展成为伽蓝七堂①的形式：佛殿、法堂、三门②等，布列在中轴线上；僧房、库厨、西净、浴室等念经、生活场所，布列两旁。但也还有一些佛寺仍然保存了以塔为中心的布局形式，如山西应县佛宫寺等。

早期的佛寺在佛塔与佛殿之间布局的变化，原因何在

第一，这是佛教自身发展的需要。佛教寺庙是供佛、礼佛、传播佛教和僧人居住、生活的地方，而最重要的是礼佛、拜佛的场所。由于僧人的正规化和宗教仪式的规范化，进一步促进了中国佛教寺庙建筑的发展和完善。唐朝道宣法师（596—667年）写出了《关中创立戒坛图经》，明确提出了中国佛教建筑以佛殿为中心的图式，对佛寺的布局有很大的影响。

第二，受中国传统建筑形式的影响。中国的宫殿、衙署、府第、住宅，均以殿堂为中心。皇帝登基、大婚、接受群臣朝拜等，在大殿举行。祖先的牌位，也供奉在庙堂中。为了有利于佛教在中国的传播，用中国老百姓熟悉并接受的殿堂庭院的建筑模式兴修寺庙，便成了佛教寺庙建筑发展的必然趋势。

第三，舍宅为寺、舍宫为寺行为的增多，加快了佛殿作为佛寺中心的进程。随着佛教在中国的广泛传播，达官贵人、富商巨贾和皇室成员，纷纷将自己的王府、住宅或花园，捐为寺庙。广州的光孝寺，原为南越王赵佗孙子的住宅、东吴骑都尉虞翻的讲学处，后由虞翻的家人捐为寺庙。登封嵩岳寺，原为北魏宣武帝元恪的离

① 所谓伽蓝七堂，是指以佛殿或佛塔为主体，辅以法堂、僧堂、库房、山门、西净与浴室等建筑。其基本功能，在于礼佛、藏经与生活起居。不同教派"七堂"所指略有不同。

② 由佛经中"三解脱门"的说法得名，也作"山门"。

宫,后由其子舍为寺院。漳州的南山寺,原为唐开元年间太子太傅、忠顺王陈邕的住宅,后由他舍为寺院。苏州的云岩寺、戒幢寺等,也无不如此。较晚的一个例子,便是北京的雍和宫。它是雍正皇帝将其原来的雍亲王府赐为佛寺改建而成的。

此外,还有一个重要的原因,就是信徒们对佛祖形象的崇拜较之塔更为亲切。因佛寺殿堂是供奉佛像的地方,故殿堂逐步取代了塔的地位。

佛寺本土化后,有什么创新

四合院及其建筑满足了供奉佛像和进行佛事活动的需要,所以,中国传统的殿堂建筑也成了佛寺殿堂的形式,佛寺的发展并没有打破这种院落式的建筑格局。

随着佛教的进一步发展,佛殿中的佛像越塑越大,受到佛徒们喜爱的观音菩萨更是如此。在一些寺庙中,观音像不但超过了释迦牟尼,而且还发展成千手观音、千眼观音,观音殿被放置在中心位置成为寺庙的中心大殿。为了供奉这样的大菩萨像,于是出现了高大楼阁式的新形式佛殿。例如,天津蓟县独乐寺的观音阁,外貌是一座两层楼阁,而里面却高三层,中央有一个贯通三层的空间,供奉着一尊高达16米的十一面观音像,佛徒可以从三层不同的高度敬仰观音(图3－1)。河北承德普宁寺大乘阁,里面也是供着一尊高22.28米的千手千眼观音像,阁的外形为五层楼阁,阁上为一大四小五个屋顶的组合。如果说佛教的传入除石窟外,并没有带来新的佛寺和佛殿的形式,那么,这种高大佛像、菩萨像的出现,倒是促使佛殿突破了旧的形式,产生了一种新的楼阁式佛殿,丰富了传统殿堂的形式。

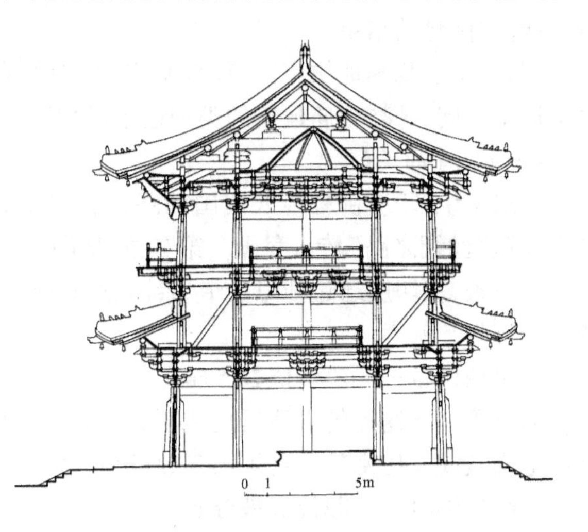

图3－1　独乐寺观音阁剖面图(引自刘敦桢《中国古代建筑史》)

目前佛教建筑保存时间最长的,是唐代五台山南禅寺大殿(782年)和佛光寺东大殿(857年)。之后,宋代有河北正定隆兴寺的摩尼殿、浙江宁波的保国寺大殿、河南登封少林寺初祖庵大殿、湖北当阳玉皋寺大雄宝殿等。辽代有天津蓟县独乐寺的山门和观音阁、辽宁义县奉国寺大雄宝殿、山西大同华严寺薄伽教藏殿、大同善化寺大雄宝殿等。金代有华严寺的大雄宝殿、善化寺的山门与三圣殿及普贤阁、山西朔州崇福寺的弥陀殿和观音殿等。元代有山西平遥镇国寺天王殿、上海嘉定真如寺大殿、苏州云岩寺断梁殿等。明代建筑和清代建筑,数目就更多了,北京的智化寺、四川平武的报恩寺、青海乐都的瞿昙寺等是明代建筑中的代表；北京雍和宫、河北承德的普宁寺和普乐寺等则是清代建筑的典型。佛教寺庙真是蕴藏丰富的古代建筑艺术宝库。

二、寺庙的鉴赏

从上面的介绍中可以得知,我国佛教寺庙建筑的发展过程,就是印度佛教不断中国化的过程。换句话说,这就是外来文化和中国文化不断结合的过程。可见,印度佛教的传入并不是简单的一成不变的照搬、移植,而是与中国民族传统文化的融合,逐步中国化的结果。

但是,由于我国地域广阔,民族众多,各地的自然环境、历史背景、宗教信仰和民情风俗不同,佛教寺庙建筑的类型也不尽相同。

(一)佛寺的类型

一般来说,印度佛教传入我国的路线有三条。第一条,从印度经中亚,再通过陆上通道“丝绸之路”传入我国。第二条,从印度、尼泊尔传入我国的西藏和其他地方。第三条,从印度通过斯里兰卡、泰国、缅甸传入我国。相应地,产生了三种不同类型的佛教与佛寺。

1. 汉地佛教——汉传佛教寺庙

通过第一条途径传入我国的佛教,主要流行于汉族聚居区,人称北传佛教,亦称汉地佛教或汉传佛教。这类佛寺数量多、分布广。

2. 藏传佛教——藏传佛教寺庙

公元7世纪中叶,唐代文成公主嫁往西藏,与吐蕃王朝赞普松赞干布结婚,文成公主带去了汉传佛教。同时,松赞干布又与尼泊尔的墀(chí)尊公主结婚,墀尊公主带去了印度佛教。100年后,吐蕃赞普墀松德赞又从印度请来了高僧莲花生,莲花生又带去了印度佛教中的密教。汉传佛教、印度佛教与西藏本地原有的宗教本教相结合,这便产生了藏传佛教。藏传佛教也称喇嘛教,主要流行于藏族、蒙古族等聚居区。佛寺主要分布在西藏自治区和内蒙古自治区以及青海、甘肃、四川、云南等省。

3. 小乘佛教——南传上座部佛教寺庙

通过第三条途径传入我国的佛教,人称南传上座部佛教,亦称小乘教,主要流行于云南省西双版纳傣族自治州、德宏傣族景颇族自治州和保山、临沧等地。信奉者多为傣族、布朗族、德昂族和部分佤族同胞。传入的时间大约在公元7世纪,佛寺主要分布在云南省西南部。

(二)佛寺的特点

上述三类佛教寺庙,都是供奉佛像、存放佛经、举行宗教活动的场所,同时也是僧人们居住、生活的地方。然而,由于它们深受各地传统建筑和地形、气候等影响,在单体建筑和总体布局上，又各自具有明显的特征。

1. 汉传佛教寺庙

由于深受宫殿、王府、坛庙、住宅等传统建筑模式的影响，汉传佛教寺庙一般都由一组又一组的庭院式建筑组成，中轴线分明，左右对称。寺庙的等级不同，大小不同，寺中庭院的数目也不相同。规模小、等级低的寺院，一般只有一两个庭院。规模大、等级高的一般有四五个以上的庭院。唐代的扶风法门寺，属于皇宫之外的内道场，是一座规模宏大的皇家寺院。其庭院数目，多达24个。北京的潭柘寺，历来都是一座重要的全国名刹。它的轴线有左、中、右三条，其庭院也依次布列在三条轴线上（图3－2）。

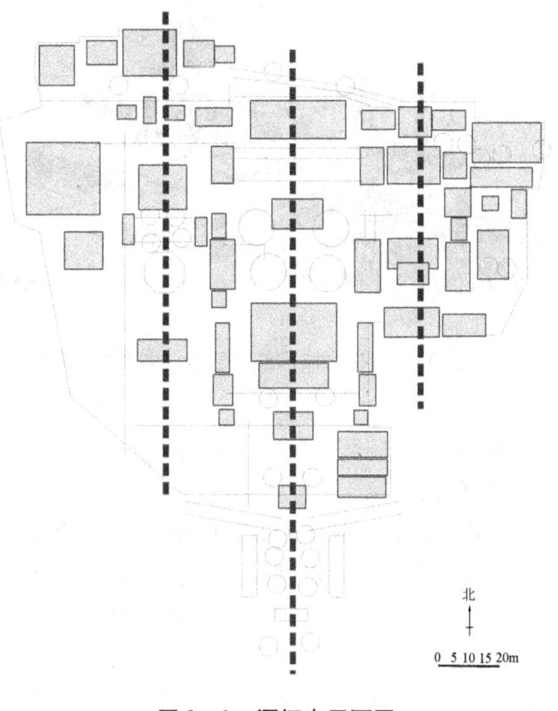

图3－2 潭柘寺平面图

在汉传佛教寺庙中，单体建筑的种类非常丰富。殿、堂、楼、阁、廊、庑、亭、台等，凡是我国古代建筑中的诸多类型，在汉传佛教寺庙建筑中几乎都有。在这些建筑物中，梁架交错，斗拱支撑，木榫铆接，“人”字形两面坡，屋面上铺着青瓦、琉璃瓦或者镏金铜瓦，屋脊上还安置了各类装饰品。这是我国古代建筑常常采用的传统模式。

当然，由于受地形条件的限制，各座汉传佛教寺庙的建筑布局也并非完全一样。一般来说，修建在平地上的寺庙主要是长方形，主殿排列于中轴线上，配殿位居两侧，总体布局严谨、整齐。修建在山麓或山上的寺庙，大多顺山势布局，殿堂层层递高；主殿位置突出，配殿环列前后或左右。这种寺庙的布局突出了主体，又富于变化。有的寺庙修建在悬崖绝壁上，如山西浑源的悬空寺，远看似空中楼阁。还有的寺庙，跨谷建桥为基，上筑佛殿，如河北井陉福庆寺的桥楼殿，远看似空中彩虹。这些都是我国汉传佛教寺庙建筑中的特殊类型，也是我国古代建筑的精品和杰作。

2. 藏传佛教寺庙

藏传佛教寺庙一般都称为喇嘛庙。这类佛教寺庙又可以分为三种：第一种，汉式建筑的喇嘛庙，如北京的雍和宫、青海乐都的瞿昙寺、山西五台山的罗睺寺等。

图 3－3 布达拉宫红宫五世达赖灵塔殿顶

它们的总体布局与汉传佛教寺庙没有两样。第二种，汉藏建筑结合式，如河北承德普宁寺、普乐寺等，寺的前部为典型的汉族建筑形式，寺的后部为典型的藏族建筑形式。第三种，为藏式建筑，如拉萨布达拉宫、日喀则扎什伦布寺、青海塔尔寺等，这类寺庙虽属藏式建筑，但其中也融入了数量不等的汉族建筑形式，比如采用汉族形式的屋顶，上覆琉璃瓦，屋顶的斗拱结构也是汉族的典型式样（图3－3）。下面着重介绍藏式喇嘛庙。

藏式喇嘛庙一般都依山就势建造，寺内有大殿、扎仓①、拉康、囊谦（活佛的公署）、辩经坛、转经道（廊）、塔（藏经塔或纪念塔）以及大量喇嘛住宅建筑。各个扎仓和囊谦相对集中，没有明显的整体规划。殿堂高低错落，布局灵活，主要的佛殿、扎仓等位置突出，其他殿宇，环列周围，远远望去，给人以屋包山的感觉。寺庙周围，环以高大的围墙，状似城堡。西藏寺庙有一种坚固、宏伟、鲜明、浓烈的特殊风格。

藏式喇嘛庙中的殿堂一般都为密梁平顶构架，部分使用汉族形式的木构架屋顶。虽然使用不同，体形不一，但寺院建筑在外形上还是有着许多共同的特点。墙很厚，有很大的收分，窗很小，因而显得雄壮坚实。檐口和墙身上大量的横向饰带，给人以多层的感觉，艺术地增加了建筑的尺度感。教义规定，经堂和塔要刷成白色，佛寺刷红色，白墙面上用黑色窗框、红色木门廊及棕色饰带，红墙面上则用白色及棕色饰带，屋顶部分及饰带上重点点缀镏金装饰，或用镏金屋顶。这些装饰和色彩上的强烈对比，有助于突出宗教建筑的重要性（图 3－3）。

另外，喇嘛教特别注重修法仪轨，修法、受戒、驱妖时要筑曼荼罗。曼荼罗即法坛，又名坛城、阇城，基本上是十字轴线对称、方圆相间、“井”字分隔的空间。在“井”字分隔成的 9 个空间或相间隔的 5 个空间里，按各种曼荼罗的要求布置佛菩萨，再现佛经中描述的世界构成形式。曼荼罗运用到建筑上，有的成为寺庙总体布局的构图，如西藏桑耶寺、承德普宁寺后部、普乐寺后部等；有的成为佛殿的造型式

① 扎仓就是经学院，是喇嘛们研修佛经和学习其他知识的场所。按喇嘛教规，大型寺院实行“四学”制，设四“扎仓”（经学院），分别修习显宗、密宗、历算和医药。各扎仓都是大型经堂建筑，其中修习显宗的扎仓为入寺喇嘛共用，规模特大，称为“都纲”（大经堂）。喇嘛庙的等级、规模不同，扎仓的数目也不同，而且差别很大。少的一两个，多的可达五六个。

样，如北京雍和宫的法轮殿、承德普宁寺的大乘之阁等。

3. 南传上座部佛教寺庙

最初，佛经的传布只是通过耳听口传，没有建立寺庙。直至16世纪明朝隆庆时期，由缅甸国王派来的僧团才带来佛经与佛像，在景洪地区开始大造寺、塔，并将佛教进而传至德宏、孟连等地，使上座部佛教得以盛行于傣族地区，从而发展到人人信教，村村有寺，寨寨有塔的局面。佛寺殿堂内外装饰华丽，色彩鲜艳夺目。在蓝天、白云和绿树的掩映下，造型灵巧美观的南传上座部佛教寺庙，给人以超凡脱俗之感，引人注目。

南传上座部佛教（小乘教）寺庙，深受汉族建筑、泰缅建筑和傣族民居建筑的影响，有宫殿式、干阑式和宫殿干阑结合式三种。因为小乘教只认释迦牟尼为佛，寺庙建筑便以佛塔和释迦牟尼佛像为中心，因此，大殿或塔是寺的中心。佛殿供奉着高大的佛像，所以这些佛殿的屋顶都很高耸，体态庞大。为了减轻这些屋顶的笨拙感，当地工匠对它们进行了多方面的处理。首先是把庞大的屋顶分为上下几层，左右又分作若干段，让中央部分突出，使硕大的屋顶变成一座多屋顶的组合体；其次又在屋顶的几乎所有屋脊上都布满了小装饰，动物小兽，植物卷草，一个挨一个，中央还点缀着高起的尖刹，使这些不同方向、不同高低的正脊、垂脊、戗脊仿佛成了空中的彩带。佛寺四周有经堂、僧舍等环列，它们之间没有中轴对称的关系，布局灵活，只在寺门与佛殿之间有小廊相连（图3－4）。所以这里的佛寺不论在总体布置还是个体建筑的形象上，都表现出傣族地区建筑群体布局灵活自由和形象轻巧灵透的特殊风格。

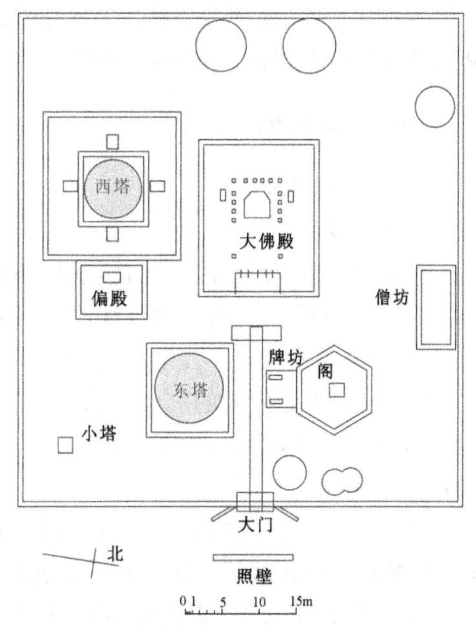

图3－4 云南潞西县风平大佛殿平面图

上述三类佛教寺庙，虽然各有特色，但是，它们都是宗教建筑，是佛教礼佛建筑和生活建筑的结合体，在我国古代建筑的众多类型中独树一帜。

（三）四大佛山与佛寺

佛教的四大名山分别是山西的五台山、四川的峨眉山、浙江的普陀山和安徽的九华山。五台山位于山西五台县，由五座山峰环抱而成，五峰顶上都有宽广平坦的台地，故称五台。相传这里是佛教文殊菩萨显灵说法之地，所以早在北魏时期就在这里修建寺庙，至北齐时（6世纪），五台寺院就有200余座，至今还留有寺庙百余座，其中著名的有台内的显通寺、塔院寺，台外的佛光寺、南禅寺等。峨眉山位于四川峨眉山市西南，因山势逶迤延伸，其状如少女一弯秀眉，故称峨眉。相传为普贤菩萨显灵说法之地，自魏晋时期即开始建造寺庙，逐年完善，最盛时有寺庙150余所，至今尚存20余座，其中万年寺还保存着一尊北宋太平兴国五年（980年）铸造的重62吨的普贤铜像。普陀山位于浙江舟山群岛中的普陀县岛上，相传这里是观音菩萨显灵说法之地，佛经中有观音住南印度普陀洛迦山之说，故简称此岛为普陀山。岛上有著名寺庙普济寺、法雨寺、慧济寺三大名寺和数十座庵庙。九华山位于安徽青阳县，原名九子山，因山有九座峰，其状若莲花（在古文中花、华合一，故亦可谓莲华），唐代诗人李白赋诗云："昔在九江上，遥望九华峰。天河挂绿水，绣出九芙蓉。"因而改称九华山。相传为地藏菩萨应化的道场，山中有大小佛寺70余座，著名的有祇园寺、百岁宫等。

三、典型案例

（一）汉地佛寺

1. 显通寺

显通寺位于山西省五台山腹地台怀镇。这是我国一座兴修时间仅次于洛阳白马寺的古老寺院。寺内珍藏着许多珍贵文物，是五台山五大禅处之首。

布局严谨的显通寺，占地面积4.3公顷，有大小房屋400余间，是佛教圣地五台山规模最大、历史最久的一座寺院。布列于中轴线上的7间大殿，从南往北，依次为观音殿、大文殊殿、大雄宝殿、无量殿、千钵文殊殿、铜殿和藏经楼。钟楼、配殿和僧房布于两侧。

同五台山其他佛教寺庙一样，显通寺主要供奉的是文殊菩萨像。在大文殊殿内，供奉着7尊文殊菩萨像。在千钵文殊殿内，供奉着一尊千钵文殊铜像。千钵文殊的上部有5个头像，胸前有手6只，其中两手捧一钵，钵中有释迦牟尼佛坐像一尊。文殊像的背后伸出手臂千只，每手一钵，每钵均有一尊释迦牟尼佛像。因此，这尊铜像又被叫作千手千钵千释迦文殊菩萨像。此像铸造于明代，非常珍贵。

无量殿面宽7间，进深4间。四壁砖砌，顶铺方木。殿内无柱无梁，四壁有走廊一圈，有楼梯可通。殿外无檐无廊。殿前正面，每层有龛洞7个，象征着释迦牟尼在7个地方、9次讲完佛经。所以，此殿也被叫作七处九会殿。这样的砖砌无梁殿，在全国并不多见。

2. 智化寺

智化寺在北京朝阳门内禄米仓东口。明正统八年（1443年）兴工，经50余年，于明正德初年竣工，是北京城内保存比较完整的明代寺院建筑。寺内各殿的梁架、斗拱均为原构件，内部藻井、经橱、佛座上的彩画也大体保存原貌，是研究明代官式建筑的宝贵实物资料。

寺内主要建筑自山门起，有钟楼、鼓楼分列左右，进而为智化门、智化殿

(图3－5),东西配殿(大智殿和藏殿)。智化殿以北的中轴线上的主要殿堂有如来殿、大悲堂(原名极乐殿)、万法堂等。东北隅为方丈院,西北隅有小殿,供大士像,俗称后殿。其中如来殿是寺内最大的建筑,殿分上下两层,下层面阔5间,四周无廊,上层面阔3间,有围廊,上覆庑殿顶,外檐榜书"万佛阁"。上下两层除外檐门窗外,壁面及室内格扇菱花间遍置小佛像。

图3－5　北京智化寺智化殿

藏殿为智化殿的西配殿,明间置转轮藏一座,因而得名。转轮藏为八角形,下承汉白玉须弥座,雕工细致。须弥座以上为木制经橱,每面有45个抽屉,供藏经之用。藏的上缘浮雕金翅鸟,两侧雕有龙女、神人、狮兽、卷草等纹样。天花中部饰以藻井和雕刻。

智化寺内主要建筑都用黑色琉璃瓦脊,为寺庙建筑中所罕见。各殿堂虽经明清两代多次修葺,但内檐彩画多处仍保持明代图案结构、用色和画风,梁架比例、梁枋尺寸、菱花桶心、栏杆细部、须弥座装饰花纹等也都有明代建筑的特色。

(二)藏式佛寺

1. 大昭寺

大昭寺始建于公元7世纪,正值吐蕃王朝松赞干布迎娶尼泊尔的墀尊公主和唐朝文成公主入藏。她们都是佛教的虔诚信徒,各自带了佛经与佛像来到拉萨。大昭寺就是为供奉与收藏这些经、像而专门修建的佛寺。传说当时是由文成公主选寺址,墀尊公主主持修建,后经元、明、清三朝多次扩建形成了今天的规模,建筑面积达25 100多平方米(图3－6)。佛寺主殿用石筑外墙和汉地殿堂的木构架与斗拱,而在寺内廊的檐部又用具有西藏特征的成排伏兽和人面狮身木雕作装饰。殿堂顶部金瓦铺筑,屋脊上高耸着金塔与法轮,在阳光下闪闪发光,表现出西藏佛寺特有的魅力。走廊与殿内满布壁画,除了表现藏传佛经的内容外还有"文成公主进

图3－6　大昭寺正面

藏图”和“大昭寺修建图”。这些壁画在描绘形象上都很逼真，在色彩运用上，不但颜色艳丽，还创造了一种在黑色底子上描白线加点彩的方法，使画面在鲜艳中略带深沉而神秘，形成了一种西藏壁画特有的风格。

2. 布达拉宫

坐落在拉萨市红山上的布达拉宫，是松赞干布为纪念与文成公主成婚而兴建的，始建于公元7世纪，后毁于雷火与兵燹，现在的布达拉宫是17世纪后陆续重建与扩建的。这是一座体现了政教合一的大型宫殿寺院，全宫分作白宫、红宫、山脚下的“雪”①与山后的龙王潭四个部分。面积最大的白宫是达赖的宫殿，喇嘛诵经殿堂与住所以及僧官学校也在这里；红宫是历世达赖的灵塔殿和各类佛堂；山脚下的“雪”是地方政府机构，有法院、印经院，以及为达赖服务的作坊等；龙王潭为宫中的后花园（图3-7）。布达拉宫几乎占据了整座红山，从底到顶高达117.19米，外观完全采取了西藏本地的碉楼城堡形式，上下13层，但在顶层仍采用汉地宫殿的歇山式屋顶和成排的斗拱。宫殿上下左右连为一体，高低错落，宫墙红白相衬，宫顶金色闪烁，气势雄伟，表现出西藏寺庙独有的粗犷与雄劲之美（图3-8）。清朝乾隆年间，朝廷为了团结藏、蒙地区的政、教领袖，特地在河北承德兴建了多座喇嘛教寺庙以表示对少数民族的尊重。其中的普陀宗乘之庙是仿布达拉宫，须弥福寿之庙是仿西藏日喀则的扎什伦布寺而修建的。在这两座庙里都建有高大红墙或白墙的主殿与配殿，寺内殿堂不求规则对称而依山势布局，灵活而多变，展现出西藏寺庙的

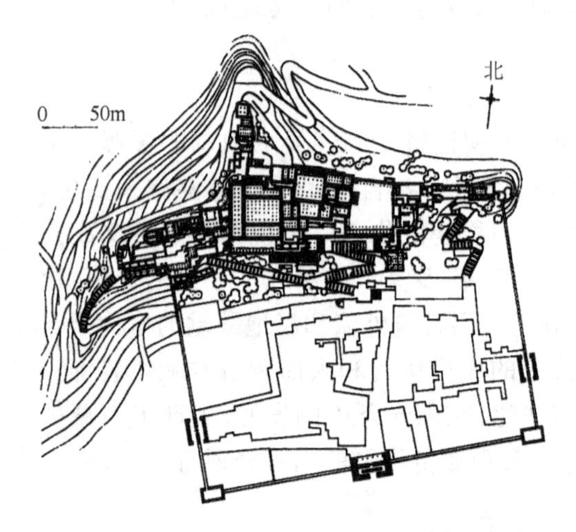

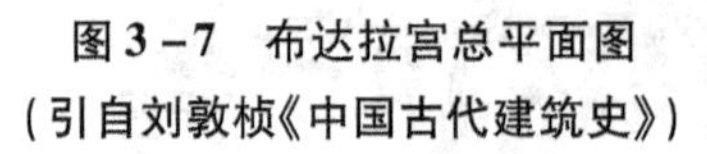
图3-7 布达拉宫总平面图
（引自刘敦桢《中国古代建筑史》）

图3-8 布达拉宫红宫入口

① “雪”译为“下面”，是一座建在山脚处的近于方形的城堡，原西藏地方政府噶厦的办事机构。1995年，布达拉宫维修结束后，“雪”已变成了国旗飘扬的广场。

雄姿。

3. **普陀宗乘之庙**

位于承德避暑山庄以北,仿西藏拉萨达赖所住布达拉宫而建,是外八庙中最大的一座,占地22公顷。其基地长于南北,短于东西,整个建筑群因山构室,气势雄伟壮丽(图3-9)。

普陀宗乘是藏语“布达拉”的意译,指普陀山,是观世音的道场。普陀宗乘之庙是以寺庙的形式象征佛教圣地的优秀范例。清代乾隆皇帝于1767—1771年建成此庙,其用意一是为了庆贺自己60岁生日和皇太后80岁生日;二是为了处理好与达赖喇嘛的关系。

普陀宗乘之庙的艺术特色在于其因山构室的手法,虽然庙的南部有一条中轴线为汉庙形制,但大部分建筑都是左右于这个轴线,据地形自由布置,主体建筑大红台位于山顶,可登高远眺寺外须弥福寿之庙、普宁寺、磬锤峰、安远庙、普乐寺、普仁寺、避暑山庄和殊像寺。庙内景观空间分为山麓、山腰和山顶3个单元。按照喇嘛教的主题,山麓部分为佛教空间的起点,五塔门上代表五佛的五佛塔及其两侧代表普度众生的一对石象(大乘派象征),将人们引导入礼佛的境地。山腰部分为佛教空间的转折点,弯弯曲曲的磴道,把人们带到园林化的环境之中,在自然布置的松柏林中,掩映着鳞次栉比、藏式风格的喇嘛经堂、钟楼和僧舍等。山顶部分为佛教空间的高潮,坐于18米高的白台上的、高25米的大红台以万法归一殿为核心,其东侧的洛伽胜境殿与其西侧的千佛阁形成非对称均衡的构图(图3-10)。万法归一殿是全庙集会念经场所,“万法归一”意指普

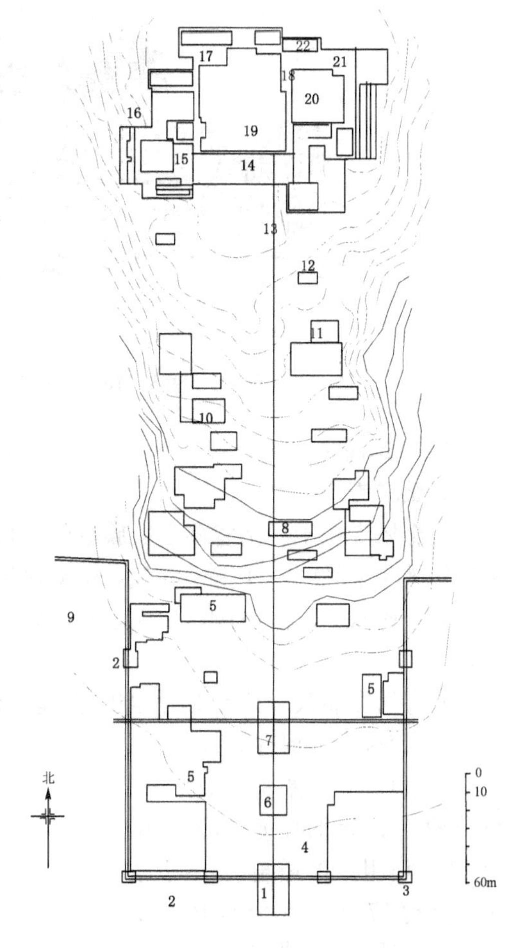

图3-9 普陀宗乘之庙平面图

1. 山门 2. 制碑 3. 隅阁 4. 幢竿 5. 白台 6. 碑阁 7. 五塔门 8. 琉璃牌楼 9. 三塔水口门 10. 白台西方五塔 11. 白台东方五塔 12. 白台钟楼 13. 白台单塔 14. 大红台 15. 千佛阁 16. 圆台 17. 六方亭 18. 大红台群楼 19. 万法归一殿 20. 戏台 21. 八方亭 22. 洛伽胜境殿

陀宗乘之庙为佛教中心,各教派都归于此圣地。

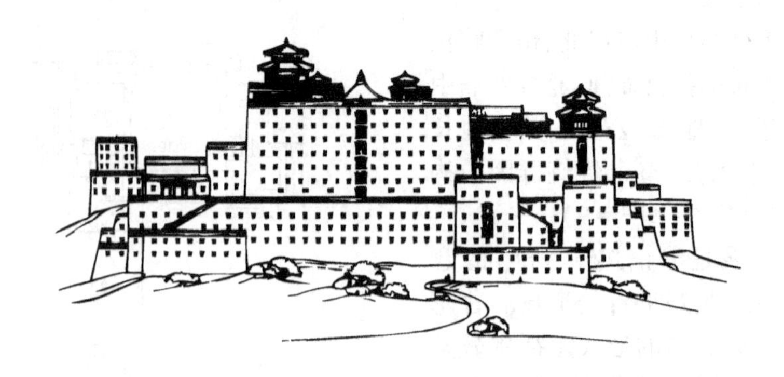

图3-10 普陀宗乘之庙大红台

(三)滇南佛寺

大金塔寺

大金塔寺位于云南省德宏傣族景颇族自治州瑞丽城东的遮勒寨中。这是我国南传佛教小乘教的一座重要寺院。全寺建筑以塔为中心,寺周的佛殿等,均为下部凌空的干阑式(也称吊脚楼式)建筑。这是我国南传佛教寺庙建筑的一个典型代表。

此寺历史悠久。公元14世纪时扩建。清代后期,又重修了大金塔。经过不断维修,现存佛殿等保存完好。

大金塔寺修建在山坡的一块台地上。寺的中心,是一组由17座塔组成的塔群。中间的一塔高约17米。其余的16塔,分层布于周围。塔群之下,有一座高达1米的圆形台基。总体布局,状如春笋,故又名笋塔(图3-11)。

图3-11 云南瑞丽遮勒大金塔寺

在塔群之外,建有佛殿、僧房、竹楼和竹房等。这些建筑,下部空敞,上部供佛或住人,是典型的傣族干阑式建筑。这是佛寺建筑与傣族民居建筑吊脚楼相结合的产物,在其他地区很难看到。

第二节　石　窟

一、石窟的起源与发展

石窟，也称石窟寺，是一种特殊的宗教建筑类型，最早是佛教建筑的一种，是在山崖陡壁上开凿出来的洞窟形佛寺建筑。石窟源自印度传入的佛教及石窟寺形制，其文化传承与沿革关系，犹如中国佛塔源自印度佛教及其窣堵波[1]一样。后来，随着佛教在中国的本土化，中国宗教出现了佛、道、儒三教合一的趋势，于是道教也有了石窟这种形式。佛教石窟是石窟的主流和代表，也是我们这一节要讲述的主要内容。

石窟是开凿在山崖岩壁上的石洞，是早期佛教建筑的一种形式。印度早期佛寺多用这种形式，有学者认为其原因是由于印度炎热的夏季很长，崖窟地处偏僻，不但窟内冬暖夏凉，而且环境幽静，适宜修行，同时修建石窟节约费用、坚固耐久。

古印度石窟寺作为礼佛的建筑环境，有“支提”与“精舍”两种类型：支提窟的平面一般呈前方、后圆的马蹄形，前面的方形空间为佛徒集合、说戒受忏的场所，其功能犹如佛寺的讲堂；后面的半圆形空间，中心安置一舍利塔，周围供佛徒绕塔礼佛，气氛神秘而神圣。精舍式僧房是呈方形的小洞，正面开门，三面开凿众多的小龛，空间仅七八尺见方，供僧人在龛内坐地修行，窟室后壁安置舍利塔或设讲堂，是佛僧说法、礼佛与居住的场所。

佛教最早是沿着古丝绸之路传入的。丝绸之路既是一条古代的贸易通道，同时也是一条文化交流之道，所以中国早期的石窟寺也随着佛教的流入出现在这条古道的沿途。现在发现最早的石窟是位于新疆的克孜尔石窟，开凿于公元3世纪末或4世纪之初。窟的形状多为印度的支提窟形式，窟中央有一塔柱。窟中壁画上所表现的佛像也带有明显的印度阿旃陀[2]艺术风格。

另一处早期石窟就是丝绸之路上的敦煌石窟。敦煌位于甘肃省河西走廊的西端，是中国通向西域的出入关口，又是丝绸之路南北道的会合点，佛教随着商贸很早就传到了这里。对于往来于茫茫荒漠的商人来说，祈求佛祖保佑平安的愿望更为强烈，宗教的要求加上有利的经济条件，使这里的石窟得以连绵不断，从公元5世纪的南北朝时期一直到14世纪的元代，莫高窟成为中国规模最大、持续时间最长的古代石窟。

随着佛教的传入，黄河流域也出现很多石窟，其中比较著名的有甘肃永靖的炳

---

① 古代梵文 stupa 和巴利文 thupo 的音译，原意是“坟”或“宗庙”。释迦牟尼逝世后，各地弟子筑坟分藏他的舍利，以为纪念，后来发展为佛教建筑的一种形式。参见本书第五章第一节“塔”。

② 阿旃陀位于印度北部阿旃陀山地，作为佛殿、僧房而开凿的石窟（公元前2世纪—公元7世纪）。共29洞，有石雕佛像、藻井图案和壁画等，现存最多的是壁画，主要表现佛的生平故事和印度古代宫廷生活的景象。

灵寺石窟、天水麦积山石窟,山西大同云冈石窟、太原天龙山石窟,河南洛阳龙门石窟、巩县石窟及河北邯郸响堂山石窟等。这时的凿窟技术与艺术都有了进步,出现了中国本土化的明显特征。石窟采取精舍式方形的平面,遵循中国传统建筑平面的一般规矩,将窟底中心柱改为佛座,并在窟口前部做出列柱前廊,使整个石窟外观以木构殿廊昭示于天下。窟内的天花技术和艺术的运用也颇为娴熟,柱础、栌斗、阑额、斗拱、卷杀以及廊之技艺等,都具有中国风格与中国情调。

为了使佛像更具神力,石窟造像越造越大,而且由窟内发展到窟外,这一趋势在唐朝得到发展。四川乐山凌云寺的大佛是中国最大的石佛像。石像依凌云山天然岩石雕成,从江边崖底直至山顶,也就是由佛像脚下之座到头总高 71 米,光佛鼻即高 5 米多,肩宽 28 米,佛的脚背上可站立上百人,为目前世界上第一大佛,人称"山是一尊佛,佛是一座山",建此佛共经历 4 代皇帝,历时 90 年才完成。原来佛像全身有彩绘,像外建有 7 层楼阁遮盖,明代楼阁烧毁,只剩下大佛露天屹立于岷江之畔,只有在江心方能观其全貌。唐代末年发生唐武宗的禁佛灭法以后,中原地区佛教受到打击,石窟的建设转向南方,四川地区成了石窟的集中地区,先后开凿了广元千佛崖石窟、大足北山石窟、宝顶山石窟等,一直延续到明朝。

石窟文化衰退的原因是多方面的。首先,自宋始,理学渐渐统治了中国人的文化头脑,人们对佛与佛教的迷醉,逐渐"降温",由于儒、释、道之学的渐趋融合,人们渐渐觉得,佛是应当加以崇敬的,但崇佛不等于一定要那般艰苦绝伦,耗尽民力与资财凿建石窟,只要"即心是佛",心中有佛,也便是礼佛,对佛的虔诚崇拜渐渐转变为一种"虚幻""空幻"的、淡泊处世的人格修养与生活情调。而明代中叶中国自发"资本主义"思想的萌芽则进一步削弱了对佛教的专注热忱。中国佛教的"方便法门"转而促使人们对佛教采取随意的文化态度,同时供养人的减少,也直接减少了开凿石窟所需的资财,于是石窟建筑文化的衰颓成了必然的事情。

二、石窟的鉴赏

(一)石窟的类型

石窟的布局与外观具有若干地区性,从发展方面来看,大致可分为 4 个类型。

1. 初期的石窟

如云冈第 16 ~ 20 窟的五大窟,都是开凿成椭圆形平面的大山洞,洞顶雕成穹隆形。它的前方有一个门,门上有一个窗,后壁中央雕刻一座巨大的佛像,而以高达 15.6 米的第 17 窟的

图 3-12 云冈石窟第 20 窟佛像

雕像为最大，其左右有侍立的胁侍菩萨，左右壁又雕刻许多小佛像。这些佛像几乎充满整个洞窟，显得相当局促。这类石窟的主要特点是：窟内主像特大，洞顶及壁面没有建筑处理，而窟外可能有木构的殿廊，在数量上也是最少的一种(图3－12)。

2. 中期的石窟

晚于五大窟的云冈第5到第8窟与莫高窟中的北魏各窟多采用方形平面；或规模稍大，具有前后二室；或在窟中央设一巨大的中心柱，柱上有的雕刻佛像，有的刻成塔的形式；窟顶则做成覆斗形、穹隆形或方形、长方形平棋(图3－13)。这类窟的壁面都满布精湛的雕像或壁画，除了佛像外，还有佛教故事及建筑、装饰花纹等(图3－14)。在布局上，由于窟内主像不过分高大，与其他佛像相配合，宾主分明达到恰当的地步，因而内部空间显得广阔。窟的外部多雕有火焰形券面装饰的门，门以上有一个方形小窗。

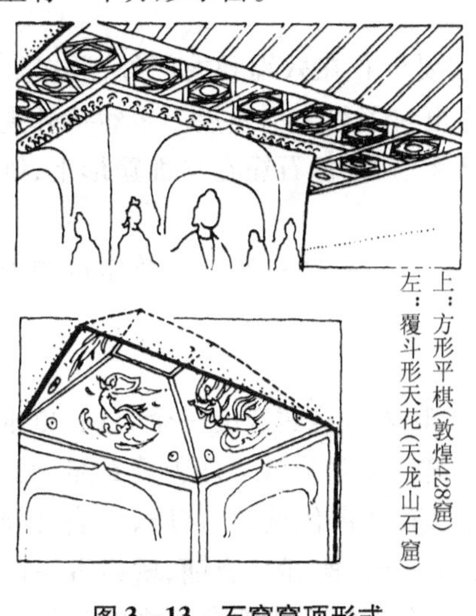

上：方形平棋(敦煌428窟)
左：覆斗形天花(天龙山石窟)

图3－13 石窟窟顶形式
(引自刘敦桢《中国古代建筑史》)

图3－14 云冈石窟第10窟前室雕刻

这种类型的石窟，内部已有建筑处理，雕像的分布也有创新的方式，有些石窟外部可能建有木构的殿廊。

3. 后期的石窟

公元5世纪末开凿的云冈第9窟和第10窟，石窟的外部前室正面雕有两个大柱，如三开间房屋形式。接着6世纪前期开凿的麦积山石窟和略晚的南北响堂山石窟与天龙山石窟等，虽有个别石窟在洞门外雕刻门罩，或在石壁上浮雕柱廊形式，但更多的石窟在洞前部开凿具有列柱的前廊，使整个石窟的外貌呈现着木构殿廊的形式，同时窟内使用覆斗形天花，壁面上的雕像不十分丛密，并且多数在像外加各种形式的龛，是这类石窟的主要特点(图3－15)。

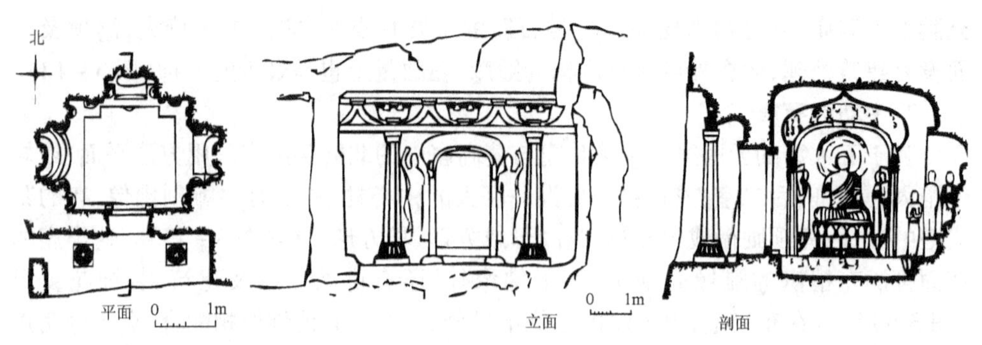

图 3－15 天龙山石窟第 16 窟的平、立、剖面图

4. 盛期的石窟

到了唐朝，石窟的建设达到了最高峰，除主要分布在敦煌和龙门外，还扩展到了四川、新疆。石窟中的雕塑、绘画和彩画装饰也有了很大的发展。虽然从外观来看，石窟的建筑成分已经减少了，如石窟外部已无前廊，但石窟在平面窟形上，则更加接近一般寺院大殿的单座大厅堂的平面了。

从以上这些演变情况，我们可清楚地看到石窟——这一外来宗教建筑的中国化过程。

（二）中国古代建筑艺术的图库

佛教石窟表现在建筑上的价值，并不仅在于其本身是建筑的一个类别，更重要的是在它的雕刻与壁画中反映了我国早期的建筑活动与形象。从敦煌石窟壁画所描绘的佛教故事场面和大量的装饰图集中，可以看到古代城镇、宫殿、寺庙、园林、住宅、街市的形象，可以发现古代殿、堂、楼、馆、亭、台、榭、阁、店铺、桥梁等不同的建筑式样，还可以见到古代房屋施工的场面等。在中国古代留存下来的建筑实例很稀少的情况下，这些资料的价值尤显珍贵。在敦煌莫高窟中有一幅《五台山图》，表现了五代时期五台山佛教寺院的兴盛场面。

三、典型案例

中国石窟建筑成就辉煌，可称杰作的宏构巨制甚多，其中尤以敦煌、云冈、龙门、麦积山等四大石窟为最，体现出苍凉而荒寂的特色。

（一）敦煌石窟

敦煌石窟一般指莫高窟。在甘肃省敦煌县三危山和鸣沙山之间的峭壁上，地当古代“丝绸之路”的要冲。相传始凿于前秦建元二年（366 年），经北魏、西魏、北周、隋、唐、五代、宋、西夏和元，历代都有凿建，工程延续千年。现存已编号洞窟 492 个，以唐代凿成的为最多，约占总数一半。窟内保存有 45 000 余平方米壁画，2000

余座彩塑和5座唐宋木构窟檐。敦煌石窟不仅是中国最重要的佛教石窟，而且是闻名世界的文化艺术宝库。窟室本身、木构窟檐遗物以及壁画中所展示的建筑形象，是研究从十六国晚期到宋元时期800余年建筑史的宝贵资料。

1. 石窟形制

较完整的窟室都有前后二室，绝大多数前室完全敞开，只有极个别的前室有前壁或敞开凿成二石柱。在敞开面上原当建有木构窟檐。后室形制以中心塔柱式、覆斗式和背屏式为最多，可分别作为北朝时期、隋唐时期和五代、宋时期的代表形制。中心塔柱式窟和以塔为中心的早期佛寺布局类似，这同右旋绕塔的佛教礼仪有关。覆斗式窟的窟顶模仿斗帐，为方形盝顶，其正壁（后壁）佛龛早期为圆拱龛，中唐以后龛顶演变为矩形平面的盝顶。背屏式窟的中心佛坛和坛后的背屏是对佛殿中的坛和扇面墙的模仿（图3－16）。

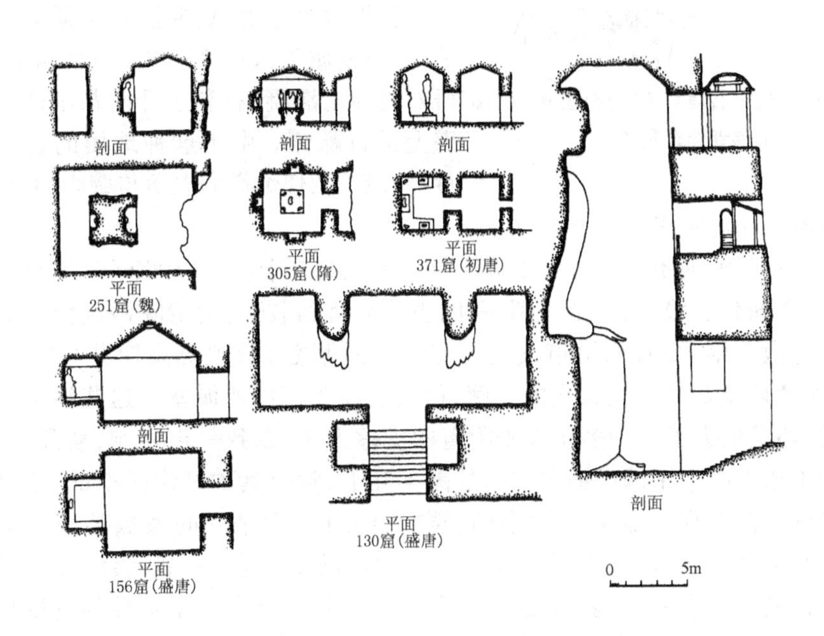

图3－16 敦煌莫高窟窟形比较（引自刘敦桢《中国古代建筑史》）

窟檐，敦煌石窟有一座晚唐窟檐和四座宋初窟檐。宋初窟檐保存较完整，三间四柱，和唐宋壁画所绘的相同，斗拱尺度很大，出挑深远，保留较多的唐代风格。窟檐的檐端完全平直，同壁画中的绝大多数建筑一样，为研究屋角起翘的起源和发展提供了例证。

2. 壁画中的建筑

从阙、佛寺布局、城垣、塔、住宅及其他建筑，以及建筑的部件等，几乎无所不包(图3-17)。

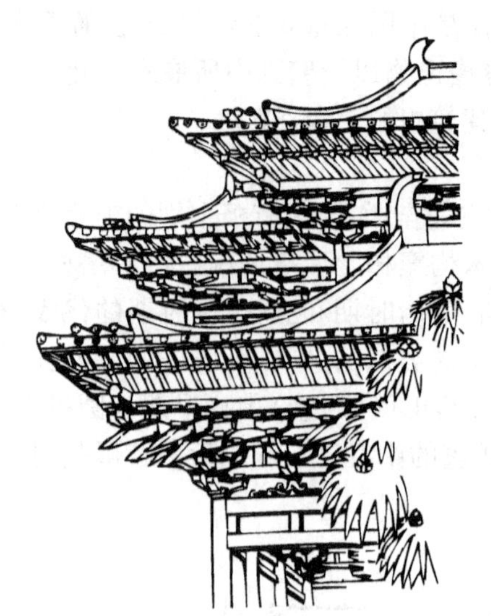

图3-17 敦煌石窟第172窟(盛唐)壁画中佛寺建筑局部

壁画明显地表明了从十六国晚期到西夏建筑画的发展脉络。盛唐时期的建筑画已达到很高的水平,总体采用俯视角度的一点透视,作全对称构图,但结合宗教画和壁画的特点,在同一画面中对不同对象也采用了平视和仰视。中唐时期的建筑画有在平面图上竖立起建筑立面的画法,基本上没有透视,和后代许多图经、碑刻工匠图样表示建筑群体的画法相同。

3. 泥塑与壁画

敦煌地处干燥低温地带,地质为沙石构成,其崖壁属于玉门系砾岩,即第四纪岩层,砾石与沙土混凝,有利于开凿却不适于在窟壁上进行雕刻。由于这种地质的自然特殊性,发展了敦煌灿烂的泥塑与壁画,并且敷彩丰富强烈,以褐、绿、青、白、黑色为多。

敦煌石窟曾幽闭于沙海之中近千年。清光绪二十六年(1900年)五月二十六日,有一个湖北麻城人,道士王圆箓,因逃荒流落到敦煌,由清除沙洞而在莫高窟北端七佛殿下第16号窟甬道发现了奇迹。潘絜兹《敦煌莫高窟艺术》一书说:"这个甬道两壁都是宋代人画的菩萨行列,已经为流沙所淤塞。这些沙子清除出去以后,墙壁失去了一种多年以来附着的支撑力量,以致一声轰响,裂开一道缝。好奇的王道士顺手用烟袋锅向裂缝处敲了几下,觉得其中好像是空的,便打开了这面墙壁。他发现一扇紧闭的小门,再打开小门,则是一间黢黑的高约160厘米、宽约270厘米略带长方形的复室。室中堆满了经卷、文书、绘画、法器等,像压缩得很紧的罐头一样,多到数不清。"于是,震惊世界考古学术界的发掘与西方盗宝者的掠夺便开始了。敦煌石窟崇高的学术地位与巨深之文化价值不可估量。至今,斗转星移,一门包括研究敦煌石窟建筑文化在内的敦煌学已登上了世界文化史的舞台。

(二)云冈石窟

云冈石窟位于山西省大同市西16公里武周山南侧,东西绵延约1公里,依山开凿,规模宏伟,是中国的大型石窟群之一。现存主要洞窟53处,洞窟内外造像51 000余尊。

1. 分区

北魏统治者鲜卑族拓跋氏贵族崇信佛教,于5世纪后期至6世纪初的50年中,开凿了云冈诸窟。云冈石窟习惯上分为三区:东部窟群,包括第1~4窟和碧霞宫;中央窟群,包括第5~20窟,其中第16~20窟被认为是北魏文成帝和平年间凉州禅师昙曜主持开凿的,通称昙曜五窟;西部窟群,包括第21~53窟。从开窟规模、造像风格以及窟型各方面综合比较,中央和东部窟群开凿时代较早,西部窟群比较凌乱,当是北魏孝文帝迁都洛阳前后开凿的(图3-18)。

图3-18 云冈石窟平面图(引自刘敦桢《中国古代建筑史》)

2. 类型

云冈石窟继承了秦汉以来崖墓、藏书石室的开凿技术传统,又吸收了西域凉州一带石窟寺手法,成为当时最大的石窟寺院。云冈诸窟可分为四种类型:平面椭圆,顶板近于球顶的形式,如中央窟群的第5窟、第16~20窟,窟内多雕凿大佛,高度为13~17米不等;平面略呈方形,置中心柱,顶板呈水平的形式,如东部窟群的第1、第2窟,西部窟群的第51窟,中央窟群的第6、第11窟等,不少洞窟的中心柱雕成多层多檐的方塔轮廓;平面分为前后两室,前室前壁掏空雕成面宽三间的岩阁,这种窟形的立面华丽突出,如中央窟群的第9、第10、第12窟;平面方形,三壁各有立龛,顶板呈水平的形式,如西部窟群的第24、第26、第48窟等。

3. 石窟中的建筑形象

云冈石窟虽以佛、菩萨像,佛经故事等宗教题材为主,但其中也有丰富的建筑形象。在北魏时代遗存的地面建筑实物极为稀少的情况下,这些雕刻的建筑形象是珍贵的研究材料。例如窟内有多种塔的形象,从窟的四壁、中心柱,以至门侧都可看到大大小小的塔形浮雕,从这些形象上看,似乎都是砖石砌的。木构建筑的斗拱形象也大量出现在石窟中,一斗三升和人字拱交叉使用,似为当时习用手法。各窟顶板有很多使用井口天花结构的,显然是模仿木构天花。云冈第12窟的前壁还保留着岩阁遗迹,其庑殿式屋顶的鸱尾和四根廊柱比起后来的麦积山、天龙山等处岩阁的装饰更为华丽。

(三)龙门石窟

河南洛阳龙门口,濒临伊水,这里地势险要,有东西龙门山与香山隔水相望,古称伊阙。北魏孝文帝太和十八年(494年)迁都于洛阳,便相中这块"风水宝地",在龙门山开凿石窟。自南北朝至隋唐直到北宋,这里石窟开凿不断,遂成窟群密布,天下闻名。现存洞窟1352个,小型石龛750个,塔39座,大小造像10万余躯,题记碑碣达3600余块,可谓洋洋大观(图3-19)。

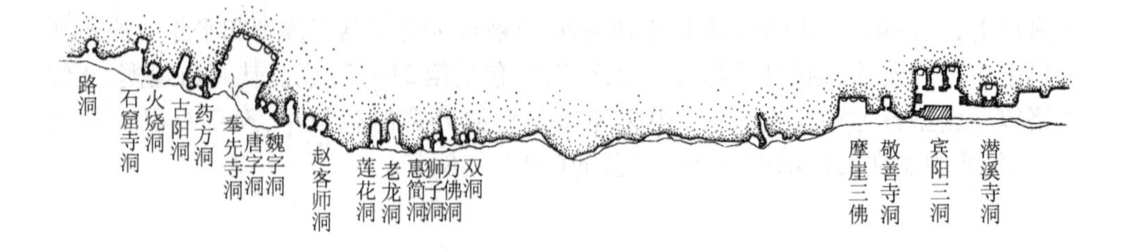

图 3-19　龙门石窟西峰平面图

龙门石窟的建筑文化特色,主要有以下三点:

1. 历时悠久

该窟群始凿于北魏孝文帝年间,到唐代为止,历时约500年。唐代凿窟最多,其窟龛约占全部的2/3,五代至宋元明清,偶凿小型窟龛。

2. 形制宏大

有奉先寺窟为龙门窟群中之最大者,东西宽35米,南北深30米,平面为1050平方米。开凿于唐武则天统治时期。武则天好佛,明令"释教宜在道法之上",故耗时3年9个月(自唐高宗咸亨三年至上元二年)凿成,以安置巨型佛像卢舍那。该佛像取坐势,高17.14米,头高4米,耳长1.9米,结跏趺坐于束腰须弥座之上。其神态严肃而持重,但并不威严冷峻,"方额广颐",不仅是智慧的象征,也具宽厚仁慈之态。嘴角微启笑意,螺形发髻,身披袈裟,虽是一佛像,却以某些俗世特征塑造之(图3-20)。还有弟子迦叶、阿难胁侍于两旁。有趣的是,中国的唐人竟有意在佛像上显出一些端雅秀逸的女人态,却不怕亵渎释迦佛,实在是中国石窟雕塑艺术中的一大奇观。这尊大佛具有亲和、可人的生活情调。

图 3-20　龙门石窟奉先寺卢舍那

3. 窟形变化

龙门石窟与云冈石窟不同，其平面多为方形，放弃了前后室制度而采用独室制，不见生糙的椭圆形空间形制，未用中心柱与窟前柱廊，这说明在石窟建筑的中国化方面，龙门比云冈深刻。

(四)麦积山石窟

麦积山石窟在甘肃省天水市东南，也是一处规模宏大的石窟群。始凿于后秦(384—417年)，北魏、西魏、北周、隋唐、五代、宋、元、明、清各代千余年间均有凿建或修葺。麦积山石窟创建年代较早，遗存北魏、北周时期的窟龛较多(约占1/2以上)，对研究石窟艺术逐渐中国化的演变过程，具有重要意义。由于地震，崖面中部塌毁。石窟分为东西两部分。现存洞窟194个，东崖54个，西崖140个。

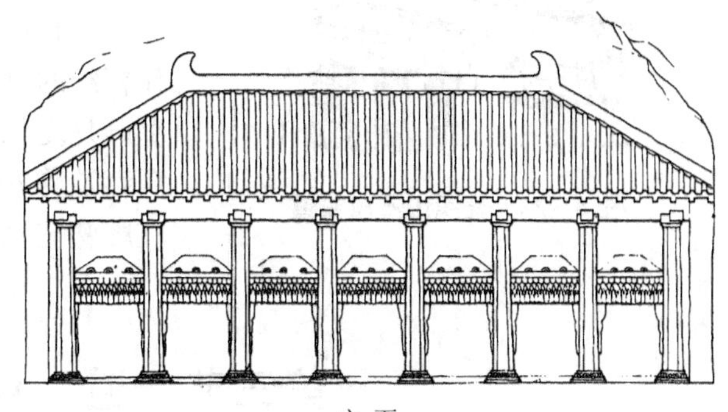

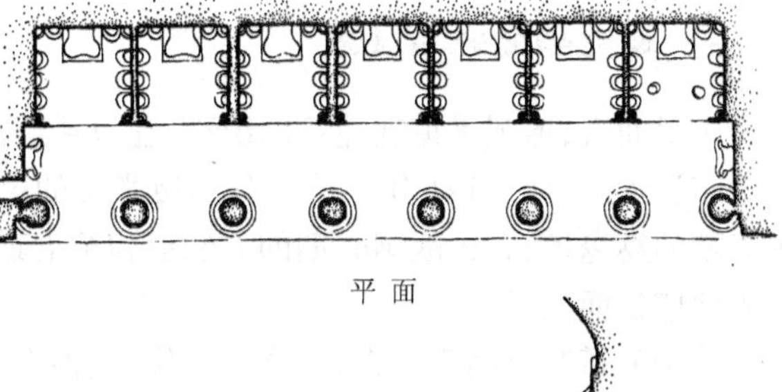

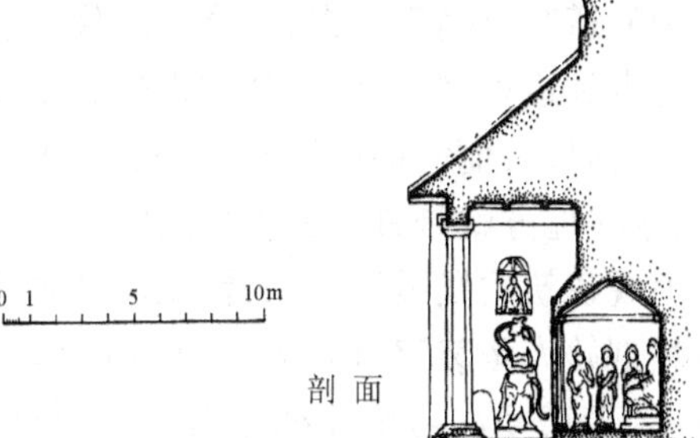

图3-21 麦积山石窟第4窟原状想象
(引自刘敦桢《中国古代建筑史》)

崖阁式巨型洞窟是麦积山石窟典型的窟形。其主要特征是在佛龛外凿仿木构柱廊，构成殿堂形的外观。东崖最高处称为“七佛阁”的4号窟就是这种洞窟。该窟宽31.7米，高15米，进深(残留)13米，上凿单檐庑殿式顶。窟的前部凿出廊子，前有8根六角形石柱，下为覆盆式莲花柱础，柱上有大斗。窟的后部并列7龛，均为平面方形，盝顶四面坡，顶正中雕一莲花(图3-21)。其他形式的窟一般规模较小(10平方米左右)。窟形有方形平顶窟、方形四角攒尖窟、马蹄形穹隆顶窟等。

图 3－22　麦积山石窟栈道

麦积山石窟凿在上下错落的峭壁崖面上，交通联系主要靠栈道。它的栈道工程规模在中国各石窟群中居于首位。麦积山石窟崖面长200米，高约100米。栈道离地面最高的达70米，共计栈道336间，全长800余米，残存在崖面上的孔眼数以千计，大部分是栈道梁孔的遗迹（图3－22）。

麦积山在地质上属红色粗砂岩，不宜作精细的雕琢，所以除少量石雕外，泥塑和壁画是麦积山石窟艺术的重要组成部分。现存造像7000余尊，壁画约1300平方米，在雕塑艺术史上有很高价值。

第三节　道　观

一、道观的起源与发展

一般而言，道观是道教建筑的统称，它包括道宫、道观、道院及庐、庵、庙、寺等。

东汉永和六年（141年），当汉代名臣张良的第九代孙张陵（亦称张道陵），在远古时期的巫鬼道、春秋战国时期的方仙道和黄老道的基础上创立了道教之后，道教宫观便应运而生了。

我国的道观滥觞于远古，成形于汉代，完善于唐代，发展于宋、元。

从远古到道教创立之前，我国古代有不少人信奉鬼神，崇拜神仙、黄帝和老子。每到一定的时候，他们都要聚集在一定的地方举行活动，占卜算卦、求神拜鬼、祭祀祖先等，这些地方就是具有道观性质的宗教场所。

从道观建筑的发展历史来看，我国道观的正式出现是在汉代。

道教创始人张陵弃官之后，在四川鹤鸣山正式创立了道教。他和弟子们在静室中研读《道德经》，习练吐纳导引，祈神拜鬼，反思忏悔。静室是他们的宗教活动场所。据记载，静室的建筑比较简单：下为土坛，上为茅屋。因此，静室就是道观的前身。

张陵创立道教之后，又到四川青城山传播道教。这时，他在全国建立了24个治——以后又增加了4个治，变为28个治。治，就是他们修炼、传道、举行宗教仪式的场所。每个治都是一组建筑简朴的宗教建筑群。在各个建筑群中，都把主体建筑安排在南北中轴线上。主体建筑叫作崇虚堂,面阔6间[①]。在崇虚堂中设有崇玄台,台上安置大香炉,这是当时举行重大宗教活动的场所。在崇虚堂的北面,还有一座建筑物,名叫崇仙堂,面阔7间,规模不小。由此可见,这种治的建筑,就是最早的道观。

魏晋南北朝时期,道观建筑有了新的发展。在晋代,治的名称已被庐或靖(静)所代替。到了南北朝时期,道教建筑在南朝被称为馆,在北朝又被叫作观。此时的庐、靖、馆、观同汉代的治一样,也是一组一组的道教建筑群。其主体建筑也安置在南北中轴线上,所不同的是,庐、靖、馆、观的规模比治大,单体建筑的数目比治多,建筑的陈设和装饰也比治复杂、壮观。

到了唐朝,我国的道观建筑发展到了一个顶峰时期,建筑布置也形成了定式。因为楼观台的道士曾经支持过唐高祖李渊打天下,唐代皇帝又称自己是道教始祖老子李聃的后裔,所以他们十分推崇道教。唐高祖李渊、唐高宗李治等都曾先后下诏修建道观。唐高宗李治更是追崇老子,封老子为"太上玄元皇帝",在长安的道教宫观太清宫中,居然在老子这一道教"教祖"的塑像之侧,侍立着唐高祖、太宗、高宗、中宗和睿宗五代帝王的塑像,好像在一个老师旁边恭恭敬敬地垂侍着一群小学生。这种文化奇景,也只有大唐时代才有,所以,唐代的道教及其建筑文化发展势头很盛。据记载,唐朝时全国有道观1687座。此时的道观不但数量多,而且规模也很大。有的道观拥有三清殿、说法院、经楼、师阁、师房、步廊、轩廊、门楼、斋堂、写经房、寻真台、祈真台、望仙台、九仙楼、净人坊、烧香坊等数十座高大雄伟的建筑物,有的还辟有药圃、果园和水池。此时,过去的治、庐、靖、馆等名称一律统称为道观,规模巨大或者皇帝敕建的道观被称为道宫。另外,在道观建筑的布局上也已经形成了定式,即每座道观的建筑都有山门、中庭、殿堂、寝殿等。这些主体建筑均被安置在中轴线上,两旁修有廊庑。廊庑的两侧还建有旁屋。道观的后部,一般都建有园林、掘有水池。这种建筑布局,经过宋、金、元、明、清各代的继承和发展,一直保持到现在。

二、道观的鉴赏

(一)种类

道观如果就其建筑规模来说,大体上可分为宫、观、院、庙、寺、庵等。一般说来,道宫的规模较大,道观规模略小,道院的规模较小,而道庙和寺、庵的规模最小。但是也有很多名不副实的例外。

---

① 中国古代建筑的面阔,一般都为单数(奇数)间制,比方说1间、3间、5间、7间、9间甚至11间等,"治"上所出现的"6间",是因为汉代面阔往往为偶数(双数)制,如2间、4间、6间、8间等,所以"治"上出现"6间",是汉制的遗存,这也是识别汉代建筑的一个好方法。后面的"7间",说明南北朝时期中国建筑的面阔正由汉之偶数制向奇数制转变。

另外,从庙产的所有制、组织形式和管理体制来说,我国的道教建筑还可以大体分为以下三种类型:

1. 十方丛林

十方丛林又称十方常住。这类道观的房屋、土地等庙产,都是道教界公有的。道观可以悬挂钟板,并以敲响钟板为号安排全观的作息时间;可以挂单,留住来访的各方道士;观中的常住道士,可以从留住的游方道士中择优选拔;可以传戒,但不能收徒。

这类道观由于规模较大,道众的人数较多,全观的组织比较严密,管理也比较严格。在这类道观中,一般都设有方丈、监院、"三都"以及"五主、十八头"①。方丈是一种荣誉职务,一般都由德高望重的老道士担任。监院又被称为庙主,总领全观事务。在我国,全真道的道观一般都属于十方丛林。

2. 子孙庙

子孙庙又称小庙。这类道观的庙产统归庙主私有,可以接收徒弟,但不能传戒,不能悬挂钟板,也不能收留来往的各方道士。师徒之间,不但可以传经授道,徒弟还可以继承庙产。师父是庙主、监院、都管,管理着从宗教到生活的一切事务。组织形式和管理体制都比较简单。在我国,正一道的道观一般都属于这一类。

3. 子孙丛林

子孙丛林又称子孙常住。是由子孙庙发展而来的,具有半小庙、半十方丛林的特点。这类道观可以悬挂钟板,可以收留各地来往的游方道士,也可以传戒——但传戒之后就不能再接收徒弟了。在我国,这类道观的数量并不多。辽宁千山的无量观、河南登封的中岳庙等属于此类。

(二)特点

道观是我国古代建筑的组成部分。其形式与宫殿、民居有许多共同之点。比如,以木结构建筑为主,组群建筑都有一路或多路、由一个或多个四合院组成等。但是,道观作为宗教建筑,从观址的选择、殿堂的修建和布局到室内外的装饰,都具有自身鲜明的特点。

1. 崇尚自然,隐居修炼

道家主张道法自然,提倡隐居修炼。道家崇拜神仙,认为景色秀丽、山林幽深的地方就是神仙聚居之处。因此,他们把天下名山分为十大洞天、三十六小洞天、七十二福地(图3-23)。十大洞天是上天派群仙治理的地方,三十六小洞天是上天派上仙治理的地方,七十二福地是上天派真人治理的山、洞、坛、溪。为了遵循自然,为了和神仙通话,历代道家都把道观修在名山之上、山林之中。即使修建在城

① "三都"是都管、都讲、都厨。"五主、十八头"是堂主、经主、殿主、化主、静主、钟头、鼓头、庄头、堂头、库头、门头、碾头、磨头、饭头、水头、火头、净头、园头、槽头、茶头、仓头、圊头等。

市中的道观，也要广植花草树木、挖掘水池、叠筑小山，这也充分体现了道家崇尚自然、隐居修炼的思想。

图3－23 十大洞天之一的青城山道教建筑群与自然环境
（摹自李维信《四川灌县青城山水景区寺庙建筑》）

2. 依山就势，浑然一体

我国的道观建筑大多依山就势、顺势布局、高低错落，与周围环境融为一体。修在山顶的道观，孤高挺拔，耸入云天，似在与天通话；修建在山坡上的道观，掩映在绿树丛中，重重叠叠，幽静秀丽。还有的道观或据洞筑室，或洞旁建屋，或倚壁筑殿，或傍水建房，无不显得自然、和谐、美观、大方。因此，我国现存的道观，既体现了灵活多变的建筑美，也体现了雄伟浑厚的自然美。

3. 道教教义，寓于建筑

道家讲究阴阳五行、八卦方位。在道家看来，坐北朝南代表了天南地北，即乾南坤北。东西对称，即为八卦上的坎离对称。道观采用传统的四合院形式，庭院的四方就代表着金、木、水、火，中心为土，所以这种四合院就象征着五行俱全、吉祥如意。

在传统建筑中仅起隔挡作用的影壁，在道家心目中具有辟邪、凝风聚气的作用。道观的山门修有三个门洞，走进山门就表示着进门者已经跳出了三界，即无极界、太极界和现实界，可以修炼成仙。

此外，殿堂廊庑的壁画也蕴含着浓厚的道家思想。既有八仙过海、瑶池聚会等神仙故事，又有寓意深长的图案：日月星辰，象征着光明普照；山川岩石，象征着坚如磐石;蝙蝠、梅花鹿、白鹤、松树,象征着福、禄、寿和长生等。

4. 神仙供奉,严格等级

我国的道教是一种多神教。在古代,人们曾把道神分为7级,每级都有主神和配神。这些道神的地位不同,供奉他们的道观的名称就不同,道观面积的大小、房屋院落的多少也不同。

三尊(或称三清)是道教的最高尊神,即玉清元始天尊、上清灵宝天尊、太清道德天尊,供奉他们的道观被称为宫,他们所居的房屋被建造为殿,而且建殿使用的材料或金或铜或玉或石或木。这类道宫规模大、殿堂多,院落的数目也不少。

道教创始人和各派的创立者,被称为祖师。他们的住地和从事宗教活动的地方,被称为祖庭。供奉之地,被称为道宫或道观。其建筑规模、殿堂和院落的数目较前者稍次一等。

水神、火神、雷神、电神、城隍、土地、山神等,是地位较低的道神。供奉他们的道教建筑规模、殿堂较小,构筑也较简单,一般被称为庙。如水神庙、火神庙、土地庙、城隍庙等。

道教宫观的建筑等级虽然与所供道神的地位有关,但也不完全一致,它与封建帝王的重视程度关系密切。比如,唐朝皇帝尊崇老子,他们就把供奉老子的楼观台,从一座道观扩建成一座道宫。元朝皇帝推崇全真道龙门派创始人丘处机,便为他修建了一处规模宏大的道宫,名叫长春宫。到了明朝,封建帝王对丘处机并不像元朝皇帝那么重视,于是便把供奉丘处机的道宫变成了一座道观,这就是今天我们还能看见的北京白云观。

道教建筑所体现的这种等级观念,同道家崇奉的返璞归真、清静无为的思想是不相吻合的,是受了封建礼制思想影响的结果。

三、典型案例

(一)永乐宫

在山西芮城县城北大约3公里处,有一个龙泉村,村东有一座道宫,殿阁崔巍、梁栋峥嵘、飞檐参差,气势不凡,这便是永乐宫之所在。

永乐宫最初称"吕公祠"。吕公者,吕洞宾也。俗话"八仙过海,各显神通",典出所谓八仙神话故事。吕洞宾(798-?年),又称吕纯阳、纯阳子,是一位晚唐时期的道士。唐会昌年间,吕洞宾曾两度举进士而不第,随后浪迹天涯,据说直到64岁那年,遇汉钟离授以道教丹诀。吕洞宾曾隐居于终南山等地一心修道,被道教全真派尊崇为中国北方道教五祖之一。关于吕洞宾的传说颇多,其中有所谓江淮斩蛇、岳阳弄鹤与客店醉酒等。

永乐宫原来建在芮城西边20公里处的永乐镇,故名"永乐"。据《道藏》说,那里是吕洞宾的出生地。永乐宫曾名大纯阳万寿宫。20世纪50年代初,由于永乐宫地处三门峡水库库区，在兴修水库时，人们便将其从永济永乐镇搬迁到27.5公里外的龙泉村，按原样修复，并将揭下的元代壁画复贴上去。这项工程从1957年开始准备，1959年开始搬迁，1965年永乐宫在新址重现了旧貌。

永乐宫是中国现存最完整的元代建筑群，坐北朝南，中轴线长约500余米。在这座红墙围绕的道观中，从前往后，依次排列着本宫的主体建筑宫门、龙虎殿、三清殿、纯阳殿和重阳殿。永乐宫的布局和其他道观不同，东西两侧并无厢房和回廊，这是一大特点（图3－24）。

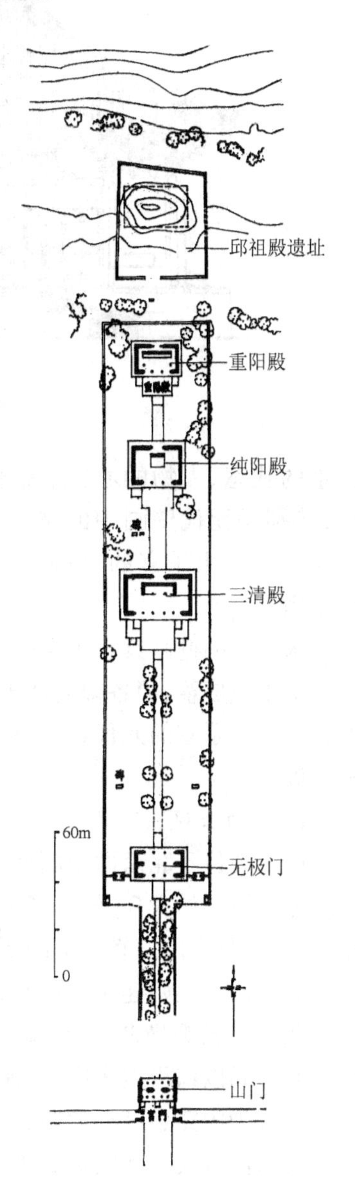

图3－24　永乐宫平面图
（引自刘敦桢《中国古代建筑史》）

永乐宫的主体建筑除宫门为清代建筑外，其余四殿——龙虎殿、三清殿、纯阳殿、重阳殿，都是600多年前的元代建筑，十分珍贵。

龙虎殿又叫无极门，是清代修建宫门前的永乐宫山门。这是一座单檐庑殿顶式建筑物。宽5间，深2间。正脊两端的鸱吻，高2米，卷尾怒目，很有气势。

三清殿又名无极殿，是永乐宫的主要建筑物。单檐庑殿顶，宽5间，深4间。殿前有宽阔的月台，正脊上有高达3米的鸱吻。此殿用减柱法建造，十分宽敞。6个藻井，或呈圆形，或呈八角形，雕饰精美、色泽绚丽（图3－25）。

纯阳殿又名混成殿、吕祖殿，内供吕洞宾像。单檐歇山式，面宽5间，进深3间。从前往后，这座大殿的深度逐步缩小，构筑很为奇特。

重阳殿又名袭明殿，因殿中供奉着全真道创始人王重阳和他的7个弟子丘处机、谭处端、刘处玄、马钰、郝大通、王处一、孙不二的神像，所以也叫七真殿。单檐歇山式的建筑物，在永乐宫各大殿中规模最小。面宽5间，进深4间。

龙虎殿、三清殿、纯阳殿、重阳殿，不但完整地保存了元代的风格和特点，而且殿中的元代壁画，线条流畅、色彩鲜艳，各种人物神态各异，楼台山水生动自然，更是我国古代绘画艺术中的精品，非常宝贵。

永乐宫的壁画虽为彩绘，但却以墨线条为骨架。人物的神态、服饰的形态、

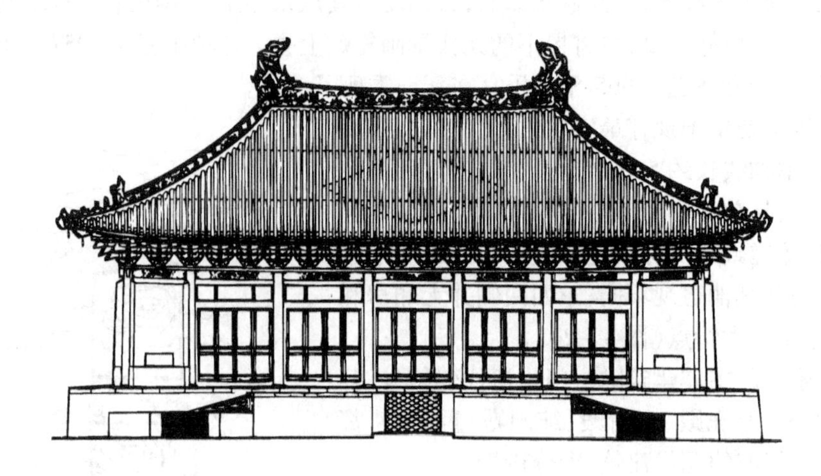

图 3－25 三清殿立面图

山水的状态、人物的心态，无不是通过线条描绘得淋漓尽致，真不愧为我国古代，特别是元代壁画中的精品。两三米长的衣纹一气呵成，表现了当时画师的高超技艺。永乐宫的壁画中，采用了丹青、朱砂等矿物颜料，使画面的颜色长鲜不败。

永乐宫的壁画具有很强的装饰性，又具有很强的故事性。从画面来看，虽然每幅故事单独成篇，但各幅连环画之间又以云水、楼阁、树木等连接，构成了一个有机的整体。永乐宫的元代壁画继承了我国唐宋以来的绘画传统和特点，并且有创新和发展。

（二）白云观

白云观位于北京西便门外天宁寺旁。此观历史悠久、香火旺盛，观内埋藏着全真道龙门派创始人丘处机（长春）的遗骸，是我国一处著名的道教圣地，被称为全国第一观，也是中国道教协会的所在地。

北京白云观始建于唐代开元十七年(729 年)，初名天长观。

北京白云观坐北朝南，南北长 280 米，东西宽 160 米。全观有各种殿堂 50 余座。其布局以邱祖殿为中心，保持着中轴线分明、左右对称的特点。全观建筑大体上可以分为中路、东路、西路、后花园四大部分。

北京白云观东侧的灵官殿前设有鼓楼，西侧的玉皇殿前设有钟楼。这种布局与一般道观的东钟西鼓不同。原因何在？据说，北京白云观的西面，西风强劲。西面置钟是为了镇压西风的缘故。

北京白云观的中路是全观的中轴线，从前往后，依次布列着主体建筑：照壁、牌楼、山门、窝风桥、灵官殿、玉皇殿、老律堂、丘祖殿、三清阁、四御殿。两侧的配殿有:钟楼、鼓楼、三官殿、财神殿、救苦殿、药王殿等。

玉皇殿面宽5间,是一座歇山式建筑。殿内的三层木雕神龛中,供奉着清代康熙年间制作的昊天金阙玉皇大帝木雕像。神龛上挂的百寿幡,是慈禧太后60大庆悬挂过,后赐给白云观的。殿内的两面墙壁上绘着北斗七星、南斗六星、二十八星宿等像。

老律堂原名七真殿,殿内供奉着我国道教全真道七位真人像,为全真道历代方丈传戒授律的地方。今天,老律堂仍然是白云观道众从事宗教活动的重要场所。殿内上方,高悬着清代康熙皇帝题写的"琼简真庭"匾额。

丘祖殿面阔3间,歇山式屋顶,是道教全真道龙门派祭祀该派创始人丘处机的地方。丘处机死后,其遗骨就埋葬在殿内香案的石座下。

三清阁和四御殿,是一座二层楼的5开间歇山式建筑。三清阁在楼上,阁内供奉着道教的最高尊神元始天尊、灵宝天尊、道德天尊。四御殿在楼下,殿内供奉着天上神界的四位大帝,有中天紫微北极大帝、昊天金阙玉皇大帝、勾陈上宫南极大帝、承天效法后土皇地祇。

图3-26 北京白云观山门

中路前端的牌坊和山门,均建于明代(图3-26)。

白云观东路的重要建筑有南极殿、斗姥殿等。现在,这里是道众的居住区和中国道教协会的办公区。西路有祠堂院、八仙殿、吕祖殿、元君殿、文昌殿、文辰殿等。祠堂院的大殿中,保存着元代书法家赵孟頫书写的《道德经》《阴符经》。

后花园名云集园,又名小蓬莱,在北京白云观的后部。园内有戒台、云集山房、文华仙馆、妙香亭、友鹤亭、退居楼、回廊、假山等建筑。

北京白云观自唐代修建之时起,就一直受到历代帝王的重视,使白云观始终保持着崇高的地位。自金代大定十四年(1174年)起,北京白云观便成了我国道教界第一个开始传戒的道观。自元太祖成吉思汗接见了丘长春,称其为神仙,并敕封为大宗师,赐北京白云观为丘长春的住地和葬地之后,北京白云观在道教界和人们心目中的地位大大提高,并成为全真道的第一丛林。

第四节　清真寺

一、清真寺的起源与发展

伊斯兰教产生于7世纪初的阿拉伯半岛，创始人穆罕默德，《古兰经》是伊斯兰教的经典。伊斯兰教有严格的教义与宗教功课，这就是信安拉、信天使、信经典、信先知、信后世的五信教义，和证言、礼拜、斋戒、天课与朝觐的五项功课。礼拜是五功中最重要的功，教徒每天需向圣地麦加方向做5次礼拜，礼拜之前，身体必须清洁。

清真寺又称礼拜寺，是伊斯兰教徒进行宗教活动的场所，也是我国对伊斯兰教徒举行宗教仪式、传授宗教知识的礼拜寺的通称。

伊斯兰教传入中国是在唐朝永徽二年（651年）。它的传入主要通过陆地与海上两条路线。陆上交通主要通过丝绸之路，自阿拉伯半岛经波斯、阿富汗到达中国的新疆，再经青海、甘肃而达长安。海上是由波斯湾出发，经阿拉伯海、孟加拉湾，穿马六甲海峡而到达当时中国对外贸易的口岸广州、泉州、杭州、扬州等地。中国古代四大清真寺，即广州怀圣寺、泉州清净寺、杭州真教寺和扬州清真寺，都是这一时期建造的。13世纪，由于成吉思汗的西征，大批波斯与阿拉伯人被迫迁入中国，使伊斯兰教在元朝进一步传到中国的内地，于是在中国的通商口岸城市、新疆、甘肃、宁夏、青海、陕西以及内地都陆续兴建了礼拜寺，清真寺建筑遍及全国。据传说，元延祐二年（1315年），咸阳王奉敕重修陕西长安寺，奏请呈帝赐名“清真”，以表示称颂清净无染的真主，从此，清真寺成了伊斯兰教礼拜寺在中国的通称。中国的清真寺大体有早期通商口岸城市的清真寺、新疆地区的清真寺和内地的清真寺。

1. 早期清真寺

早期清真寺主要集中在广州、泉州、杭州、扬州等城市，目前保留下来的有广州的怀圣寺和泉州的清净寺等处。这些清真寺多由大食[①]、波斯等国的传教士和商人建造，多用砖石砌筑。其平面布局、外观造型以及细部处理，多受阿拉伯建筑形式的影响。

2. 新疆地区的清真寺

伊斯兰教在公元10—11世纪间传入新疆，但15世纪以后才成为维吾尔族主要信仰的宗教。在伊斯兰教输入新疆以前，新疆地区的建筑已经形成独特的体系：建筑结构有木柱密梁平顶和土坯拱顶（或穹顶）两种方式，建筑布局自由灵活，装饰和

① 唐代称阿拉伯帝国为大食。

色彩都很丰富。伊斯兰教由中亚传入新疆以后,在原有建筑体系的基础上增加了伊斯兰教特有的建筑因素,发展成为新疆地区独特的清真寺。在以后的发展中又吸取了不少国内其他民族的建筑因素,如汉、回、藏族的某些装饰纹样。新疆地区的清真寺包括三种类型,即礼拜寺、教经堂、教长陵墓。大型的教长陵墓也同时包括礼拜寺和教经堂在内。

3. 内地清真寺

伊斯兰教传入后期,在内地一些伊斯兰教徒比较集中的地区和青海、甘肃、陕西等省的一些城市中,都普遍地建有清真寺。

内地清真寺虽然都有伊斯兰教所要求的建筑内容,每座寺院都有礼拜堂、邦克楼、水房、经堂等,但是这些建筑扬弃了阿拉伯地区伊斯兰教建筑的形式,而采用了中国内地传统的建筑样式。内地清真寺从外观形式到室内外装饰都表现了汉民族传统文化与外来阿拉伯伊斯兰文化的结合,但是这二者之间似乎尚未达到十分融合的程度,还没有形成一种成熟的新形式。

二、清真寺的鉴赏

(一)布局特征

清真寺主要建筑有礼拜殿(又称大殿)、邦克楼①及南北讲堂和涤滤处(即水房)等附属建筑。

内地清真寺一般按规则的中轴对称布置,组成前后规整的院落。前面为大门、二门,门内两旁布置南北讲堂和阿訇办公用房。原来细高的邦克楼成了多层楼阁,布置在中轴线上,或单独建造,或建在大门或二门之上。大殿是清真寺中的主体建筑,是宗教活动的中心,由前廊、礼拜殿和后窑殿三部分组成,圆拱形的穹隆顶不见了,代之以几座屋顶相勾连的殿堂。此外尚有水房及附属用房等。

新疆的清真寺建筑不采取中轴对称和重重院落的形式,而运用了非对称形的自由布局。一座清真寺是以礼拜殿为中心,邦克楼与礼拜殿可以连在一起,也可以独立,讲堂、水房和其他办事及生活用房都布置在礼拜殿四周,没有一定之规,根据寺的大小及所处地盘、地势而定。建筑之间以绿地相连,有时还布置有小水池,使整座清真寺空间显得自由活泼。

虽然清真寺建筑布局形式多样,但也有必须遵循的原则:

按伊斯兰教规,做礼拜时必须面向麦加,所以不论寺的大门朝向如何,大殿的神龛必须背向麦加(因麦加在中国之西,故神龛背向西方)。这样,往往出现大门在大殿的后面或左右侧的布局形式。

---

① 邦克楼也称唤醒楼,即中亚礼拜寺的“密那楼”,原是塔形,称“密那塔”或“光塔”,供召唤教徒做礼拜之用。为伊斯兰宗教建筑的典型标志。

大殿内不供偶像，殿的规模取决于附近教民的多少，其平面布局多种多样。殿内铺满地毯，教民做礼拜要脱鞋进入。

殿内神龛前左侧建宣谕台，是阿訇讲述教义处，位置固定，但样式无定制。

(二)装饰特征

清真寺①的装饰纹样几乎都采用植物、几何纹与阿拉伯文字的图形，不用动物纹样。几何纹样中，常用四方形、套四方成八角形、圆形或套圆形，它们都反映了伊斯兰教天地融合的观念。植物纹中既有写实的，也有比较图案化的，它们往往连绵不断、反复盘卷，象征宇宙万物生命力的顽强与连续。

清真寺装饰不采取满堂装饰的方式，而是重点装饰，集中表现在建筑的外墙面、门头门脸，礼拜堂的立柱、天花、窗和邦克楼这几个部分。清真寺各部位装饰的色彩多比较清丽，使总体环境和内外空间都保持着一种清新的格调，反映了伊斯兰教所追求的清净与纯洁。

1. 外墙

清真寺的外墙除了用连续的尖券门、窗或壁龛造成特征显著的外貌之外，多用砖、瓷砖、玻璃或石膏花在墙面上拼出花纹进行装饰。颜色常以蓝、蓝紫、黄、土黄、绿等与白色相配，色彩鲜明而不浓艳。

喀什艾提卡尔清真寺正立面用大面积的黄色砖和蓝色与白色砖镶在屋檐和大门、壁龛的尖券边上，使整座礼拜寺显出清新的格调。

2. 大门

大门是通向殿内圣龛的重要入口，也是装饰的重点。尖券门设有券边，券门的周围满铺着色彩缤纷的石膏花饰，由卷草、花卉、万字、几何等纹样。

吐鲁番清真寺有一座双层尖券式的大门，在两层尖券之间进行了集中装饰，这种在门上方的装饰称为“门头”装饰。这里的门头充满了由植物枝叶与花卉组成的花纹，白色的花饰在深绿色的墙体上，显得既华丽又不失纯净，具有极强的装饰效果。

3. 室内

由于礼拜殿要容纳成百上千众多的教民前来礼拜，所以多采用梁柱结构造成宽广的空间。室内成排上百的木柱，成为清真寺内装饰的重点。木柱少有方、圆形而多呈多面形，其中又以八角柱居多。虽然室内天花面积也比较大，但却不作重点装饰，大多数的清真寺只对藻井部分进行装饰。

喀什阿巴和加玛札清真寺礼拜殿的外殿部分有100余根立柱，八角形细长的柱子，周身漆为土红色，形成暖色调的空间。在每根立柱的下部，即人的视线所及的部分做了雕刻处理，这种雕刻只作大面和线角的起伏而不作细腻的雕花，具有简洁

---

① 这里主要以特色鲜明的新疆清真寺为例。

明快的总体效果(图3－27)。

4. 窗户

清真寺的窗户无论是尖券还是长方形窗,面积都比较大,而且多朝向清真寺的内院。在这些窗户上都满布花格,用细细的棂条组成不同形式的几何纹,而且在相邻的两个窗,甚至在一个大窗户上下两扇窗上的花格纹也互不雷同。这种极富变化的花格窗无论从外或从里观看都具有强烈的装饰效果。每当阳光低斜,这些窗户投在地面上的花影更使寺内增添神采。

图3－27 喀什阿巴和加玛札的室内立柱

5. 邦克楼

清真寺特有的邦克楼,高高耸立在寺的大门两旁或寺的周围,是世界各地清真寺共同的标志,所以它们的形象与装饰总受到特别的重视。尽管邦克楼都具有瘦高的外形,但设计者和工匠通过对这些塔楼的不同分段处理,应用陶砖、瓷砖、琉璃砖、灰面、石膏面等不同材料的不同质感与色彩,又有不同的花纹装饰,使众多的塔楼从整体到细部都出现了不同的形象与风格。

与此同时,由于内地清真寺的礼拜堂、邦克楼和其他建筑都采用传统殿堂、楼阁的形式,所以在建筑外形的装饰上也都用了传统的装饰手法。比如殿堂屋顶用的是琉璃屋脊与正吻、脊兽及梁枋、挂落等处的砖雕纹饰。但这些清真寺的礼拜堂内部,尽管装饰的位置(如梁枋、立柱)、形式(如传统彩画)大致相同,但是内容上却用了大量植物纹与阿拉伯文字。还有内地习用的匾额与对联,多以阿拉伯文字书写,且内容多与伊斯兰的信仰与教义有关。

三、典型案例

(一)早期清真寺

清净寺

清净寺在福建省泉州市,原称圣友寺,中国伊斯兰教古代四大清真寺之一,另三个为广州怀圣寺、杭州真教寺、扬州清真寺。据寺内阿拉伯文石刻记载,寺始建于北宋大中祥符二至三年(1009—1010年)。元至大三年(1310年)耶路撒冷人阿哈玛特进行过大修,明清时期又经重修。现存大门和大殿是元代遗物,其平面布局和艺术造型具有浓厚的伊斯兰建筑风格,是中国与阿拉伯国家文化交流的历史见证。

图 3－28　泉州清净寺大门

全寺占地约 1 公顷。大门朝南，平面为狭而深的长方形，分外、中、内三部分，各部分的券门高度和宽度渐进渐小。外门高12.3米，宽 6.63 米，门口作尖拱形斗八藻井式的半圆穹隆拱顶，外门顶上为一平台，四周环以砖砌雉堞（图 3－28）。据文献记载，外门上原有邦克楼（尖塔）一座。塔在明隆庆年间毁掉，后重建五层木塔一座，毁于地震。中门顶部是尖拱叠置的八方穹隆拱顶。

大殿（即奉天坛，又名礼拜殿）在门内西侧，面阔 5 间，进深 4 间，现仅存石墙和柱础。西墙中部 1 间向后突出。正中为尖拱形神龛。南墙开窗 8 个。殿内四周石墙上的大小壁龛内均嵌有阿拉伯文《古兰经》。大殿北部有房舍一处，为明代明善堂故址。

（二）内地清真寺

1. 牛街清真寺

牛街清真寺位于北京宣武区牛街伊斯兰教徒聚居区，初建于辽圣宗统和十四年（996 年）。经元朝扩建，明成化十年（1474 年），明宪宗正式赐名为“礼拜寺”。寺内现存主要建筑均于明清时期修筑，是采用汉族传统建筑形式修建的清真寺的典型实例。

寺坐东朝西，采用中国传统院落式布局，沿中轴线布置大门、望月楼、大殿、邦克楼等建筑，空间层次分明。沿街入口由 3 间带八字墙的木牌楼和六角形望月楼组成。大殿由卷棚、礼拜殿和窑殿三部分组成。伊斯兰教寺院的神龛必须背向圣地麦加，故大殿面东。前面 3 间卷棚建于清康熙年间。礼拜殿面阔 5 间，由 3 个屋顶勾连搭组成。殿内梁枋均饰彩画，木柱上满绘红地沥粉贴金转枝莲。梁柱间装有尖拱门，有浓厚的伊斯兰教建筑风格。窑殿平面作六角形，为明代遗物，西墙做牌楼式神龛，满布精致华丽的阿拉伯文字雕饰。大殿前庭院正中为明万历年间修筑，清代重建的邦克楼，方形两层歇山顶。南北各有讲堂 5 间及碑亭 1 座。东南角小跨院中有两座元代的筛海（意为传教士）墓，两墓的阿拉伯文墓碑保存完整。

2. 化觉巷清真寺

化觉巷清真寺地处西安，是西北地区很重要的一座清真寺，建于明洪武二十五年（1392 年）。全寺占地约 1.2 公顷，外围呈长约 240 米，宽约 50 米的狭长形，门朝东向。寺内建筑沿东西中轴线，整齐排列，组成前后 5 进院落（图 3－29）。第一二进院落内有木、石牌坊与大门；进二门入三进院，中央为邦克楼，其形式为八角重檐攒尖顶的多层楼阁,左右两边厢房为水房、经堂与宿舍;第四进院内坐落着礼拜大殿。大殿7开间,宽33米,进深由前廊到后殿底共38米。这样深的大殿是由前后两个卷棚顶勾连在一起组成屋顶。圣龛即设在后殿的底墙上。大殿之前附有广阔月台,院子两侧厢房为经堂(图3-30)。伊斯兰教礼拜寺所必须有的礼拜殿、邦克楼、水房、经堂等建筑,加上中国传统的牌坊、石碑等小品组成了这座规模很大的清真寺。

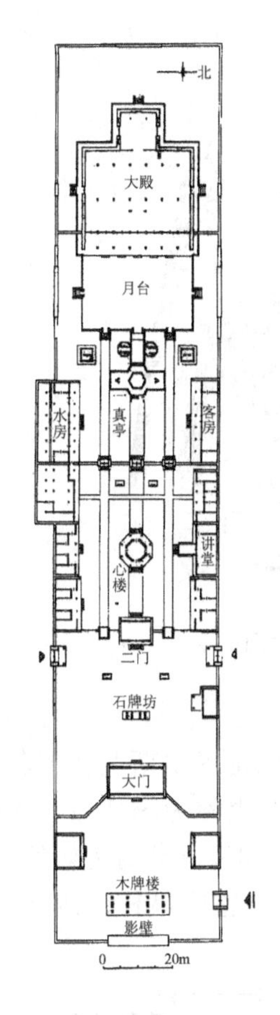

图3-29 西安化觉巷清真寺平面图
(引自刘敦桢《中国古代建筑史》)

图3-30 西安化觉巷清真寺经堂

(三)新疆清真寺

1. 艾提卡尔礼拜寺

艾提卡尔礼拜寺是喀什地区最大的一座清真寺,建于清朝。寺位于喀什市中心艾提卡尔广场西侧,前面是高大的门楼,开着尖券大门,门上安两扇铜制门扇。门楼两侧有不对称的壁龛,左右连着两座高耸的邦克楼(图3-31)。进入门楼为一开阔的庭院,院中绿树、水池相映,隔着庭院就是主体建筑礼拜堂。堂面阔140米,进深20米,分内外两层,圣龛位于内堂的西墙上。礼拜堂的入口设在东向。大堂由140根木柱组成,除中心的内堂四面有墙外,外堂东向都不设墙而成为开敞性空间,可以供千人礼拜。庭院左右两边为成排房屋,供阿訇学习用,最多时可容400人生活和学习。礼拜寺为砖构筑造,外墙为土黄色,其中用蓝、绿色瓷砖作装饰,在蓝天衬托下,十分醒目,成为喀什市的标志性建筑,也是新疆地区最著名的清真寺。

图 3－31　喀什艾提卡尔礼拜寺大门

2. 阿巴和加玛札

阿巴和加玛札是喀什另一座著名建筑。玛札是新疆地区伊斯兰教著名人士的墓地，一般规模都不小，里面还多设有清真寺，所以有的也称为玛札寺。阿巴和加玛札是阿巴和加家族的墓地，这个家族出了一位进入清朝皇宫被封为妃的女子，传说就是香妃，并传死后也葬于此，所以又被称为香妃墓。整座玛札包括有1座主墓

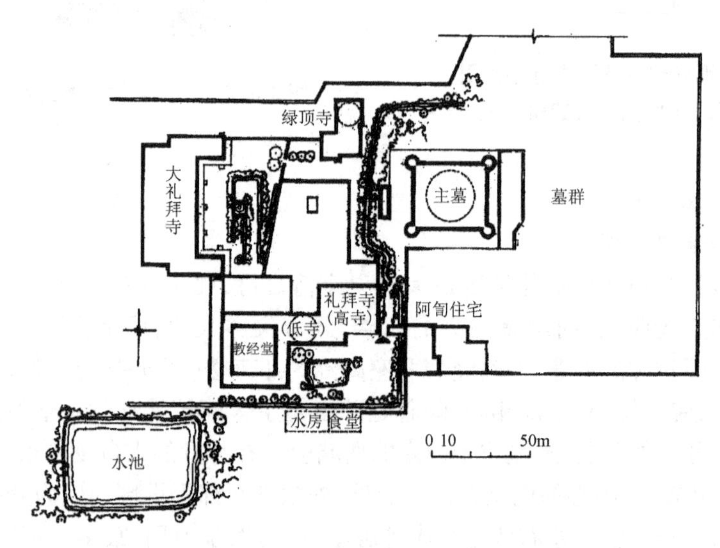

图 3－32　喀什阿巴和加玛札平面图
（引自刘敦桢《中国古代建筑史》）

室、4座礼拜寺和1座教经堂(图3－32、图3－33)。主墓室为全墓地的中心,其外围四角各建1个塔楼,中央为1座大圆拱顶,是一组连体建筑,墙面为白墙上装饰着绿色琉璃的镶面。墓室与墓群位于陵园之东,占据了整座陵园的大部分。陵园西半部由4座礼拜寺和1所教经堂组成。其中以大礼拜寺规模最大,高大的前殿有系列木柱支撑屋顶,殿前有庭院,四周有墙相围。在主墓室西北与西南的绿顶礼拜寺和低礼拜寺上都有圆形拱顶,它们与主墓室的大穹隆顶相互呼应,组成一座规模相当大的伊斯兰教建筑群。

图3－33 阿巴和加玛札大门

本章小结

在我国古代,比较重要的宗教有佛教、道教和伊斯兰教。

外来宗教进入中国后,没有一味照搬形式,而是结合中国的本土文化形成了独具特色的建筑形式。佛教在两晋、南北朝、唐朝时期都有很大发展,建造了大量的佛寺、石窟、佛塔,建筑形式、风格时有创新。伊斯兰教由于教义、仪典的需要,也形成了清真寺独特的风格。

思考与练习

1. 佛寺建筑在布局与单体建筑上有什么变化与发展?
2. 我国佛寺有几种类型?各有什么特点?
3. 石窟建筑在中国是如何本土化并形成自身风格的?
4. 麦积山石窟有什么特点?
5. “治”是什么?
6. 清真寺在布局与装饰上有什么特点?

第4章

古民居、古村落

本章导读

民居与村落是中国建筑史上对民间建筑的习惯称呼。它有着悠久的历史传统，在建筑的群体组合、院落布局、平面与空间处理、外观造型、地形利用等方面都积累了丰富的经验。不同地区、不同民族的民居和村落都有自己独特的艺术风格和特色。

第一节　古民居

一、古民居的起源与发展

在先秦时代，“帝居”“民舍”都称为“宫室”。自秦汉起，“宫室”成了帝王居所的专称，而“第宅”则专指贵族的住宅。汉代规定食禄万户以上、门当大道的列侯公卿住宅为“第”，食禄不满万户、出入里门的为“舍”。近代以来，民居是指宫殿、官署以外的居住建筑。

民居建筑是随着中国古代建筑的产生、发展一同演变的。安阳殷墟宫殿遗址显示了依南北向轴线、用房屋围成院落的中国建筑布局方式的萌芽。陕西省扶风发掘的周原建筑遗址更证明了公元前11世纪时四合院布局已经形成(图4－1)。

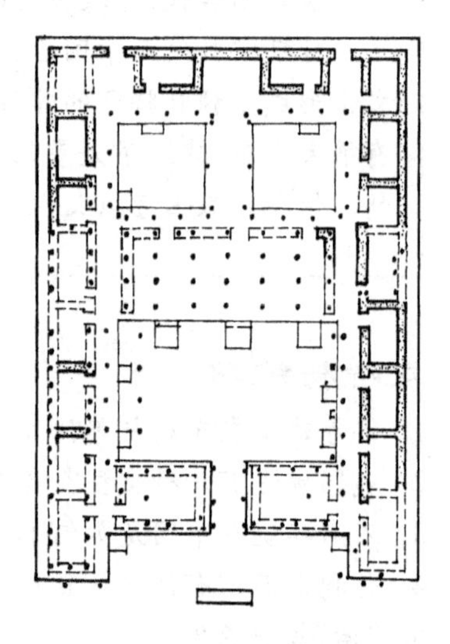

图4－1　陕西岐山西周民居遗址

春秋时代士大夫阶级的住宅在中轴线上有门和堂。大门的两侧为门塾。门内为庭院，院内有碑，用来测日影以辨时辰。正上方为堂，是会见宾客和举行仪式的地方。堂设有东西二阶，供主人和宾客上下之用。堂左右为厢，堂后部为室。

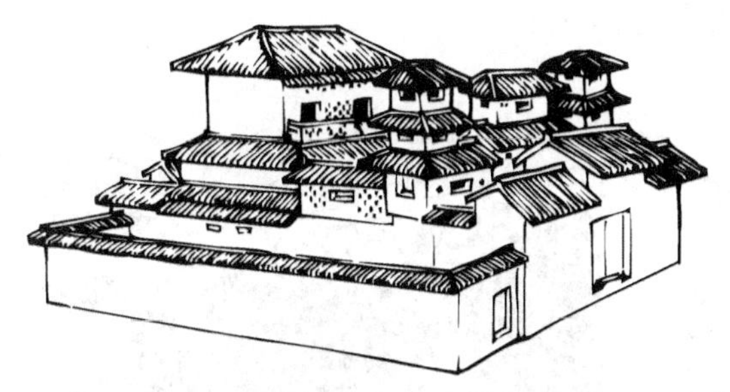

图4-2 河南安阳东汉墓出土的陶庄园

汉代住宅有前后堂，贵族住宅还有园林。平民一般是简单的三合院或“日”字形①单层住宅。而豪强地主则筑“坞壁”——有坚固防卫设备的住宅。从河南汉墓的画像砖、山东的画像石等间接材料上可以看出，汉代住宅除门、堂之外，还有回廊、阁道、望楼、庖厨以及园林等(图4-2)。

唐代六品以上官员的住宅通用乌头门②，敦煌石窟壁画上的唐代大型住宅平面为长方形，外环墙壁或廊庑，房屋多为3开间，明间开门，堂和大门间有回廊相连(图4-3)。从《清明上河图》《千里江山图》等画面上可以见到宋代的农村茅屋、城镇瓦房等各种住宅和穹庐、毡帐形象。屋顶已有多种形式，细部、装修等也很丰富。

图4-3 敦煌壁画中唐代民居

元代住宅除从永乐宫壁画上略有所见外，北京考古发掘出的后英房元代住宅遗址中有“工字厅”形制(图4-4、图4-5)。明代在第宅等级制度方面有较严格的规定。一二品官厅堂5间9架，下至九品官厅堂3间7架；庶民庐舍不逾3间5架，禁用斗拱、彩色。江苏、浙江、安徽、江西、山西等省均遗存有完好的明代住宅。清代对于住宅的等级限制略有放松，对房屋架数没有规定。清代住宅遗存尚多，且在继续使用。

近百年来民间建造住屋仍多沿用传统方法，采用木构架庭院式，甚至当前农村中修建住宅，有不少还采取传统形式。另外，至迟从战国末年起，“风水”说开始对建造住宅的选地布局、房屋朝向、尺寸等产生影响，其中也不乏以“风水”面貌出现的合理因素。《鲁班经》是中国古代阐述造屋的论著，谈风

① “日”字形单层住宅，中间是堂，前后两个内院。

② 地上栽两根木柱，柱间上方架横额，形成门框，内装两扇门。柱头装黑色筒瓦，故称乌头门。门制的等级较高。

水处颇多,在民间广为流行,产生很大影响。

图4-4 永乐宫壁画中的元代民居　　图4-5 北京元代民居遗址复原图

目前遗存下来的民居是封建等级制度的体现,但因其与日常生活紧密联系而具有旺盛的生命力,其因地制宜、因材施用的特点,使民居仍然呈现出千变万化的形式,极富创造性。

二、古民居的鉴赏

民居的艺术价值主要在于“意”,而不在于“形”,其结构虽然简单,但意蕴却十分丰富。与生活息息相关的民居以真实的情感与实用的功能,不断创新,传达出复杂、细致、深厚、具体的氛围意境。

(一)民居的外观

民居,由于其所在地区不同的气候、地形地貌等自然因素和民族、社会、经济等人文因素,显示出异彩纷呈、独具特色的外观(图4-6~图4-14)。

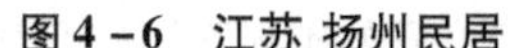

图4-6 江苏 扬州民居　　图4-7 阿坝 藏族碉房民居　　图4-8 新疆 维吾尔族民居

图4-9 安徽 徽州民居

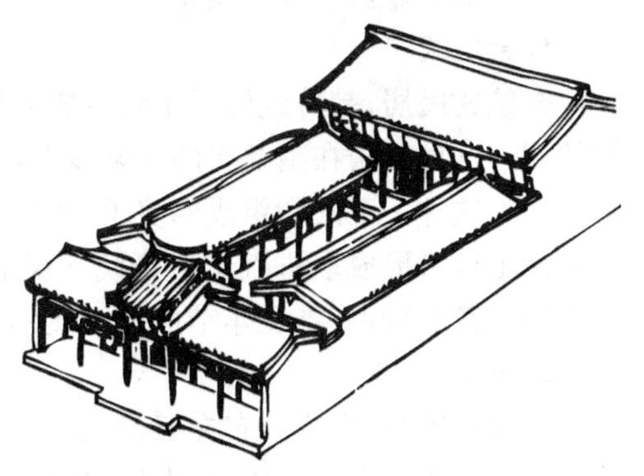

图4-10 甘肃 张掖民居

图4-11 浙江 天台民居

图4-12 福建 永定圆形土楼

图4-13 江西 南昌民居

图4-14 广东 梅县民居

民居的外观虽然种类繁多,但仍可大致归纳为以下几种:

1. 合院式

合院式民居,是传统民居中最主要的形式,数量多、分布广,为汉族、满族、白族等使用。这种民居在南北向的主轴线上建正厅正房,左右布置厢房,形成东西向次轴线。由这种一正两厢组成的院子,就是"四合院""三合院"的合院式民居。根据需要沿轴线可形成多进院落。合院式民居遍及各地,因各地自然条件和生活方式的不同而各具特点(参见本节的典型案例)。

2. 干阑式

干阑式民居,主要分布在云南、贵州、广东、广西等地区,为傣族、景颇族、壮族等的住宅形式。干阑是用竹、木等构成的楼居,是单栋独立的楼,底层架空,用来饲养牲畜或存放东西,上层住人(图4-15)。这种建筑隔潮,并能防止虫、蛇、野兽侵扰。傣族竹楼以具有家庭活动用、多功能的平台为特点,当地称平台为"展"。

图4-15 傣家干阑式竹楼

3. 碉房

碉房,是青藏高原的住宅形式,当地并无专名,外地人因其用土或石砌筑形似碉堡,故称碉房。碉房一般为2~3层。底层养牲畜,楼上住人。平面多为外部一大间,内套两小间,层高较低。结构为一间一根柱,俗称"一把伞"。外墙下宽上窄,有明显收分,朝南卧室常开大窗,实墙都是材料本色,外观朴素和谐(图4-16)。

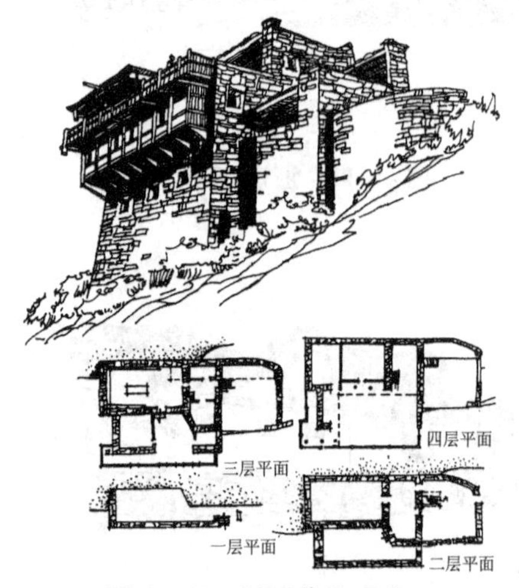

图4-16 川西藏族碉房
(引自《建筑设计资料集3》)

4. 毡帐

毡帐,是过游牧生活的蒙古族、藏族等民族的住房形式,是一种便于装卸运输的可移动的帐篷。如蒙古族的蒙古包、藏族的帐房。

5. 阿以旺

阿以旺,新疆维吾尔族民居,土木结构,密檐式屋顶,房屋连成一片,平面布局灵活,庭院在四周(图4-17)。

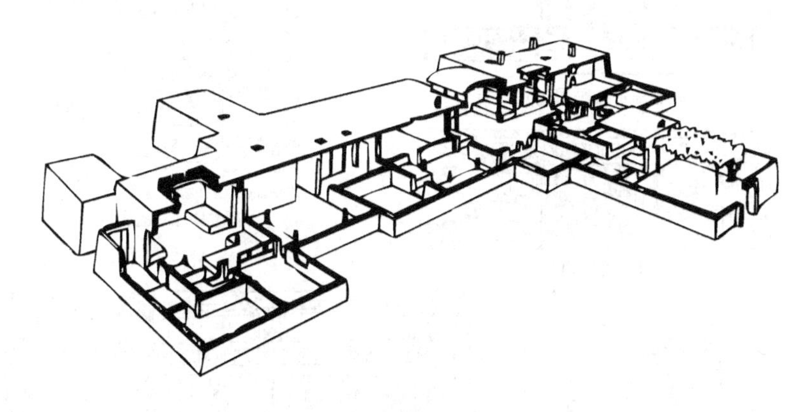

图4-17 新疆阿以旺民居

(二)民居的内景

民居室内常采用可装卸的隔断,自由划分空间,以适应不同气候和各种功能的需要(图4-18)。

(三)民居的细部和装饰

民居不同于官式建筑,其细部和装饰往往不拘一格,因地制宜,变化丰富,装饰题材和造型也具有多样性。总体色彩虽不华丽,但石雕、木雕、砖雕却十分精美,堪称一绝(图4-19)。

三、典型案例

传统民居中合院式民居是最主要的形式,数量多、分布广,因各地自然条件和生活方式的不同而各具特点。

(一)北京四合院

元大都城的规划产生了胡同之间的四合院住宅,经过明清两朝,这种住宅进一步得到发展,于是"北京四合院"成了北京民居的代表。

1. 基本形式与建筑布局

北京四合院的基本形式是由单栋房屋放在四面围成一个内向的院落。院落多取南北方向。大门开在东南角,进门便是前院。前院之南与大门并列的一排房屋称为倒座,之北为带廊子的院墙,中央有一座垂花门。进门即为住宅内院,是四合院的中心部分。内院正面坐北朝南为正房,多为3开间房屋,左右带耳房;院左右两边为厢房;南面为带廊子的院墙。正房、厢房的门窗都开向内院,房前有檐廊与内院周围廊子相连。在正房的后面还有一排后罩房,这就是北京四合院比较完整

新疆维吾尔族民居内景

内蒙古圆形毡房内景

河北民居内景

陕西窑洞民居内景

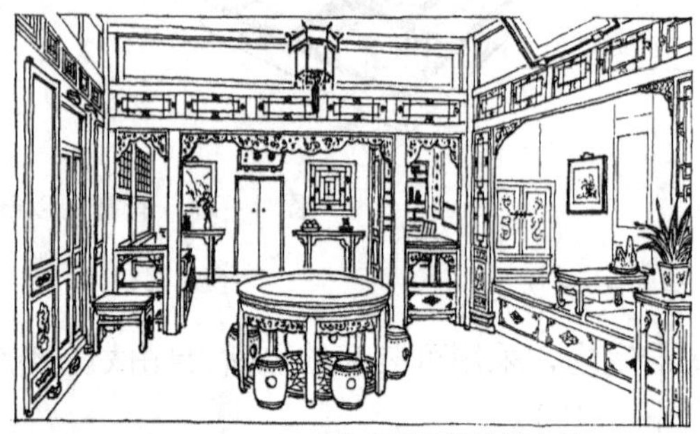

北京四合院民居内景

江苏苏州民居内景

浙江东阳民居内景

四川阿坝藏族民居内景

浙江湖州民居内景

图 4－18　民居的内景

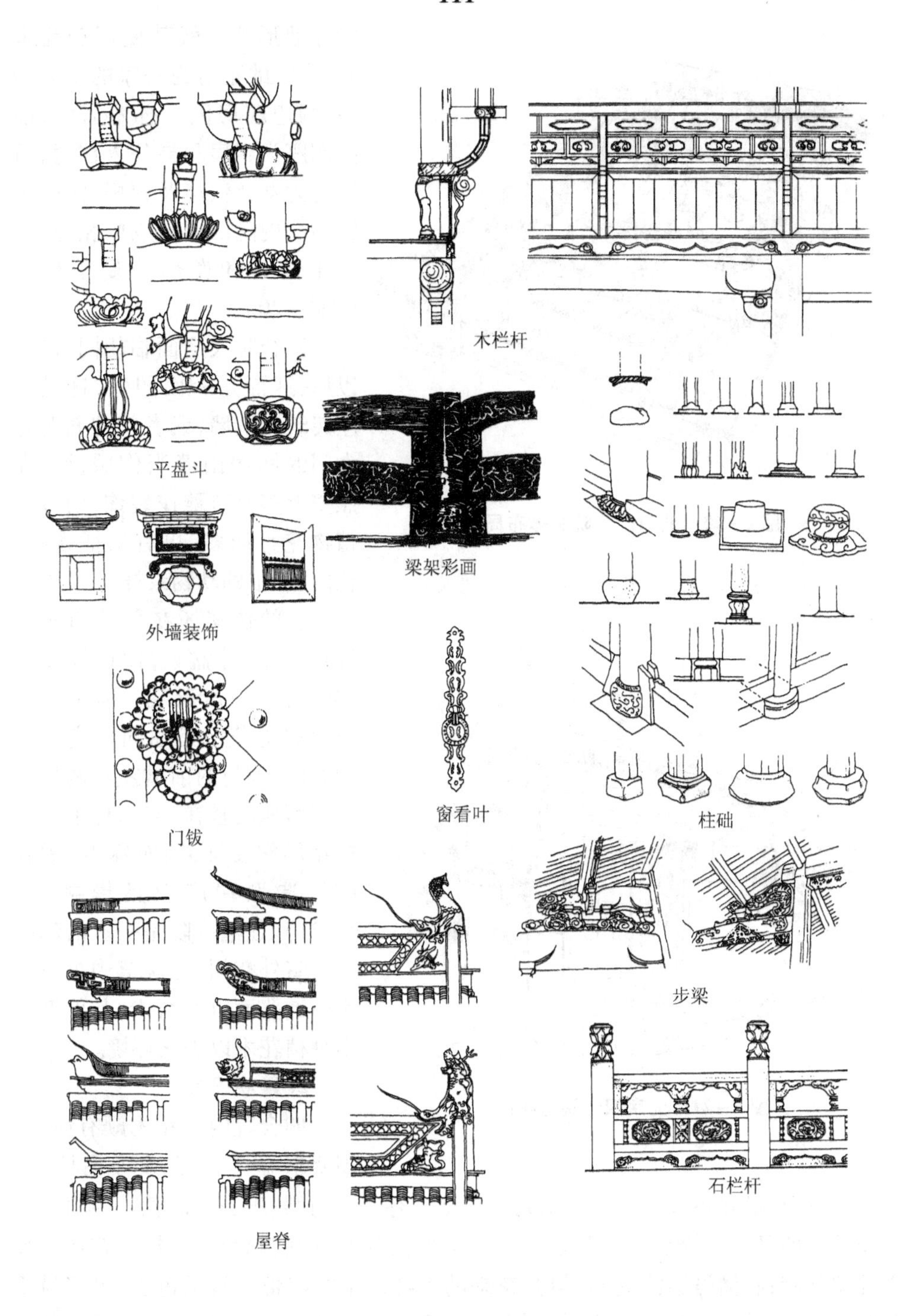

图4－19 民居的细部和装饰

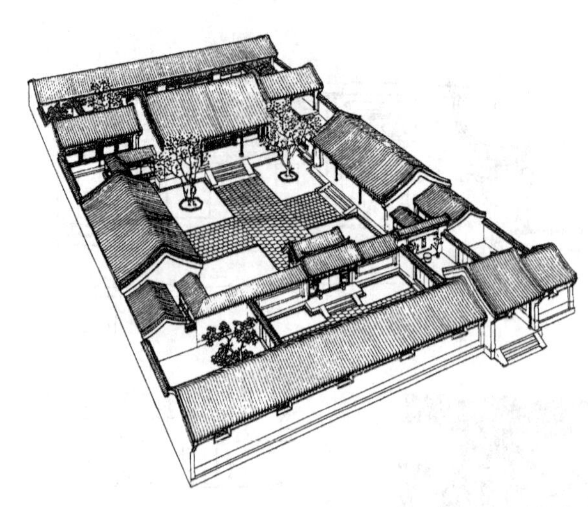

图 4－20　北京四合院总体布局

的标准形式。就其使用功能来看，内院的正房为一家的主人居室，两边厢房供子孙辈居住，前院倒座为客房和男仆人住房，后罩房为女仆住房及厨房、储存杂物间。内院四周有围廊相连，可便于雨天和炎热的夏季行走（图4－20）。

四合院大门面临胡同，进门以后，迎面是一面照壁，这是一座砖筑的短墙，或者就把面对着大门的厢房山墙当作照壁。在照壁上多有砖雕作装饰，内容以植物花卉居多，也有象征吉祥、长寿、多福的动物纹样。

图 4－21　北京四合院垂花门

有的住家还在照壁前布置堆石、花木等盆景，使这里成为进门后第一道景观。前院北墙正中的垂花门是通向住宅内院的大门，因门的前檐左右两根柱子不落地而垂在半空，柱下端雕成花形作装饰，因而称为“垂花门”，造型端庄而且华丽（图4－21）。住宅内院是一家活动的公共室外空间，在院落中央有十字砖铺路面以便行走，其他部分多种植花木以美化环境。

2. 景观设计

四合院内的花木颇有讲究，多要求春季有花、夏季有阴、秋季有果，而且最好还有某种象征意义。常见的有海棠与梨、枣、石榴、葡萄、夹竹桃、月季等。四月开春粉红的海棠花与雪白的梨花，使庭院满堂春意，棠棣之花还象征着兄弟和睦；石榴虽不能遮阴，但其花果的艳红却给庭院带来富贵色彩；枣花虽不显眼，但秋季挂满枝头的红枣也十分讨人喜爱，而且“枣”与“早”谐音，与石榴的多子结合在一起，还有“多子”“早生贵子”，象征家族兴旺的吉祥意义；葡萄枝叶能遮阴,葡萄架下好乘凉,结出串串果实,量多而味美;夹竹桃花色诱人。这些花木各具特色,有条件的人家还在四周房屋的台基、窗台上摆设四季盆花,在屋檐下悬挂鸟笼子,把小小院落打扮得有色有声,情趣盎然。

3. 规模与形制

四合院的规模与讲究程度,随住宅主人权势之高低和经济实力之大小而不同。普通百姓之家,只有四边房屋围合成院,既无前院又无后罩房。官吏、富商等殷实的家庭,如果三世或四世同堂,一座标准四合院已经容纳不下众多的人口,满足不了主人对生活的要求,于是出现了把几座标准四合院纵向或横向相串联组合而成的大型四合院住宅。这种串联并不是简单的叠加重复,而是有主有从,根据使用的要求,有大小与比例上的变化。例如两座标准四合院纵向组合,则把前面的四合院取消后罩房,后面的四合院取消前院,使两座四合院的内院前后直接相通,前院的正房变成厅堂,穿过厅堂进入后内院。有的将横向串联的四合院改作园林部分,在这里堆土山、挖水池、种植花木、点置亭台楼阁,组成一座有居住、园林两部分的大型住宅。明朝对诸亲王实行分封制,将诸王子分封至全国各地为王,到清朝又改为将诸王集中于京都,采用奉以厚禄不给实权的办法,于是在北京出现了大批专门供这些皇亲国戚居住的住宅,称为王府。王府占地面积大,由多座四合院纵横组合而成,有的还有专门的园林部分,它们是最讲究的四合院。

四合院大小等级的区别也反映在它们的大门形制上。王府的大门自然是最高的等级,但在王府中还有高低的区别,因为清朝对宗室的分封制度,共分14个等级,与此相对应,分赐给这些王子的王府也分为亲王府、郡王府、贝勒府、贝子府、镇国公府、辅国公府等几个等级。这些不同的王府在建筑规模与形制上也各有规定。它们的大门形制在《大清会典》中也有记载,例如亲王府大门为5开间屋,中央3开间可以开启,大门屋顶上可用绿色琉璃瓦,屋脊上可安吻兽装饰。郡王府大门为3开间屋,中央一间可开启。更讲究的王府大门不直接对着街道,而是在大门前留出一个庭院,院子前面有一座沿街的倒座房,两边开设旁门,进旁门后才能见到大门。京城文武百官和贵族富商之家多用“广亮大门”。广亮大门的形式是广为1间的房屋,门设于房屋正脊的下方。房屋的砖墙与木门做工很讲究,墙上还有砖雕作装饰。所以它虽没有王府大门那样的气魄,但也称得上是有身份人家的大门了。其余的大门是用门扇安在大门里的前后不同位置来区分它们的等级,门扇的位置越靠外的等级越低,它们分别称为金柱大门、蛮子门和如意门。普通百姓居住的小四合院的大门不用独立的房屋,而只在住宅院墙上开门,门上有简单的门罩,称为随墙门。中国封建社会的等级制在住宅建筑的大门上也表现得如此明显。

四合院形式住宅的优点是有一个与外界隔离的内向院落小环境,它们保持了住宅所特别要求的私密性和家庭生活所要求的安宁。在使用上也能够满足中国封建社会父权统治、男尊女卑、主仆有别的家庭伦理秩序的要求。正因为如此,四合院也成为全国许多地区共同采用的住宅形式。

(二)云南三坊一照壁民居

云南是处于我国西南的一个边远省份,聚居着除汉族以外的25个民族的人民。据史料记载,远在公元前300多年的战国时期就有中原的汉人到达这个地区。到唐宋时期,汉人继续大批来到云南,并且与当地人一起融合、分化而逐步成为白、彝、哈尼等十多个少数民族。明朝实行移民屯田制度,先后迁入云南的汉人更多,他们的人口总数甚至超过了当地的少数民族。所以自古以来,汉文化就随着汉人流传至云南,致使云南中心地带的经济发展接近中原地区的水平,其中白族人口较多,受汉文化影响较深。

大理地区的白族住宅就是四合院形式,但是由于当地地理、气候的原因产生了一些与内地四合院不同的特点。大理的风向多为西风或偏西南风,加以主要山脉苍山为南北走向,因此四合院正房的朝向都背靠西面的苍山而面向东方,四合院的大门也多开在东北角的位置而朝东。其次在房屋构架上除了采用木结构以防备地震外,更普遍地采用硬山式屋顶,屋顶在山墙两头不挑出屋檐,并且用薄石板封住后檐与山墙顶部,这样可以防止风力的卷袭。

白族四合院最常见的形式有两种,一是“三坊一照壁”,另一种是“四合五天井”。所谓“坊”,是当地作为基本单位的一栋房屋的称呼。坊的形式是一栋3开间二层楼房屋,底层3间前面带檐廊,中央开间为待客的堂屋,左右次间为卧室;二楼3间多打通不分隔,中央开间供神,左右用于储物。楼下檐廊有1开间的,也有3开间或2开间的通廊,廊下既通风又明亮,是休息和做家务劳动的好场所。这种坊的形式因为适合白族人民的生活习惯,已成定型。

1. 三坊一照壁

三坊一照壁的四合院就是由3座坊与1座照壁围合成的四合院。坐西朝东的坊作为正房,进深较大,檐廊也较深,左右二坊为厢房,进深较小。东面为照壁,照壁为一面独立的墙体。它的宽度与正房相当,高度约与厢房上层檐口取平。照壁下有基座,上覆瓦顶,壁身为白色石灰面,周围常带彩绘装饰。照壁可以是一字形墙,也有的左右分为一主二从,中央高、两侧稍低的三段式,在外檐轮廓上富有变化。照壁面对正房,成为院内主要景观,白墙反光还可以增加院内亮度。主人站在正屋楼上,可以越过照壁遥望宅前远景,视野辽阔而开敞。在两坊相交的角落内加建一层小屋作为厨房、猪圈,交角露天处成为小天井,有的在这里设有四合院的后门。由三坊一照壁围合成的庭院对外封闭而对内又显得开敞,庭院使三面的坊屋得到采光、日照和通风。庭院可供晾晒农作物,亦可用于来往交通。讲究人家还在照壁下栽种花木,点置盆景,加上三面坊屋廊内多为扇式门窗,上有各式雕花窗格,廊下墙上常用花纹大理石装饰,环顾四周,庭院显得赏心悦目,十分宜人(图4-22)。

三坊一照壁的四合院由于三座坊的门窗均开向内院，所以外墙呈封闭状，只有照壁旁的大门连通内外，于是四合院的大门成了装饰的重点。在大门门扇的上边和两侧多加门头和门脸的装饰，简单的多用砖与灰拼砌出各种花饰附在墙上；讲究的在门两边砌出砖柱，柱上架梁枋，起屋顶，屋顶两角起翘，顶上屋脊、小兽一应俱全，屋檐下斗拱密列，梁枋相叠，而且在这些木制的或者用砖、灰塑造的梁枋、斗拱上还布满了雕刻、彩绘，将一座大门装饰得异常华丽（图4－23）。除大门作重点外，在三坊一照壁的外墙上也略有装饰。墙体多在土墙外表用白灰抹面，在转角和边沿用灰砖贴面。讲究一些的还在屋檐下、墙腰处、山墙、山尖部分用灰塑或彩绘作装饰花纹，但它们的色彩多比较素雅而不鲜艳，并不妨碍大门装饰的突出地位。

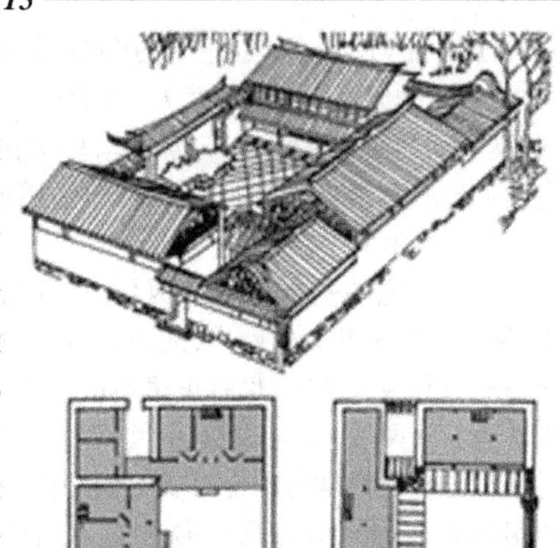

图4－22 白族的三坊一照壁
（引自云南民居编写组《云南民居》）

2. 四合五天井

“三坊一照壁”的照壁如果换用一座坊，那么就成了“四合五天井”的四合院。四面各有一座坊屋，除了中央的庭院外，在四个角上还各有一个小院，当地称为“漏角天井”，因此这种形式的四合院称为“四合五天井”。四合院还是采取正房坐西朝东的方向，东西两坊进深较大，前廊较深，左右两侧带耳房，耳房的一层作厨房。南北二坊为厢房。大门多开在东北角，面向北面，占据厢房的一间作为门。四面的房屋都为二层，它们围合成的庭院比“三坊一照壁”的四合院更显得封闭。

图4－23 大理地区四合院大门

（三）江南天井院民居

江南地区也有许多组合院式住宅，它们的形式是四周的房屋被连接在一起，中间围成一个小天井，所以称为“天井院”住宅。

江苏、浙江、安徽、江西一带属暖温带到亚热带气候，四季分明，春季多梅雨、夏季炎热、冬季阴寒，人口密度大，因而这里的四合院，三面或者四面的房屋都是两层，从平面到结构都相互连成一体，中央围出一个小天井，这样既保持了四合院住宅内部环境私密与安静的优点，又节约用地，还加强了结构的整体性。

1. 基本形式

天井住宅的基本形式有两种：一种是由三面房屋一面墙组成，正屋 3 开间居中，两边各为 1 开间的厢房，前面为高墙，墙上开门。在浙江将这种形式称为“三间两搭厢”(图 4－24)。也有正房不止 3 开间，厢房不止 1 间的，那么按它们的间数分别称为五间两厢、五间四厢、七间四厢等。中央的天井也随着间数的增多而加大。另一种是四面都是房围合而成的天井院，在浙江称为“对合”(图 4－25)。这里的正房称上房，隔天井靠街的称下房，大门多开在下房的中央开间。

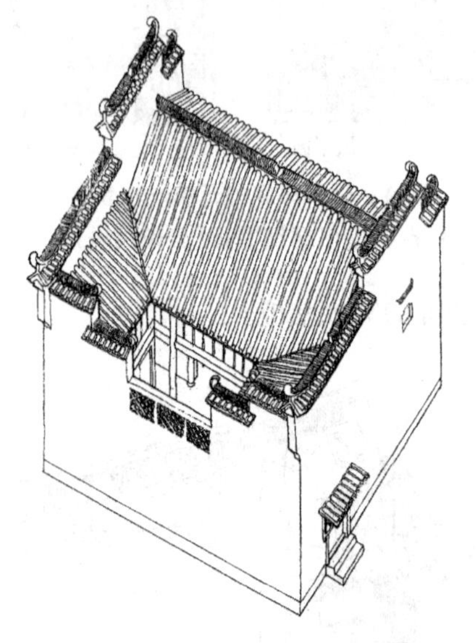

图 4－24　三间两搭厢天井院
(引自楼庆西《中国古建筑二十讲》)

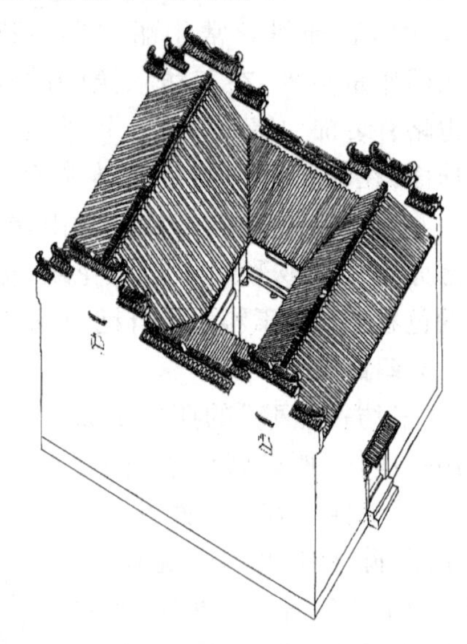

图 4－25　对合天井院

2. 规模与形制

无论是“三间两搭厢”，还是“对合的天井院”，主要部分就是正房。正房多为 3 开间，一层的中央开间称作堂屋，这是一家人聚会、待客、祭神拜祖的场所，因而是全宅的中心。堂屋的开间大，前面空敞，不安门窗与墙，使堂屋空间与天井直接连通，利于采光与空气流通。堂屋的后板壁称为太师壁，壁两边有门可通至后堂。太师壁前面置放一长条几案，案前放一张八仙桌和两把太师椅，在堂屋的两侧沿墙也各放一对太师椅和茶几。有资望的家庭，他的住屋往往还取名为某某堂、某某屋，并将书刻堂名的横匾悬挂在堂屋正中的梁下。整座堂屋家具的布置均取对称规整的形式。太师壁前的长条几案是堂屋中最主要的家具，做工讲究，多附有雕饰。几案正中供奉祖先牌位及香炉、烛台，两侧常摆设花瓶及镜子，以取阖家“平平静静”的寓意。太师壁的正中悬挂书画，内容多为青松、翠竹、桃、梅等具有象征意义的植物山水题材，讲究的人家在堂屋两边侧墙上也有挂书画的。逢年过节，将中央的八仙桌移至堂屋中央，摆上各式供品，一家人面对几案上的祖宗牌位行祭祀之礼，或者把供桌移到前檐下，在堂屋内面朝天井拜祭天地神仙。遇到家中老辈寿辰，儿孙辈结婚娶媳，都在堂屋里行拜寿和新婚之礼，并设寿、喜之席宴请亲朋好友。遇老辈去世，除了在家族祠堂行丧礼之外，还要将棺木停放堂屋，按习俗做道场。所以堂屋也是一个家庭举办红白喜事的地方。

堂屋两边，正房的次间为主人的卧室。卧室的门不得直通堂屋，前面只有一扇小窗。在小型天井院，窗户正对着厢房，卧室光线昏暗，空气不流通；在较大的天井院，卧室的窗虽然可以面朝天井，但为了内外有别、男女有别，将窗台设得很高，窗棂做得很复杂，有的还里外两层，使卧室内外相互不能看见，窗户成了正屋、廊下两件装饰品，起不到真正窗户的作用。卧室的门也设在夹道内，妇女与小孩只能通过夹道走到后堂，不能穿行堂屋见到外人。天井两侧的厢房可作卧室，也可作他用。二楼由于层高较矮，夏日炎热、冬日寒冷，因此多用作储物。家庭人口多时也可作卧室。只有少数地区将正房的二层加高，楼上作为接待宾客之用。

天井自然是天井院很重要的部分，它的面积不大，宽度相当于正房中央开间，而长只有厢房之开间大小，所以有的小天井只有 4 米 ×1.5 米，加上四面房屋挑出的屋檐，天井真正露天部分有时只剩下一条缝儿。但是尽管这样，它还起着住宅内部采光、通风、聚集和排泄雨水以及吸除尘烟的作用。由于天井四面房屋门窗都开向天井，在外墙上只有很小的窗户，因此房间的采光主要来自天井。四面皆为二层房屋围合成的天井高而窄，具有近似烟囱一样的作用，能够清除住宅内的尘埃与污气，促进内外空气的对流。天井四周房屋屋顶皆向内坡，雨水顺屋面流向天井，经过屋檐上的雨落管排至地面，经天井四周的地沟泄出宅外。屋主人每当下雨之际，待雨水将屋顶瓦面上的脏物与尘土冲刷干净后，即将落入天井之水用导管灌入水缸，这是被认为比一般井水更纯净的天落水，专门留作饮用。这种四面屋顶皆坡向天井，将雨水集中于住宅之内的做法，被称为是“四水归一”，“肥水不外流”，对于将水当作财富的百姓来说，这自然是大吉大利的事。狭小的天井能防止夏日的暴晒，使住宅保持阴凉，有心的主人还在天井里设石台，置放几盆花木石景，使这一小天地更富有情趣了。

奇怪的是，住宅不可缺少的厨房却不在天井院内。这是因为，在自给自足的小农经济制度下，厨房的功能比较多样，除做一日三餐之外，还要堆放柴草、舂米、腌菜、磨黄豆、压豆腐、喂猪食，逢年过节还要做年糕、酿米酒。可以说这里是一个家庭的饮食作坊，是厨房，也是雇工的餐室，有炉灶、餐桌，也有猪圈。这样的厨房显然若包含在天井院里既不方便也不卫生，所以住宅的厨房多利用规整宅地旁边的零星地段，建造单层的房屋紧贴在天井院的一侧，除有门与天井院内相通外，有的还专设直接通向街道的后门。

以上说的“三间搭两厢”和“对合”当然是指天井院住宅最基本的形式，实际上，凡稍有财力的人家，住宅便不止一个简单的三间正房加两厢，更不必说那些地主、富商、官吏在农村兴建的住房了。所以我们见到的许多住宅都是这种天井院的组合形式。有几个“三间两搭厢”或者“对合”前后相连的，也有两种形式结合的，前后组成几个天井几重院，甚至还有左右并列相互连通的。但是不论怎样组合，其内部仍保持着一个个天井院，其外貌仍保持着方整规则的形态。房屋的外墙都用砖筑，很少开窗，两个天井院之间为了防止一院着火，殃及邻院，都将山墙造得高出屋顶，随着房屋两面坡屋顶的形式，山墙也做成阶梯形状，称为封火山墙。这样的天井院一座紧挨着一座，组成条条街巷。由于南方人口密集，地皮紧张，这些街巷也很狭窄，宽者三四米，窄的不足2米，于是高墙窄巷成了这个地区住宅群体的典型形态。白墙、灰砖、黑瓦，窄巷子上闪出的座座门头，加上高墙顶上高低起伏的墙头与四周的田野绿丛，成了这个地区住宅特有的风貌。多少江南才子出外做官衣锦还乡，多少徽商云游四方，腰缠万贯荣归故里，他们置田地、盖新宅，在天井院里雕梁画栋，以显示自己的权势与财富，但却不去改变这天井院规整的整体形制，最多只是在大门门头上增添雕饰，书刻上醒目的“中完第”与“大夫第”。因为这形如堡垒的天井院也正是他们所需要的，其家产财富需要保护，其家人，尤其是妇女需要禁锢，只要看看江南农村有多少座贞节石牌坊，查一查族谱中记载了多少位妇女的贞节事迹，就可以认识禁锢在这些高墙深院中的妇女的命运。高大连片的天井院不仅是江南地区自然地理与经济条件下的产物，同时也映示出中国封建社会陈腐的家族礼制与伦理道德。

（四）黄河流域窑洞四合院

延安黄土坡上层层叠叠的窑洞，因其曾经养育过中国一代革命者而闻名中外。其实窑洞不仅是陕北，而且是甘肃东部，山西中南部与河南西部这一带农村普遍采用的住房形式。这一地区土质坚实，气候干燥少雨，加之经济不发达，于是挖洞造屋成了当地百姓取得住房最方便和最经济的一种手段。在陕北的米脂一带，窑洞几乎占当地农民住房的80%。

1. 基本形式

窑洞虽然都是挖土成洞，但是它们仍有两种常见的形式：一种是靠着山或山崖纵深挖洞，洞呈长方形，宽约3～4米，深约10米，洞上为圆拱形，拱顶至地面约3米，洞口装上门窗就成了简单的住房。所以农民只凭一把铁锹，凭力气就可以有自己的住屋，开始可以只挖一个洞，有条件再多挖。为了生活方便，在洞前用土墙围出一个院子，就成了有院落的住宅。另一种是在平地上向下挖出一个边长约为15

米,深为 7 ~ 8 米的方形地坑,再在坑内向四壁挖洞,组成一个地下四合院,称为地坑式或地井式窑洞。这也是由四面房屋围合而成的四合院,只是这种房屋不是地面建筑而是地下的窑洞。地面 3 间住房,在这里变成 3 孔并列的窑洞,它们之间也可以横向打通。为了取得冬季较长时间的日照,多将坐北朝南的几孔窑洞当作主要的卧室。在这些洞里,用土坯砖造的土炕置于靠洞口的地方,可以得到更好的光线与日照,窑洞的底部往往作存物之用。地井东西两边的窑洞可作卧室,也可作他用。一个家庭的厨房、厕所、猪圈、羊圈,都可以有专门的窑洞,只是洞的大小、深浅不同,甚至有的水井也设在窑洞内。为了保护窑洞表面少受雨水的侵蚀,有条件的家庭多用砖或石贴在窑洞面壁上,在洞内也用白灰抹面,使室内更为清洁明亮。

窑洞因为有较厚的黄土层包围,所以隔热与保温效能好,洞内冬暖夏凉,具有良好的节能效益。但是作为居住环境,不利的条件是洞内通风不良,比较潮湿,所以往往洞外春暖花开,洞内还需要烧火炕以驱寒湿。

2. 规模与形制

方形的地坑有土台阶通至地面,在地面沿地坑的四周,有的沿边用砖砌造矮栏杆,对过往行人起保护作用。地井院内也像普通四合院一样,用砖、石铺少量的来往路面,四周有排水沟与渗水井,其余的土地面上种植花木,高大树木可以遮阴,少量花卉增添色彩,加上窑洞门窗上的花格,白窗户纸上贴的红色剪纸,使人赏心悦目。家人在院内劳作休息,村娃在洞前玩耍嬉闹,四合院虽在地下,一样充满了生活情趣。

(五)福建土楼民居

福建南部永定、龙岩、漳平和漳州一带的农村中,存在着一种土楼住屋。它们的特点是每一栋土楼体积都很大,而且用夯土墙作为承重结构,平面形式有方形、圆形、五角形、八卦形、半月形等,以方楼和圆楼为主,其中又以圆楼最为奇特。圆楼的平面当然是圆形的,周围排列着整齐的房屋,有的多达数十间,高达三四层,有时还不止一圈房屋相套,中央围成一个圆形院落,所以我们将它也列入合院式住宅的类别,只是它们不是用四面房屋围成方形庭院,而是用周围相连的房屋围成一个圆形庭院。一座大型的圆楼,里面可以容纳几十户人家,数百人生活。

1. 土楼的产生

圆楼产生的福建地区古时战乱频繁,社会不得安宁,贪官污吏的竞相搜刮又使人民生活日益贫困,百姓往往揭竿而起,聚众抗争,加之政治不稳定,匪盗迭起,乡间宗族不和,时有械斗发生。因此,百姓多聚族而居,多座住屋围着自己的宗族祠堂而建,形成团块与村落,相互依靠,患难与共,以求安泰,于是一种将分散的住屋聚合到一起的大型住屋应运而生。当地所具有的森林木材、山石、泥土等自然资源,所拥有的工匠技术,使这种住屋变成现实。这就是圆形土楼产生的社会因素与物质条件。

我们以保存比较完整的一座圆楼——福建永定县承启楼为例,来说明这种大型住宅的状况。承启楼建于清康熙四十八年(1709年),历时3年完工,为客家人江姓氏族所建。圆楼直径达62.6米,里外共分4环,最里面一环是全楼的祖堂,由一座堂厅和半圈围屋组成,面朝南方;第二环有房20间;第三环有房34间;最外环有房60间,并有4间楼梯间,朝南一座大门,与祖堂共处于中轴线上,东、西各有一座旁门。外环共四层:底层为厨房,二层为谷仓,三四层为卧房,全楼共有房间300余间。承启楼建成后,江氏族人80多户搬进圆楼,共有600余人同时在里面生活。

2. 土楼的形制

族人既然为安全而聚居,圆楼的安全防御自然是最重要的。首先在楼的外观上看,承启楼外环高达14米,外墙用夯土筑墙,最厚处达1.9米。墙的基础皆用大卵石和块石筑造,自地面以下直砌至地面上常年洪水能达到的高度以上,以确保夯土墙体免遭洪水冲刷。石墙基的做法是用卵石干垒,层层紧压,使外人很难从外面扒开。外墙上很少开窗,只在三四层上开设枪眼以抵御外敌的侵扰。从楼内看,也有一个很好的防卫体系。在三四层的外墙上设有窗洞,洞口外面窄,里面宽,既便于对外射击,又减少目标。除射击外还可以向下抛石头、浇开水以攻击接近楼体的敌人。外环的几层楼临院子的一边都设环行通道,可以随时调动人力,运送物资。楼内有水井数眼,有谷仓藏粮,有牲畜畜养地,所以在敌人围困时能够坚持数月而不会断水缺粮。此外还有一些特殊的御敌之法,例如出入口的大门是最容易受攻击的薄弱环节,在这里除了用粗石料制作门框,用原木料制造门板,门板包以铁皮,门后顶以木杠之外,又在门的上方特置水槽,当敌人用火攻大门时,可提井水灌入水槽,经水槽裂口流下,在门板前形成一道水幕以克火攻。

在这座圆楼内,没有正房、厢房之分,没有前院、后院之别,所有房间都同样大小。在这里,分不出族人在住屋上的等级高低。他们都朝向一个中心,这就是位于圆楼中央的祖堂。是同宗同族的祖先使他们凝聚在一起,增进了亲和感,维护了共同的安全。这奇异的圆楼,这在外国人眼里被当作是“天上掉下的飞碟”“地下冒出的蘑菇”的圆楼,无论在形式与内容上都表现出中国封建社会血缘氏族的结构与心态。

第二节　古村落

一、古村落的形成

村落是农耕社会人类聚居的地方,从远古的氏族部落到后来的宗族聚落,无不反映着中国古代强烈的血缘和地缘关系,加上村落与自然的深厚情结,使它在建筑环境、布局、选址上具有与古代城市截然不同的民俗民风和生活方式。

中国历史上,由于战乱频繁、灾荒不断,颠沛流离、逃难避乱,很少有那种从定居、经几百年稳定连续发展而完整保存到现在的村落。从形成看，古村落与民族间的征战同个人和家族的政治命运有着千丝万缕的联系，也与民族迁徙相关。民族迁徙的动机主要是逃避战乱、纠纷或求隐居，这种迁移多是世家大族的集体行动。通常认为我国古代规模大、人口多、持续时间长的民族迁徙有三次：西晋末年、唐代末年和北宋末年。

西晋末年永嘉之乱，数十万北方人南迁，一直延续到南北朝，形成中原汉民族南迁的第一次高潮。李白曾诗道："三川北虏乱如麻，四海南奔似永嘉。"除了晋室南渡之外，政治斗争中失败的势力也常被贬到偏僻地区，且多为世家大族。某些有潜隐思想的人士通过多方选择也要到安全地带定居。比如楠溪江早期的人类活动仅限于楠溪江下游近瓯江一带，在当地形成了有特色的瓯越文化。瓯越地处偏远，不属于中原文化系统，被视为"化外"之域。后来由于晋室南渡使永嘉在东晋、南朝时有了很大发展。从被贬之人来看，谢灵运在宦海风波中失势，被贬到楠溪江做永嘉太守，也将中原文化"重思辨、尚义礼，而轻古训、黩章句"的风格带往楠溪江。王羲之、颜延之等俊杰也分别做过永嘉太守。

第二次移民大潮是唐代中叶至唐末，由于安史之乱引起了北方民族南迁，前后持续了一个半世纪。移民集中居住的地区主要是苏、皖二省及江西的部分地区。由于北方人口的大量迁入和相对和平的环境，南方经济迅速发展，导致经济重心的南移。在安徽，大规模移民在唐末和五代达到高峰，不仅改变了徽州人口的数量结构，而且带来了中原地区巨大的财富、广博的文化、显赫的地位和精湛的技艺。

第三次中原汉民族南迁的移民高潮是两宋之际，这次南迁又持续了一个半世纪，移民总人数约500万，大量难民流散到相对安定的岭南。由于移民多来自江南，而此时中国经济文化重心已转移到江南，加之江南文化比中原文化更接近岭南，江南移民也更了解和更容易适应岭南的自然和社会文化环境。因此，这次移民高潮不仅人数多、规模大，而且影响最为直接和深远。尤其南宋末年的移民，往往是集体迁移，聚族而居，形成一股股强大的地方势力。这些移民有的先入为主，有的反客为主，与原居地人或早期移民长期接触，进行语言和其他文化交流，许多雄伟壮丽的福建土楼村寨正是因此应运而生。

以上迁徙均是由于北方少数民族入主中原而引起的汉族人口大举南迁，许多古村落均是世家大族后裔的聚居地。民族迁徙带来了中原先进的文化观念，使当地的文化素质、建筑技艺和民俗民风都发生了很大变化。

二、古村落的鉴赏

（一）村落的营建

村落营建的主要依据是风水环境（图4－26），其建造程序大体是这样的：

第一步，审视大的自然环境，通过相天法地，综合安全防御、环境优美、生活方

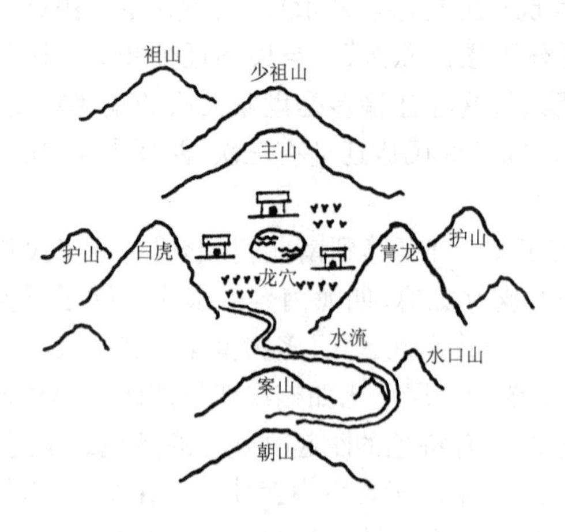

图 4－26　古村落风水环境图

便等因素，确定村落的位置和轮廓，设立寨门和防御用的寨墙、高碉等位置。有时，为了风水和使用的需要也会先修筑一些构筑物。如江西婺源的延村，村南的案山是火把山，为风水所忌，故定村落形状的时候先挖了一口镇宅井，以趋吉避凶。

第二步，水系是农业社会的第一命脉，水口是一个村庄水系的总出入口，也是一村一族盛衰荣辱的象征。古人重视一个村落的水口选择和经营，认为水口聚集着整个村庄的风水，一般都要在水口建桥梁、立寺庙，种植大量的树木，并由水口确定水系的流向，道路沿水渠而建，从而划分了村落的基本骨架。

第三步，明确重要建筑的位置，以其为参照物逐步建造各家宅院，历代添建，深入形成村落的肌理。宗祠就有所谓"自古立于大宗子之处，族人阳宇四面围立"的概括。在楠溪江的古村落，无论是苍坡、芙蓉，还是花坛、廊下，大宗祠均位于村口显著位置，四周是年代久远、形质大气的居住建筑。大夫第、进士第、书院、各房宗祠也是比较重要的建筑，在村落中均形成了标志性的记载符号。山西丁村民宅群，呈东北、西南向分布，分北院、中院、南院和西院四大组。由于宗族支系的繁衍发展反映在院群坐落上的时代差异特别明显。这四大群组以村中心明代建筑观音堂为领首，以丁字小街为经纬，分落于北、南、西三方。北京近郊爨底下村由于全村系一个大家族，家族中位尊的一支占据南北中轴线。其中主事的一户建筑由三个独立的院子构成一个大四合院，正房在全村地势最高，居中轴线最北端，可以俯视全村，成为权势的象征。其余民居在其两侧依山而建，呈扇面状向下延伸，长幼分明、井然有序。

除了对吉地进行强化处理外，对不吉的风水需要弱化，因此需要营建具有风水意义的建筑或构筑物，主要包括：寺庙、风水林、风水树、塔和桥等，其作用各不相同。浙江武义郭洞的何氏先祖，充分调动和利用了自然资源，塔、桥、亭、阁、牌坊和寺宇等建筑都经过精心设计。当年，何氏先祖何元启略晓阴阳风水，他在察看了整个村庄的地理形态后，认为村的东、西、南三面环山，且山势都较高，唯北面山势略低，不利于聚气藏风。因此，他在鳌形山体上建造了鳌峰塔，以镇风水，达到聚气藏风的目的。从客观上讲，这实际为郭洞平添了一处人文景观，宝塔小巧玲珑，高高矗立在鳌峰山巅，远远望去如天外来客，充满灵气，登塔俯瞰，则群峦叠嶂、阡陌交错、竹幽树苍、烟云缭绕，一派人间仙界。

（二）村落的布局

1. 重在生活

古村落的布局不悖逆自然，但也不是消极地受自然山水的摆布，因地制宜，灵活布局是其特点。明计成在《园冶》中说："高方欲此亭台，低凹可开池沼。"古村落对自然环境的利用恰对应了这种做法。如通常的挖池塘不是立足于地势的平坦，而是强调高低不平。较高的地方筑屋，空出水面来养鱼、鸭。至于引水完全是自然界中的溪、泉、瀑、湖。开凿的目的既为生活和灌溉用水，也为排洪泄涝、防火之用。无论是安徽宏村的月塘，还是浙江兰溪的诸葛村及楠溪江永嘉的丽水湖，莫不如此。而水口山上遍植风水林，既美化了环境又阻挡了风沙，改善了村内的小气候，防御了北风对人畜的伤害。

2. 便于防御

除了修筑寨墙、增设眺望之用的构筑物和高墙深院加强防卫外，在纷争的年代古村落建设必须以进可攻、退可守、洪涝不受淹的战略眼光进行同心协力的防御建设。水口对古村落来讲就是生存的命脉，保护水口就是保护了族人生存的生命线。例如，浙江武义郭洞水口有一个特殊的地方，那就是它利用独特的地形，沿回龙桥向西延伸修筑了一段城墙，并设有东西两个城门。城墙高约5米，全用鹅卵石砌筑而成，巍峨高大，横贯东西，成为抵御外敌的重要屏障。

四川丹巴县梭坡乡的高碉是另一种防御形式，古碉堡高耸入云，神秘而又古老，它的出现主要与战争防御有关。建于村寨要道旁、交通要隘等地的称"军事防御碉"；专门为土司守备而修的曰"官寨碉"；村寨中心，用于镇魔的八角碉叫"风水碉"；最常见的还有家碉、寨碉。高碉居高临下，俯视敌人，以逸待劳，伺机行动。

（三）寓意寄托

人们对自己居住的环境在满足生产、生活之余还要发展，这就促成了人们对环境寄托某种希望，追求某种目标的心理。形胜思想通过对山川大势的论述和阐发，投射出村落在选址中追求崇高精神境界的重要特色，将山川形貌与人的功利性和审美性相结合，也就是说人不仅可以选择宜于居住的环境，而且还善于将自然环境中的要素——石头、树木、水体等加以提炼，转化为有钟灵毓秀意义的比喻物。从居家到村落，进而更遥远的自然环境，使居住地具有精神上的象征功能，无论是公共建筑宗祠、书院、奎楼的兴建，还是私人住宅的建设均显示了人化自然的特点。村民易于认同具有象征化形象的环境。潜在的地形和原有的自然环境往往人为地附以寓意，它包含了道德教化、信仰追求的文化特征，带给人们希冀、安全和满足感。这从许多村镇的形象足窥一斑：浙江永嘉苍坡村的文房四宝寓意"文笔蘸墨"（图4-27）；而芙蓉村的七星八斗则表示"魁星点斗，人才辈出"；安徽黟县宏村的卧牛包含了"水系蓝图"的概念；江西婺源延村的木排形街道含义"一帆风顺"；浙江武

图 4－27　苍坡村平面图
(引自周维权《中国古典园林史》)

义俞源村的太极星象图,显然是“阴阳五行”的外化形式等。

三、典型案例

宏村

宏村位于安徽黟县县城东北,距县城10公里。这里川媚山秀,气候宜人,湖光山色,独领神韵。因地势较高,常常云蒸霞蔚,时而如泼墨重彩,时而如淡抹写意,恰似巨画长卷,融自然景观与人文景观于一体,故被艺术家赞誉为“中国画里的乡村”。同时,宏村还以缜密的牛形水系被誉为“世界第一村”。

宏村始建于南宋,距今已有800余年历史,为汪姓聚族而居之地。宏村四周,古木蓊郁,尤以村头红杨、银杏最引人注目。银杏树高20米,树围3.2米;红杨树高21米,树围6米,树冠覆盖面积达700余平方米,是村人夏日消暑聚会的最佳场所。两棵古树的树龄,均有400余年。

12世纪初,宏村汪氏祖先定居于雷岗山下,起名宏村,初期仅有13间屋。当时宏村一带“幽谷茂林,蹊径茅塞”,但精通风水之术的汪氏祖先,认定这是块“风水宝地”,便在这块蛮荒之地艰苦开拓,谋求生存。

由于当时生存的客观环境差,加上不断遭受火灾,使得汪氏宗族发展极其缓慢。

到了15世纪,笃信风水的汪氏祖先感悟到,他们宗族之所以不够兴旺,祖辈不断遭受火灾,原因是他们没有充分了解和利用好这块风水宝地。为此,他们三次聘请号称国师的阴阳风水先生何可达来宏村察看地势。

何可达在宏村走遍了远近山川,反复详细地审察了山脉、河流的走向与形势,前后用了10年时间,最后认定宏村的地理风水形势是一卧牛形,并按照牛形,以泉眼为中心着手进行村落的总体规划(图4－28)。

明永乐年间,任山西粮运主簿的汪辛,资助家乡建设牛形村落工程款白银一万两。他们先将村中一天然泉水扩掘成半月形的月塘,作为“牛胃”;然后,开凿一道400余米长的水圳,作为“牛肠”。“牛肠”从村西河中引西流之水,南转东出,形成九曲十八弯,并贯穿“牛胃”。

此后,又在村西虞山溪上,架起4座木桥作为“牛脚”。这样,便形成了“山为牛头,树为角,屋为牛身,桥为脚”的牛形村落。高处俯瞰,整个村落就如一头悠闲斜卧在山前溪边的青牛。

也许是地理风水那种超自然的、强大的威慑力量，也许是这种水系设计让人们实实在在地感受到了好处，从此，汪氏后代的宅居，全都围绕着这“牛肠”和“牛胃”来建造，年复一年，房屋不断增加，使得原先瘦小的“牛身”不断壮大，从而将“牛肠”“牛胃”紧紧地裹在“牛肚子”中间。

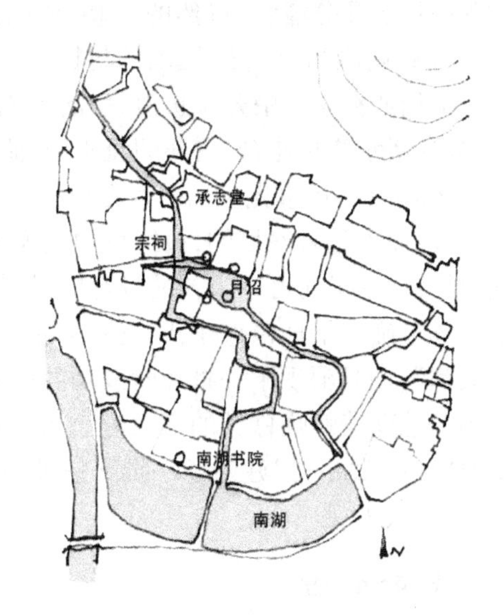

图 4－28　宏村平面图

然而，随着时间的推移，人们发现，作为反刍动物的牛，应该不止一个胃，而且后来的风水先生认为，从风水学角度来看，月塘作为“内阳水”，还需与一“外阳水”相合，村庄才能真正发达。于是，在明朝万历年间，汪氏宗族再次在风水先生的指点下，将本村南百亩良田开掘成南湖，作为另一个“牛胃”（图 4－29）。至此，整整经历了 180 余年，宏村“牛形村落”设计与建筑才算大功告成。

图 4－29　宏村南湖

“牛形村落”别出心裁的水系设计，不仅为宏村解决了消防用水，而且调节了气温，为居民生产、生活用水提供了方便，创造了一种“浣汲未防溪路远，家家门前有清泉”的良好环境。“牛肠”似乎是中国古代的“自来水”，当初村民饮用、浣洗都在“牛肠”里。汪氏祖辈定下规矩，每天早上 8 点以前，“牛肠”之水为饮用之水，过了 8 点，村人方可在“牛肠”里浣洗。只是后来村中挖了水井，村人改饮井水，而“牛肠”也就成了专门浣洗的场所。

“牛形村落”科学的水系设计，还有一个优点，就是极大地美化了环境。这不仅因为那终年清澈、潺潺流淌的“牛肠”和如同月下飞天镜般的“牛胃”，本身给古朴的村落平添了几分清丽、自然的美感，还因为水是人类生存环境中的必备条件，居住在“牛肠”两侧和“牛胃”周围的村民们，充分利用了这一必备条件，改造了生存环境。他们或在家庭中开掘鱼池，引活水流入鱼池之中，茶余饭后，凭栏观鱼，悠然自得；或让活水绕过花台，看花间流水，平添无限诗意。

500年前，风水先生何可达在设计“牛形村落”布局时，改造生存环境仅仅是一种手段，而不是最终目的，最终目的是为了汪氏后代的繁荣昌盛。而汪氏宗族的发展，是否达到了何可达当初的设计效果，却难以精确回答。不过宏村的汪氏宗族后来整体上确实是日趋兴旺，明清时期便已是“栋宇鳞次，烟火千家”，成为黟县“森然一大都”，而且涌现了一批经营成功的商人和仕途通达的官宦。诸如，公元1922年任国务总理兼财政总长的汪大燮、清末盐商汪定贵等。这些成功的商人、官宦，围绕着“牛肠”“牛胃”建造了一批又一批精美的住宅，使宏村这一奇特的“牛形村落”更趋生动、美观。

本章小结

民居建筑是随着中国古代建筑的产生、发展一同演变的。

近百年来民间建造住屋仍多沿用传统方法，由于所在地区不同的气候、地形地貌等自然因素和民族、社会、经济等人文因素，显示出异彩纷呈、独具特色的外观。

古村落的形成和民族迁徙相关，其主要动机是逃避战乱、纠纷或求隐居，它在建筑环境、布局、村落选址上与独特的民俗、民风和生活方式具有密切的联系。

思考与练习

1. 民居的分类主要有哪些？
2. 北京四合院有什么特点？
3. 古村落是如何形成的？
4. 村落在选址上有什么讲究？
5. 在古村落的游览中经常会听说村前有座笔架山，请解释这种现象。

第5章

其他建筑

本章导读

中国古塔、古楼阁、长城、古桥、古堰河等是中国古代建筑的重要组成部分,由于宗教、地方特色、功能作用、使用材料等方面的特殊性,使得中国古代塔、楼阁、长城、桥、堰河在我国古代建筑中具有很高的研究价值。虽然古桥和古堰河一般不被列入以往的建筑教材中,但由于本书知识性与适用性等特点,故将桥和堰河这两种工程建筑一并收入其他建筑中。

第一节　古　塔

塔,最初是埋葬佛教创始人释迦牟尼舍利的建筑物。早期汉译为“窣堵波”,于东汉随佛教传入我国。

一、古塔的起源与发展

从历史文献记载和我国现存古塔、古塔遗址的调查分析得知,塔的发展大体可分为三个阶段:

第一阶段,从东汉到唐初,是印度窣堵波开始与我国传统建筑形式相互结合,并不断磨合的阶段。

佛教初入中国时,人们对佛、舍利、窣堵波、佛像等印度佛教名物是十分陌生的。佛教的教义与中国固有的王权思想、儒家学说、宗教信仰等存在分歧、冲突。为了力争以人们习惯或熟悉的思维及行为方式来扩大自己的影响,佛教不得不采取调和的立场。在这种情况下,来自印度的半圆形窣堵波自然就不可能保持其原有形态,势必要在迎合中国传统建筑风格的前提下改变其本来面目,由此形成了中国最早期的佛塔。

从东汉开始,高台建筑逐渐为木构高楼所替代。秦汉时期的帝王、贵族普遍热衷于求仙望气、承露接引等事,木构高楼不仅是当时最显高贵的建筑,同时也是颇具神秘性的建筑,把窣堵波“嫁接”其上,是一种非常有利于佛教传播的明智之举。

这种由构架式楼阁与窣堵波结合而成的方形木塔，自东汉问世以来，历魏、晋、南北朝数百年而不衰，成为这一时期佛塔的经典样式(图5-1)。对此，《魏书·释老志》说得很明确："凡宫塔制度，犹依天竺旧状而重构之，从一级至三、五、七、九级。世人相承，谓之'浮屠'，或云'佛屠'。"很显然，"天竺旧状"指的就是来自印度的窣堵波，而"重构之"就是多层木楼阁。

图5-1　北魏楼阁式方形木塔
(引自刘敦桢《中国古代建筑史》)

第二阶段，从唐朝至两宋、辽、金，是我国古塔发展的高峰时期。

唐、两宋时期塔的建造达到了空前繁荣的程度。塔的总体数量较前代大增，建塔的材料也更为丰富，除了木材和砖、石以外，还使用了铜、铁、琉璃等材质。楼阁式、密檐式及亭阁式塔的发展达到高峰，同时出现了花塔和宝箧印经塔等新的形式。这一时期，是从以木塔转向砖石塔的最后阶段，由于材料的改变，使建筑造型与技术也相应有所变化。其中最重要的一点，是塔的平面从四方形逐渐演变为六角形和八角形。

根据文献记载和实物考察得知，早期的木塔平面大多是四方形，这种平面来源于楼阁的平面。隋唐及其以前的砖石塔，虽然有少量的六角形、八角形平面，甚至还有嵩岳寺塔十二边形的特例(图5-2)，然而就现存的唐塔看，大多还是方形平面(图5-3)。但入宋以后，六角形、八角形塔很快就取代了方形塔。塔的这种平面变

嵩岳寺塔建于北魏正光元年(520年)，为密檐式砖塔，是我国现存最古老的砖塔。塔为十二边形，高41米。全塔呈黄色，塔身上段8个面上各砌出壁龛，刻作壶门与狮子装饰，龛门之间的转角上砌出角柱，塔檐之间每面都有小窗。塔刹是石头做的，刹是巨大的仰莲瓣组成的须弥座，上面承担着七重相轮组成的刹身，刹顶冠以巨大的宝珠。塔内的结构为空洞式，直通塔顶。塔的外形呈抛物线状，既巍峨挺拔，又婉转柔和。

图5-2　北魏嵩岳寺塔

大雁塔是我国现存最早的大型楼阁式砖塔。唐永徽三年(652年),在长安城建慈恩寺,寺内建塔,俗称大雁塔,初建时只有5层,最上层为玄奘藏经之用,所以又称经塔。武则天时改建为10层,后来遭到兵火破坏,只剩下了7层留存到今天。塔平面方形,用砖砌成,7层高64米,塔内空筒结构,外形层层收分很大,形成非常稳定的风格。

图5-3 唐代大雁塔

化,主要是由于抗震和使用的需要以及材料的变化造成的。在长期的实践中,人们发现塔的锐角部分在地震时由于受力集中而容易损坏,而钝角或圆角部分则因受力均匀而不易震损。另外,方形木塔可以挑出平座①供人们凭栏远眺,但木塔改为砖石塔后,平座就不能挑出太远,于是塔的平面改为了六角形或八角形,这样不仅能有效地扩大视野,而且还有利于减杀风力。因此,出于使用和坚固两方面考虑,自然要改变塔的平面。

由于社会风习的变化,唐代与宋、辽、金时期的古塔,在审美特征上也有了明显的差异。唐时修塔一般不尚装饰,唐人追求的主要是简练而明确的线条、稳定而端庄的轮廓、亲切而和谐的节奏。唐塔所表现出来的是唐人豪放的个性和气度,而宋人却是刻意追求细腻纤秀、精雕细琢、柔和清丽。所以宋塔的艺术便在装饰、表现、外在的方面开拓了新的境界,极力渲染其令人目眩的轮廓变化和颇有俗艳之嫌的形式美。至于辽和金,则是在唐风宋韵的混合之中,谱写了中国古塔黄金时代里的又一辉煌篇章。宗教内在的感召力,是造塔者极力要表现的唯一主题。

第三阶段,从元代经明代到清代,是我国古塔建设渐趋衰落的阶段。

元代以后,塔的材料和结构技术再无更高的突破,只是在形式上有了一些新的发展。最为明显的是,随着喇嘛教的传播,瓶形的喇嘛塔进入了中国佛塔的行列。这种带有强烈异域风格的塔,长期保持了庄重硕壮而又匀称丰满的造型,其主要的变化体现在塔刹(即十三天)比例的变更,从元代的尖锥形,发展为后来的直筒形。明代以后,仿照印度佛陀伽耶金刚宝座塔形式而来的金刚宝座式塔又和喇嘛塔一

① 外廊阳台,使人可以走出塔身居高眺远。

起，推动中国古塔的建造出现了一次回光返照般的高潮。然而，从整体来看，元以后，塔的数量已经大大减少，佛塔的建造处在不断衰落之中，而各种与佛教关系不大的文风塔、风水塔却大量涌现，但除个别精品之外，大多粗制滥造，几乎没有审美价值可言。

二、古塔的鉴赏

（一）古塔的组成部分

我国的古塔虽然种类繁多，它们的建筑材料和构筑方法也不尽相同，但塔的基本结构却是一样的。我国的塔一般由以下几个部分构成：

1. 地宫

地宫也称为“龙宫”“龙窟”，是用砖石砌成的地下室，为宫殿、坛庙、楼阁等建筑所没有。据考察，印度的舍利并不是深埋地下，只是藏于塔内。而传到中国之后，与传统的深藏制度结合起来，便产生了地宫这种形式。凡是建塔，首先要在地下修建一个地宫，以埋藏舍利和陪葬器物，这与中国帝王陵寝的地宫相似。塔的地宫内所安放的主要是石函。石函匣或小型棺椁层层相套，其内安放舍利。此外，地宫内还陪葬有各种器物、经书、佛像等。

2. 塔基

塔基是整个塔的下部基础，覆盖在地宫上。很多塔从塔内第一层正中即可探到地宫。

早期的塔基一般都比较低矮，只有几十厘米。例如现存两座唐代以前的塔——北魏嵩岳寺塔和隋代历城四门塔的塔基。到唐代，为了使塔更加高耸突出，在塔下又建了高大的基台，明显地分成基台与基座两部分。例如西安唐代的小雁塔、大雁塔等，以及亭阁式塔中的山西泛舟禅师塔、济南历城神通寺龙虎塔等。辽、金的基座，大都做成“须弥座”形式，装饰繁复，成为全塔的重要组成部分。后来，其他类型塔的基座也越来越往高大、华丽的方向发展。喇嘛塔的基座体量占了全塔的大部分，高度占到总高的1/3左右。金刚宝座塔根本就是大基座与小塔的强烈对比。过街塔的座子也较上面的塔高大得多。

塔基座部分的发展与中国古建筑传统一贯重视台基的作用有着密切的关系。它不仅保证了上层建筑物的坚固稳定，而且也起到庄严雄伟的艺术效果。

3. 塔身

塔身是古塔结构的主体。由于塔的建筑类型不同，塔身的形式也各异，塔身的形制是塔分类的主要依据（图5－4）。

塔身内部的结构情况，主要有实心和空心两种。实心塔的内部，用砖石或夯土全部满铺、满砌，有的用木骨填入，以增加塔的整体连接或挑出部分的承载力量，结构比较简单；空心塔一般来说是可以登临的塔，塔身比较复杂，建筑工艺的要求也

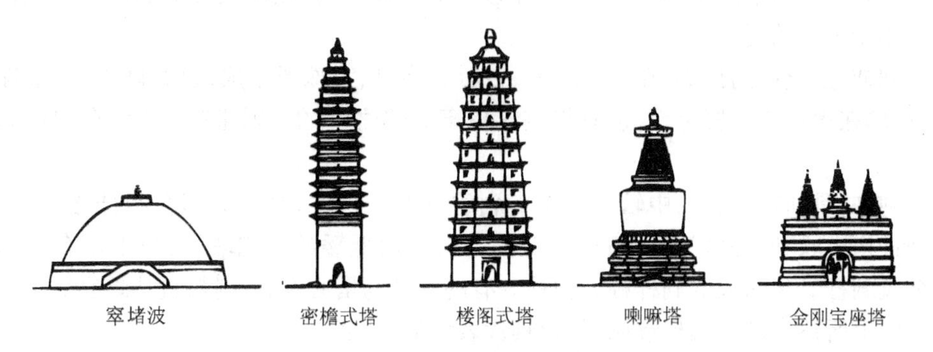

图5-4 不同类型的塔身

比较高。

此外，覆钵[①]式塔，即喇嘛塔的塔身，状似瓶形。明、清以后，建筑师们又在塔肚正中增设了焰光门，形如小龛。

在我国现存的古塔中，还有一些形制特别的塔身，有的在覆钵上加上多层楼阁，有的是楼阁、覆钵、亭阁相结合，还有的塔身状如笔形、球形、圆筒形，等等，形态多样。

4. 塔刹

塔刹，俗称塔顶，即安设在塔身上的顶子。就塔刹的结构而言，其本身就是一座完整的古塔，由刹座、刹身、刹顶、刹杆等部分组成。人们把塔刹的"刹"也作为佛寺的别称，可见其重要和代表性(图5-5)。

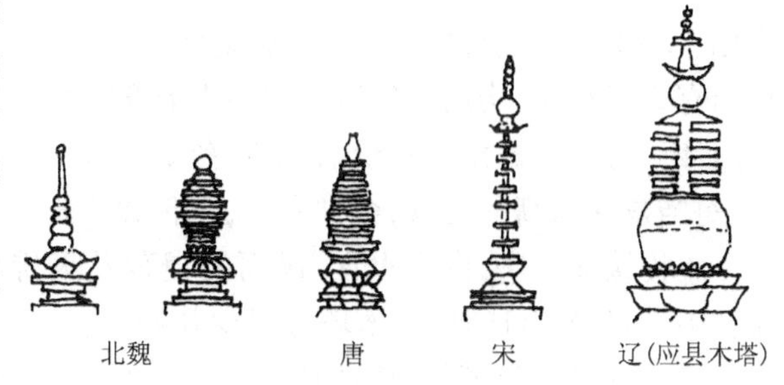

图5-5 塔刹示例

刹座，是刹的基础，覆压在塔顶上，压着椽子、望板、角梁后尾和瓦垄，并包砌刹杆。刹座大多砌为须弥座或仰莲座、忍冬花叶形座，也有砌成素平台座的，以承托刹身。在有的刹座中，还设有类似地宫的窟穴，被称为刹穴。刹穴可以供奉舍利，可以存放经书和其他供器。

相轮，刹身的主要形象特征，是套贯在刹杆上的圆环，也有称为金盘、承露盘的，是作为塔的一种仰望的标志，具有敬佛、礼佛的作用，一般大塔的相轮较多而

① 覆：翻，颠倒、倾覆。钵：僧徒食器——钵多罗（梵文的译音）。

大。喇嘛塔大多采用13个相轮,因此称为“十三天”。在相轮上置华盖,也称宝盖,作为相轮刹身的冠饰。

刹顶,是全塔的顶尖,在宝盖之上,一般为仰月、宝珠所组成,也有做火焰、宝珠的,有的在火焰之上置宝珠,也有将宝珠置于火焰之中的。因避“火”字,有的称为“水烟”。

刹杆,是通贯塔刹的中轴。金属塔刹的各部分构件,全都穿套在刹杆之上,全靠刹杆来串联和支固塔刹的各个部分。即便是较低矮的砖制塔刹,当中也有木制或金属刹杆。长而大的刹杆称为刹柱。有的刹柱与塔心互相连贯,直达地宫之上。

以上所述塔刹的结构形制,是较具代表性的。

(二)古塔的主要类型

在我国塔的种类很多,分类的方法也不少。从形态上分,主要有楼阁式塔、亭阁式塔、密檐式塔、花塔、覆钵式塔、宝箧印经塔、金刚宝座式塔等。

1.楼阁式塔

楼阁式塔,在我国古塔中历史最为悠久,体形最为高大,保存数量也最多,因为这种形式的塔,来源于我国传统建筑中的楼阁,故名楼阁式塔。楼阁,是中国古代建筑中气势最雄伟高大的一种建筑类型。在佛教传入我国之前就已经有了多层的高大楼阁。据《洛阳伽蓝记》载:永宁寺中,有九层木构高塔一座,高“九十丈”,塔身之上还有塔刹,又高“十丈”,总计高出地面“一千尺”,从京师洛阳百里以外就可以看见。塔刹上有金宝瓶,一个承露金盘三十重,还有铁链4条。塔身有四面,每层每面有3门6窗,均用以朱漆。门扇上有9行金钉,计5400枚。门上又有金制的兽面门环。每层的檐角下和金盘周围、铁链上下,都悬挂着金钟。塔上共有金钟120个,每当夜深风高的时候,金钟齐鸣,声传数十里。

木构楼阁式塔,由于火灾、风雨的侵袭及灭佛事件等原因多已被毁,现仅存辽代(907—1125年)的应县木塔等很少几处。

隋、唐以后,建塔材料转向砖石,出现了以砖石仿木构的楼阁式塔。其特征是:

(1)每层之间的距离较大,相当于楼阁一层的高度;

(2)塔身以砖石做出与木构楼阁相同的门窗、柱子、额枋、斗拱等部分;

(3)塔檐仿木结构塔檐,有挑檐檩枋、椽子、飞头、瓦垄等部分;

(4)砖木混合的楼阁式塔,出檐更为深远,平座、栏杆等均与木构一样,从砖体塔身内挑出;

(5)塔内有楼层供登临眺望,有楼梯供人上下;

(6)楼层一般与塔身的层数一致,有暗层的塔内部楼层比塔身外观层数要多。这是与密檐式塔区别的特征,后者正好相反,外部檐多而内部楼层少。

我国早期楼阁式塔的实物虽已不存,但仍可从丰富的壁画、石刻中找到形象的实物。例如:敦煌石窟、云冈石窟、龙门石窟等处都有许多北魏、隋、唐时期的楼阁式塔的图像、绘画与雕刻。云冈石窟中第1、第21窟的塔柱，形象逼真，可以说是北魏时期楼阁式塔的缩影。

唐代以后的楼阁式塔，由于采用砖石砌筑，留存的实物就非常丰富了。例如：长安大雁塔、苏州虎丘塔、杭州六和塔、广州六榕寺花塔、泉州开元寺双石塔、定州料敌塔、银川海宝塔等，数量很多。

2. 亭阁式塔

亭阁式塔在中国起源也很早，也叫单层塔，几乎与楼阁式塔同时出现。平民百姓出资修建的佛塔和高僧墓塔，多采用这种形式，是古塔中较多的一类。它们的特点是：

塔身呈亭子状，外观多为方形、六角形、八角形或圆形等。

多为单层，有的在顶上加建一个小阁。

塔身内设龛，安置佛像或墓主人的塑像。

亭阁式塔现存实物大多是砖石结构，具代表性的有：山东历城四门塔、长清灵岩寺慧崇塔、山西五台佛光寺祖师塔(图5－6)、运城泛舟禅师塔等。早期的木构亭阁式塔已很少保存。敦煌石窟前的一座木构亭阁式塔为宋代建筑，是一个珍贵的范例。自宋代，由于花塔以及覆钵式喇嘛塔的兴起，亭阁式塔逐渐衰落，和尚坟大多采用了喇嘛塔的形式。

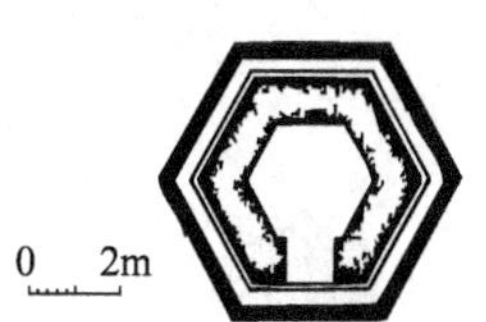

图5－6 五台山佛光寺祖师塔

3. 密檐式塔

密檐式塔是古塔中较为高大的一种，高度、体量均与楼阁式塔差不多，但是其外檐层数最多，在古塔中占有重要的地位。其特征是：

第一层塔身比例特别大，是全塔的重点，佛教内容、建筑艺术都集中表现在这里，装饰雕刻比较华丽。

第一层塔身以上，各层檐子之间的塔身，没有门窗、柱子等楼阁结构，有的虽开有小窗，但也仅是为了采光通气。

大部分不能登临眺览。

从密檐式塔的发展历史来看，辽、金以后，我国北方建造的密檐式塔较多，而南方仍以楼阁式塔为主。我国现存著名的密檐式塔有北京天宁寺塔、河北昌黎源影塔、辽宁北镇崇兴寺双塔等。

4. 花塔

花塔的主要特征，是在塔身的上半部装饰着各种繁复的花饰，看上去好像一个巨大的花束，因此被称为花塔。装饰的内容由简到繁，各呈异彩。有巨大的花瓣、有密布的佛龛，有的则雕饰或塑制出各种佛像、菩萨、天王、力士、神人，以及狮、象、龙、鱼等动物形象和其他装饰。有些花塔原来还涂有各种色彩，富丽堂皇，不愧花塔的称号。

花塔塔形的来源可能有两方面：一方面，中国的古塔从原来的朴质向华丽发展，从可供登临眺览的实用性向纯粹象征信仰的观瞻性方向发展，从宗教的角度说，更增添了佛的神秘感。另一方面，受印度、东南亚一些佛教国家寺塔雕刻装饰的影响。其结果，原有的一些实用价值成分失掉了，成了纯粹的艺术品。

从现存花塔实物中考察，早期的花塔是从装饰单层亭阁式塔的顶部和楼阁式、密檐式塔的塔身发展而成的。山西五台山佛光寺的唐代解脱禅师墓塔，顶上装饰重叠的大型莲瓣，可说是开了先河，但其装饰程度还是比较简单朴实的。到了宋、辽、金时期，才算真正形成了花塔这种类型。现在保存的花塔实物不多，可能是由于当时建造的就少。据调查，全国现存花塔也不过十余处而已。

花塔仅盛行于宋、辽、金200年左右的时间，到元代以后便逐渐濒于绝迹。

5. 覆钵式塔（喇嘛塔）

印度窣堵波传入我国之后，和我国的楼阁、亭子等结合，创造出中国式的塔，其原来的形象反而被溶蚀掉了。到了元代，窣堵波才又从尼泊尔传入内地，大事兴建，成了古塔中数量较多的一种类型。因为喇嘛教建塔常用这种形式，所以又称为喇嘛塔、藏式塔。

覆钵式塔的特征非常明显，其塔身部分是一个半圆形的覆钵。覆钵之上设置高大的塔刹；覆钵之下，建一个庞大的须弥座承托。半圆形覆钵基本上保存了坟冢的形式。

我国现存年代最早的一座大型喇嘛塔，是北京的妙应寺白塔（1271—1279年），为元世祖忽必烈敕令尼泊尔匠师阿尼哥所设计并主持修建的，是元皇室进行宗教活动和百官习仪的场所和蒙汉佛经以及其他书籍的印译之处（图5－7）。

图5－7 妙应寺白塔

6. 金刚宝座式塔

金刚宝座塔属于佛教密宗的塔，主供五方佛。从现存的实物看，金刚宝座塔在我国大多是明朝以后修建的，但其形象早在南北朝时期就已经出现了。北朝绘制的敦煌壁画、山西朔州崇福寺内保存的北魏兴安元年（452年）刻制的小石塔等，均明显表现了金刚宝座塔的形式。

五台山南禅寺大殿内的石刻小型楼阁式塔,高仅51厘米。从塔的形制看,大约与大殿同为中唐时期的作品。塔为四方形楼阁式,下面刻做一个四方形台子。台子的四角各刻圆形亭屋一个,与主塔构成五塔的形式。这种小圆亭屋,是表示僧侣们禅修的建筑,有坐化其内之意,可作为塔来解释。因此,也具有金刚宝座五塔的形式。

现存金刚宝座式塔的实物不多,全国大约只有十余处。著名的有北京真觉寺金刚宝座塔、云南昆明官渡妙湛寺金刚宝座塔、湖北襄樊广德寺多宝佛塔、山西五台圆照寺金刚宝座塔、甘肃张掖金刚宝座塔、北京碧云寺金刚宝座塔、内蒙古呼和浩特慈灯寺金刚宝座舍利塔,等等。

7. 宝箧印经塔

宝箧印经塔是一种特殊形式的塔。五代时期吴越王钱俶,仿照印度阿育王建造八万四千塔的故事①,制作了84 000座小塔,作为藏经之用。因其形状好似一个宝箧,内藏印经,故称宝箧印经塔,又叫阿育王塔(图5-8)。又因其大都为金属铸制,外涂以金,故又称金涂塔。这种塔的形式,不仅在中国发掘出不少,而且远传日本。

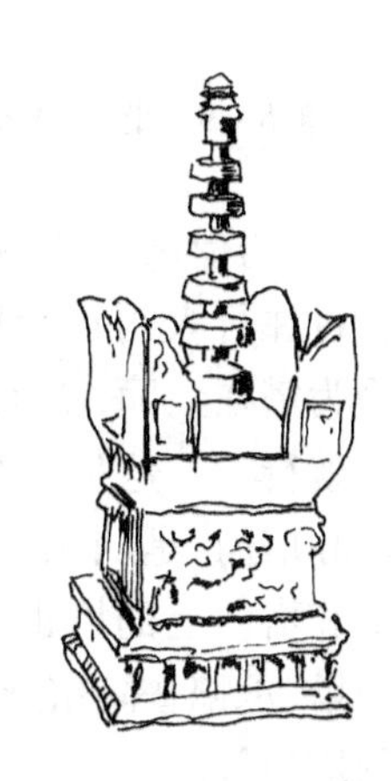

图5-8 宁波阿育王寺木雕舍利小塔

宝箧印经式塔原来是楼阁式塔、亭阁式塔塔刹的形式。例如云冈石窟中北魏时期的石刻塔,济南历城四门塔的顶子,就是这种样子。唐、宋时期取了塔刹部分作为寺庙或塔基地宫内储放舍利之用。在宋、元以后,一些寺庙中又修建了在露天的石塔,但其尺度也较小,并有所发展。例如,浙江普陀山普济寺的多宝塔,发展成三重塔。北京西山灵光寺和尚塔,也采用了这种形式,并对塔座部分作了改进。

现存这种塔型的实物,分作小型和大型两种:小型的为寺庙中储存舍利,或埋于塔下地宫内储存舍利之用;大型的大多在寺庙院内,例如,广州光孝寺、潮州开元寺等寺院中,尚保存了不少。

8. 过街塔和塔门

过街塔,顾名思义,是建于街道中或大路上的塔。塔门与过街塔基本相同,把塔的下部修成闸洞的形式。塔门一般只容行人经过,不行车马。

过街塔的建筑造型,也是与我国古代建筑中的城关式建筑相结合而创造出来

---

① 古印度摩揭陀国孔雀王朝的国王阿育王(公元前268—公元前232年在位)立佛教为国教,下令在他统治的84 000个小邦国中,都要建立寺塔,这就是历史上盛赞的"阿育王八万四千宝塔"。

图 5－9　北京居庸关过街塔

的，因此曾经有不少人把这种塔称为“关”。例如北京居庸关的云台，本是一个过街塔的塔座，后因塔废座存，人们便把塔座说成是居庸关[①]了（图 5－9）。江苏镇江的过街塔，在几百年前就有人把它称作“昭关”，并且还作为塔的名字刻在门洞上。

在佛教宣传上，过街塔可以算得上是一大发明。它把过去佛教宣传的礼佛念经要费尽很大心力的苦修、苦练、苦拜的教条完全解放，而给信佛、礼佛的人大开方便之门。《修塔记》上就这样说，修建这样的塔就是让过往行人得以顶戴礼佛，凡是从塔下经过的人，就算向佛行一次顶礼了。这是因为塔在上面，佛也就在上面。这对佛教徒来说，不用进庙焚香跪拜，只从塔下走过就行了。这是多么方便的信佛行为啊！

过街塔和塔门，是从元代才开始出现的。由于元朝大兴喇嘛教，大建喇嘛塔，所以过街塔和塔门上的塔也大多是喇嘛塔。现存的过街塔不多，典型的有镇江的云台山过街塔、承德普陀宗乘之庙与普宁寺大乘之阁的塔门、北京颐和园后山香岩宗印之阁的塔门等。

由于我国地域广阔、民族众多，在古塔发展的历程中，除上述八种主要类型外，各地又创造了多种形式的古塔。例如，山东历城的九顶塔、神通寺的阙式塔、辽宁义县万佛堂的圆筒塔等。此外，还有钟形塔、球形塔、笔形塔、经幢式塔以及高台列塔等。在我国还有把几种形式的塔结合在一起构成的古塔，如北京云居寺北塔、天津蓟县观音寺白塔、甘肃兰州白塔山白塔、山西五台山显通寺铜塔等。

（三）古塔的基本功能

古塔原本是埋藏佛舍利的建筑，以后发展为埋藏高僧的遗骸，或者供奉佛像，后来又兼有瞭望、赏景的功能。同时，还有一些古塔纯粹是为了别的用途而修建的，没有一点儿佛教的意味。从我国古塔的历史和现状来看，其基本功能大体有以下五种：

1. 最原始、最基本、最主要功能：埋藏、保存、供奉舍利

佛祖释迦牟尼圆寂火化后得到了许多舍利，弟子们为了保存它们便创建了窣堵波——塔。在传播佛教教义的时候，除了利用佛经、佛像，最重要的手段就是建

① 注：原来在居庸关云台上有三座并列的喇嘛塔，元代诗人葛罗禄乃贤就曾有“三塔跨于通衢，车骑皆过其下者”的记载。

塔传教。塔中供奉着佛教最崇高的圣物——佛舍利,对塔的顶礼膜拜就是对佛的顶礼膜拜。由此可见,塔在佛教中的地位。

为了促进佛教的传播,公元前3世纪的古印度孔雀王朝的阿育王,曾经建造了84 000座塔,分别收存着释迦牟尼的舍利,并送往各地供奉。

随着佛教的广泛传播,人们不但建塔供奉释迦牟尼的舍利,就是高僧圆寂火化后的遗骸,也作为舍利建塔供奉。北京大觉寺的迦陵禅师塔、河南登封法王寺的净藏禅师塔、山西五台山佛光寺的祖师塔等,就是这样的舍利塔。

建塔埋藏、保存、供奉舍利的方法不但佛教使用,道教也借用了。道士墓塔数量不多,其形式和佛塔也没有什么差别,仅仅是照搬而已。

2. 军事功能:观察敌情

古时候没有气球、飞机,更没有卫星之类高空侦察工具,人们只好利用高突的自然物或修建敌楼、烽火台来观察敌情。然而高山、大树不是随处都有,敌楼、烽火台的建筑也不高,都不够理想。塔这种建筑物,不但高,而且可以作为隐蔽、住歇、观察敌情以至防御射击之所。因此,军事家们,其中有些也是佛教信徒,把它看中了。

河北定州的料敌塔就是以供奉舍利为名,而实则以观察敌情为目的修建起来的瞭望塔。这座塔修了50多年(1001—1055年)才完成。塔成之后,即取名为料敌塔,直言不讳,连舍利之名都省略了。为了更好地发挥观察敌情的作用,工匠们把塔的高度修到了当时工程技术所能达到的最高水平,总高84米有余,是我国现存最高的一座古塔。现在当人们登上塔顶,极目四望,冀中平原的山川形势尽收眼底,可见当初它的料敌效果是多么显著。另外,著名的应县木塔,实际也是辽军用来观察宋方军事情况的塔,只是塔名还称为释迦塔。

3. 游览功能:登高赏景

中国塔之所以出现游览用途,主要是与我国的楼阁相结合才产生的。我国的高层楼阁,本来就具有登高眺览的用途。按照楼阁形式修建的古塔,也具有同样功能。北魏灵太后胡氏在洛阳永宁寺塔完工之后不久,即于神龟二年(519年)八月,“幸永宁寺,躬登九层浮屠”。这说明在很早的时候,佛塔就具有登临眺览的用途。唐、宋以后,登塔游览之风更为盛行。西安大雁塔的“雁塔题名”,成了文人学士们追求向往的一桩美事。当时考中进士的学子,都要到大雁塔游览,登高极目,舒展胸怀,还要在塔下题名纪念,刻石长存。达官显宦、文人学士们也都喜欢登塔、题名,并把它当作一件荣耀的事情。盛唐时期的两位著名诗人白居易和刘禹锡在扬州相遇,携手同登栖灵寺的九级浮屠,并且各自留下了优美的诗篇。

为了更好地发挥登高眺览的作用,古代造塔工匠们运用其聪明智慧,对塔的结构作了许多改进。例如,把塔内的楼层、楼梯尽量修造得便于攀登和伫立,门窗开口尽量宽敞,特别是每个楼层,使用平座挑出塔身之外,形成周绕回廊,设立勾栏,人们可以走出塔身,在游廊上凭栏眺览城镇面貌、山川景色。

4. 交通功能:导航引渡

由于古塔大都是高耸挺立的建筑物,所以人们便把它作为导航引渡、指示津梁①的标志。在平川旷野之中,远远看见桥头的高塔,就知道从哪里可以过河,不致绕道。

在我国江河岸边、海湾港埠以及长桥古渡等地方,许多古塔成为重要的标志性建筑。福建福州马尾的罗星塔,在世界航海地图上,早已被列为重要航海标志之一;著名的杭州六和塔,正位于钱塘江转折处的江岸上,白天航行至此,远远即可知道快到江海转折处了;安徽安庆的迎江寺塔,屹立长江转折处,白天远远就可看到。塔身有灯龛数百,晚上燃点起来,照亮了滚滚长江,有"点燃八百灯龛火,指引千帆夜竞航"的诗句。

5. 景观功能:美化风景

赏景与造景是我国古塔的一项重要功能,自古有之。到了明、清时期,这种装点河山、美化风景的塔就直截了当地兴建,大量风水塔、文风塔、文星塔、文昌塔等不断出现,甚至连佛的名义也不借用了。

在陕西韩城县有一个文星塔,建于明代。明朝冷崇《创建文星塔记》对建塔的目的说得非常清楚。其中说道:自古以来那些优美的风景名胜区,虽然自然风景占了一半,而人为的加工也要占一半。杨公来我县为官,上任后就游览了韩城县的山川名胜,对韩城的风景非常喜爱。但是感到有所不足的是,东北方向的山峰还不够耸拔,于是与本县乡绅人士们商议,修建一座浮屠(风水塔)来弥补它。塔上塑了一个魁星像,塔北建了一座文昌庙,于是风景更加完美了。从这一创建塔记中可以看出,除了袭用一个佛塔的旧名"浮屠"二字之外,再也找不出佛的痕迹。像这样为了美化风景而修建的古塔,所在皆是,不胜枚举。古塔已经成为风景名胜区不可缺少的内容了。

三、典型案例

(一)应县木塔

应县木塔原名佛宫寺释迦塔,位于山西省应县城内西北佛宫寺内,属于楼阁式塔(图5-10)。

应县木塔建于辽清宁二年(1056年),修建于一个石砌高台上,台高4米,上层台基和月台角石上雕有伏狮,风格古朴,是辽代遗物。台基上建木构塔身,外观5层,内部1~4层,每层又有暗层,实为9层。塔高67.31米,塔刹高10米。塔底层

① 津,渡口。津梁,指桥梁。

平面呈八角形,直径30.27米,为古塔中直径最大的。底层重檐,并有附阶。塔的第一层南面辟门,迎面有一高约10米的释迦像,门洞两壁绘有金刚天王、弟子等壁画,门额壁板上所绘的3幅女供养人像尤为精美。这些佛像、壁画为辽代风格。

在第一层的西南面有木制楼梯。自第二层以上,八面凌空豁然开朗,门户洞开,塔内外景色通连。每层塔外,均有宽广的平座和栏杆。人们可以走出塔身,循栏周绕,环顾应县市容,恒岳、桑干尽收眼底。

图5-10 应县木塔剖面图
(引自刘敦桢《中国古代建筑史》)

近千年来,木塔曾经过了多次强烈地震的考验。据文献记载:元顺帝时曾大震七日,塔屹然不动。进入20世纪中叶以后,河北邢台地震、唐山地震、内蒙古和林格尔地震等都有波及,但木塔没有受到任何损害,说明它的抗震能力很强,反映了我国古代木构建筑的成就。

(二)敦煌莫高窟顶土塔

土塔位于甘肃敦煌莫高窟的山顶上,属于亭阁式塔,建于北宋。塔下是一个简单的方形台座,宽9米,无装饰。座上建四方形塔身,下底6.20米见方,向上有明显的收分。塔身上覆盖土顶,用土坯挑出叠涩短檐。屋顶为四角攒尖式,其上冠以方形塔刹,共高10.40米。塔身正面辟门,面向三危山,与石窟的朝向一致。在塔身的内壁,还保存有精美的塑像和壁画,可与洞窟内的壁画媲美,从风格上分析壁画为北宋时期作品。

土塔因建在缺少石木、干旱少雨的西北地区,才得以保存至今。

(三)碧云寺金刚宝座塔

该塔位于北京西郊香山东麓碧云寺内,属于金刚宝座式塔,建于清代乾隆十三年(1748年)。塔用汉白玉石砌成,通高34.70米,是全国现存最高的一座金刚宝座

图 5－11 碧云寺金刚宝座塔

塔（图5－11）。

塔下为一片石高台，有石阶从正面盘旋上达塔顶。塔身建于高台正中，为一方形台座，南面有拱券门。门内两侧有石梯从座内上达宝顶。座顶上分为 5 塔，而正中为一小型金刚宝座塔。小塔上又分为 5 塔，这是此种形式塔中罕见的例子。在此塔身上，雕刻着各种佛像、菩提像、天王力士像，以及龙、凤、狮、象等各种动物图案，是一件大型的石刻艺术精品。

（四）泉州开元寺双石塔

泉州开元寺双石塔，西塔名仁寿，东塔名镇国，分立于福建泉州开元寺大殿前面，相距约 200 米，为楼阁式石塔。

仁寿塔修建于五代梁贞明二年（916 年），原是木塔，南宋绍兴二十五年（1155 年）和淳熙年间（1174—1189 年），两次失火被毁，先后用砖、石重建。镇国塔始建于唐咸通年间（860—874 年），初为木塔，南宋绍兴二十五年（1155 年）火毁，淳熙十三年（1186 年）重建，南宋嘉熙二年（1238 年）改建为石塔。

仁寿塔高 44.06 米。第一层塔身之下有一比较低矮的基座，为须弥座形式。塔身分作外壁、外走廊、内回廊、塔心柱几个部分。外壁四正面辟门，其余四斜面设佛龛。塔身每层转角处雕做圆形倚柱，制作特异，为一般古建筑上所罕见。每层塔身之外均设有平座栏，构成周绕的外廊，人们可以走出塔身凭栏眺远，这是北方砖石塔所少有的（图 5－12）。镇国塔高 48.24 米，其形制与仁寿塔基本相同。

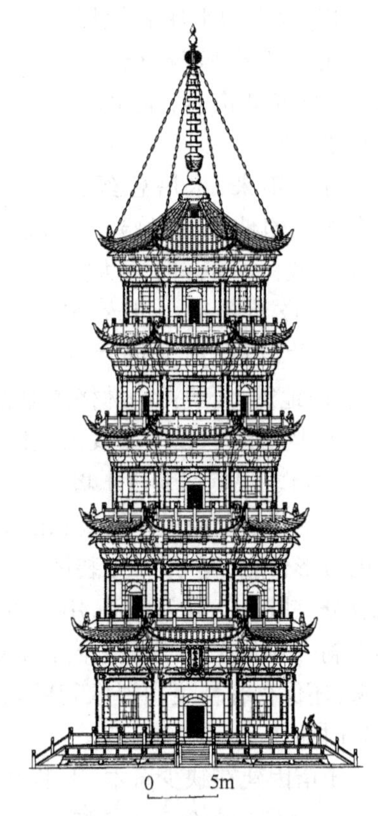

图 5－12 开元寺仁寿塔
（引自刘敦桢《中国古代建筑史》）

两塔的内部结构与一般砖塔的盘旋式或穿心式不同，不把楼梯砌在塔壁或塔心柱上，而是忠实模仿本塔楼层的形式，在靠塔心柱的上侧留出方孔，以安设梯子上下。塔心柱为石砌实心柱体，没有塔心室，只是在正对塔门的一面设长方形佛龛,内置佛像。塔心柱体与外壁的联系为内回廊楼层。楼层的结构是在内外挑出大石叠涩两重,上覆压排列石条,并用通长石梁加以联系。

塔刹的形式为典型楼阁式塔的金属塔刹,极为挺秀高拔。由于铁刹高大,在塔顶八角的垂脊上系铁链8条拉护,使之稳固。是我国现存最高的一对石塔。

(五)天宁寺塔

天宁寺位于北京广安门外,属于密檐式塔,是北京现存建筑年代较早、体量又较为高大的一处古建筑。天宁寺塔建于1100—1120年,当为辽末遗物。塔建在一个方形基台上,平面作八角形,共高57.80米。塔的下部为一高大的须弥座式塔座。须弥座束腰部分刻壶门花饰,转角处有浮雕像。其上又有雕刻着壶门浮雕的束腰一道。座的最上部刻出具有栏杆、斗拱等构件的平座一周。须弥座上刻有三层巨大的仰莲瓣,承托第一层塔身。第一层塔身四正面有拱门及浮雕像。第一层塔身之上,施密檐13层。塔檐紧密相叠,不设门窗,几乎看不出塔层的高度。它是典型的辽、金密檐式塔的形式,每层塔檐依次内收,递收率逐层向上加大,使塔的外轮廓呈现缓和的卷杀形状。

现存塔顶的刹,是用砖刻的两层八角仰莲,上置须弥座,以承托宝珠。

此塔为实心砖塔,内外均无梯级可登。自辽代建成以后,历代皆有修缮,但塔的结构和形状以及大部雕饰,仍是辽代原物,整个造型极为优美。须弥座、第一层塔身、十三层密檐、巨大的结顶宝珠等相互组成了轻重、长短、疏密相间相连的艺术形象,收到良好的艺术效果。已故著名建筑学家梁思成先生盛赞此塔设计富有音乐韵律,为古代建筑设计的一个杰作。

第二节 古楼阁

一、古楼阁的起源与发展

楼阁是中国古代建筑中的多层建筑物。楼与阁在早期是有区别的。楼是指重屋,阁是指下部架空、底层高悬的建筑。阁一般平面近方形,两层,有平座,在建筑组群中可居主要位置。佛寺中有以阁为主体的,如独乐寺观音阁。楼则多狭而修曲,在建筑组群中常居于次要位置,如佛寺中的藏经楼,王府中的后楼、厢楼等,处于建筑组群的最后一列或左右厢位置。后世楼阁二字互通,无严格区分,不过在建筑组群中给建筑物命名仍有保持这种区分原则的。如清代皇家的几处大戏园,主体舞台建筑平面近方形的均称阁,观戏扮戏的狭长形重屋均称楼。

古楼阁有多种建筑形式和用途。城楼在战国时期即已出现。汉代城楼已高达三层。阙楼、市楼、望楼等都是汉代应用较多的楼阁形式。汉代皇帝崇信神仙方术之说,认为建造高峻楼阁可以会仙人,武帝时建造的井斡楼高达“五十丈”。佛教传入中国后,大量修建的佛塔建筑也是一种楼阁。历史上有些用于收藏的建筑物也称为阁,但不一定是高大的建筑,如石渠阁、天一阁等。可以登高望远的风景游览建筑往往也用楼阁为名,如黄鹤楼、滕王阁等。

中国古楼阁多为木结构,有多种构架形式。以方木相交叠垒成井栏形状所构成的高楼,称井干式;将单层建筑逐层重叠而构成整座建筑的,称重屋式。唐宋以来,在层间增设平台结构层,其内檐形成暗层和楼面,其外檐挑出成为挑台,这种形式宋代称为平座。各层上下柱之间不相通,构造交接方式较复杂。明清以来的楼阁构架,将各层木柱相续成为通长的柱材,与梁枋交搭成为整体框架,称之为通柱式。此外,还有其他变异的楼阁构架形式。

二、古楼阁的鉴赏

在我国,楼阁的种类很多,分类方法也不少,可以从建筑材料、结构构造、平面布局、楼层数量等方面进行逐一分类,但本节仅从性质上分析楼阁的主要类型:

(一)城门楼和其他军事防御性楼阁

防御性楼阁建筑在我国的楼阁中占有较大的比重,且大部分至今保存完好。它们多以高台式为主,包括城楼、箭楼、角楼以及长城城墙的敌楼等。

图 5-13　北京正阳门箭楼①

古人历来对城防建设十分关注。以明清都城北京为例来说明,当时的北京城为了军事防御及城市整体格局的需要,拥有内外及皇城三道城墙。每道城墙上分别建有城门、城楼即"内九外七皇城四"。城门楼属于高台式建筑,建立在城台之上。北京正阳门是明清北京城内城的南正门,由城楼、箭楼和两座楼之间的瓮城组成,在功能上城楼门兼有行人出行和军事防御的作用(图 5-13)。

(二)报时性楼阁

报时性楼阁,是指钟楼和鼓楼(图 5-14、图 5-15)。这类建筑在我国大、中、小城市和寺庙中均有。因此至今保存完好的也很多。这是我国民族传统文化中的一笔宝贵财富。钟楼和鼓楼同城楼、箭楼等一样,也属于高台式建筑。有的钟鼓楼

① 又称前门箭楼,位于今北京市前门大街北端、老北京内城中轴线最南端。和明代北京城一起建成于永乐十八年(1420 年),明代正统元年(1436 年)重修。

还在高台下辟有门洞,可以通行人马,兼有过街楼的作用。

图5-14 北京钟楼①

图5-15 北京鼓楼②

(三)观景性楼阁

观景性类楼阁分布很广,南方有,北方也有,但以南方居多。为便于观赏风景,楼阁的体量比较高大,外部多修有平座、栏杆,以利眺览。

在古代,观景性楼阁也是文人雅士们会聚之所。因此,许多文学名篇,如王之涣的《登鹳雀楼》、韩愈的《滕王阁记》、王勃的《滕王阁序》、崔颢的《黄鹤楼》、范仲淹的《岳阳楼记》、孙髯翁的"大观楼长联"等,皆因楼阁而感发,正所谓文因楼而生,楼因文而名矣(图5-16)。

图5-16 宋画《滕王阁图》

观景性楼阁多位于江边、湖边、海边或风景名胜区。因造型美观,其本身也成了该地或该风景区中的重要景点。

① 北京钟楼位于今北京北二环路中点南面,兴修于明成祖永乐十八年(1420年),是在元大都钟楼旧址上重建的。

② 北京鼓楼在元大都城内,被称为齐政楼。位于北京地安门外大街的北端,北二环路中点南面钟楼的南边,与钟楼相距大约100米。

(四)其他楼阁

1. 藏书楼

我们的祖先很注意图书资料的收藏和保存,因此,也很重视藏书楼的修建。天禄阁和石渠阁,就是2000多年前汉代修建的著名藏书楼。

在古代,官宦修建藏书楼,喜好书籍而又有条件的个人也修藏书楼。我国现存修建年代最早、保存最为完好的藏书楼宁波天一阁,就是一座著名的私家藏书楼(图5-17)。以后,为了收藏和保存《四库全书》,清代修建的文津阁(图5-18)、文渊阁等7座藏书楼就是按照天一阁的制式和布局设计建造的。明清藏书楼建筑的设计特点,主要是解决藏书中的火、霉、蛀三害问题,同时兼顾环境设计,营造宁静、优美的阅读环境。

图5-17 天一阁①

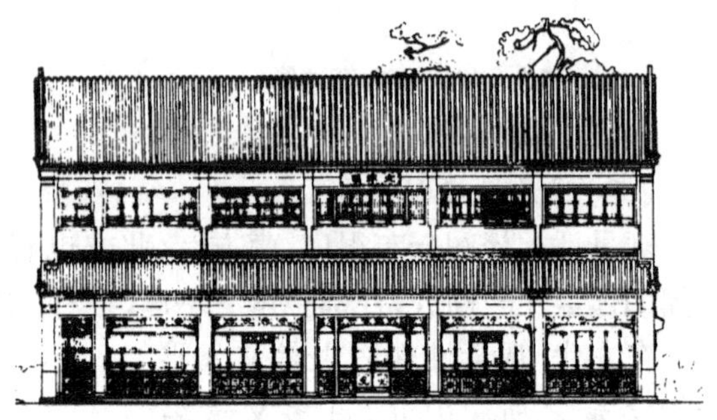

图5-18 文津阁(引自冯钟平《中国园林建筑》)②

各大寺庙中的藏经楼或藏经阁,都属于藏书楼性质的建筑。

2. 供神、祭神楼阁

在古代,这类楼阁建造的数量不少,至今保存尚好的也很多。观音阁、大悲阁、大乘阁、真武阁、文殊阁、普贤阁等,几乎全国各地都有(图5-19)。而且,这类楼阁的体量也不小,大多是各自所在建筑组群中的主体建筑或主要建筑,设

图5-19 观音阁③

① 天一阁位于浙江省宁波市城西,是我国现存建筑时间最早、保存又较为完好的一座藏书楼和金石图书博物馆。

② 文津阁位于河北承德避暑山庄平原区西部、如意湖的西北边,是清代修建的七大著名藏书楼之一。

③ 观音阁位于天津北110公里蓟县,为独乐寺主体建筑,是我国现存最早的高层楼阁式木构建筑物。

计、施工都很讲究,为我们留下了非常珍贵的古建筑精品。为了容纳高大的神像,在这类楼阁中有相当一部分属于空筒式或空井式建筑,内部有一个很大的空间,装饰也很精美。

3. 戏楼

戏楼又称乐楼,是楼阁建筑中的一种重要类型。在我国的佛寺和道观中建有乐楼、戏楼,在城镇中建有戏楼,在昔日的皇宫中也建有戏楼。皇宫中的戏楼,不但规模大,设计也好。

4. 倡导文教、提倡文风的楼阁

此类楼阁各地都有。有的楼阁中供奉着文昌帝或魁星的神像,也被称为文昌阁或魁星阁。由此看来,这类楼阁也是供神、祭神中的一种,但又具有倡导文教的特殊意义。

三、典型案例

(一)北京正阳门箭楼

正阳门箭楼,又称前门箭楼,位于今北京市前门大街北端、老北京内城中轴线最南端。

箭楼是明、清时期北京内城南正门——正阳门的重要组成部分,是皇帝进出的必经之道。在箭楼之前过去还有造型美观、气势宏大的一座牌楼。在牌楼之前的护城河上,修有三座汉白玉石桥。其规模之大,造型之雄伟,在北京内城的9座城门中堪称第一。

据文献记载,正阳门箭楼和明代北京城一起建成于永乐十八年(1420年),明代正统元年(1436年)重建,并经多次维修加固。清光绪二十六年(1900年),八国联军入侵北京,正阳门箭楼楼体再次化为灰烬。1901年,当逃往西安的光绪皇帝和慈禧太后即将回京,并要从正阳门进入皇宫之际,人们利用一夜的时间,在残存的正阳门箭楼城台上,用纸板搭成了一座箭楼楼体以应急需,后又修复。1915年,为解决一个城门洞进出造成的交通堵塞问题,在箭楼东、西两侧城墙上打开了两个缺口,开辟了两条通衢大道。此后,正阳门箭楼便成为北京市的一个交通枢纽。1952年、1977年,人民政府两次拨出专款,对正阳门箭楼进行了大规模维修,经油漆彩绘,使这座古老的建筑物重新焕发了青春。1990年,正阳门箭楼正式对外开放,接待八方游人,成为参观首都北京的一个重要游览点。

正阳门箭楼楼体修建在一个巨大的砖石城台上,通高35.94米。城楼为一座重檐歇山式的建筑物,顶铺灰筒瓦,绿色琉璃剪边。楼体坐北朝南,东、南、西三面开有四层箭窗。箭窗的窗孔共有82个。过去,守城将士就是通过这些箭窗监视敌人的行动,并用弓箭、礌石、佛郎机等武器射杀敌人,保卫京师。在箭楼楼体的北侧还修有抱厦5间。今正阳门箭楼平台四周,还有一圈汉白玉石栏杆,在箭窗的上部添加了水泥华盖,在城台北侧还建有“之”字形的石板台阶。这些都是1915年改造正阳门建筑群时加筑的,并非明、清时期的原物。

正阳门箭楼和老北京城内城门的其他箭楼建筑不一样,因为它是皇帝进出皇宫的重要通道,所以特别雄伟、坚固,进深达32米,并设有两道城门。靠南的一层城门由两扇红漆木门组成,门上安有9排、每排9颗大门钉,可谓壁垒森严。靠北的那道门,内为木质,外包铁皮,上下启动,重达千余斤,既能御敌,又可防火。

(二)北京钟楼

北京钟楼位于今北京北二环路中点南面、老北京内城中轴线的最北端,与其南边的北京鼓楼相距100米。这是古都北京现存的一处著名古建筑。楼内保存着全国现存体量最大、分量最重的大铜钟,被专家们誉为“钟王”。

北京钟楼建于明成祖永乐十八年(1420年),是在元大都钟楼的旧址上重建的。建后不久,这座钟楼就在一次大火中被毁,直到清乾隆十年(1745年),再度重修。这就是至今的这座雄伟壮观的古建筑。

后人吸取了元大都钟楼、明北京钟楼系木结构建筑容易着火被毁的历史教训,在清代重修钟楼时就把它改成了砖石结构,砖石的台基、砖石的钟楼。

北京钟楼占地面积达6000平方米,重檐歇山顶,通高47.9米。全楼采用无梁拱券式结构,稳定牢固。屋面上铺着灰筒瓦、绿琉璃剪边,显得沉凝庄重。在台基和钟楼的四周围有汉白玉石栏杆。钟楼内东侧还修有石台阶72级,可以直上二层。在二层中间的八角形木架上挂着一口大铜钟,它是古代北京的报时器。

(三)宁波天一阁

天一阁位于浙江省宁波市城西,是我国现存建筑时间最早、保存又较完好的一座藏书楼和金石图书博物馆。在这座藏书楼中,不但收藏了大量珍贵的古代图书资料,而且楼房的布局和建筑对以后藏书楼的兴建也产生过很大的影响。

据历史文献资料记载,天一阁建于明代嘉靖四十至四十五年(1561—1566年)。此楼是由嘉靖进士、兵部右侍郎范钦修建。这是我国历史上第一座大型的私家藏书楼。

天一阁的规划和布局,带有浓烈的民族传统文化色彩。

天一阁是一座高二层硬山顶式木结构建筑物。《易经》上说:“天一生水,地六成之。”范钦认为,藏书楼最怕火,但水可以克火,于是便根据《易经》的说法,把天一阁的下层辟为6个房间,而上层则建成了一个大通间,以便和“地六”“天一”相对应,以体现以水克火的意思。

天一阁通高8.5米,底层面宽6间,23.07米,进深6间,加前后廊共计11.18米。上层宽6间,23米,进深4间,7.91米。屋内房间宽敞,以便摆放书架。在天花板、梁、柱和枋子上,分别绘有锦文、流水、行云、人物、飞禽和走兽等图案。这些图案均以冷色为主,大概也是体现以水克火的意思。

在天一阁的前面挖有一个水池,名天一池,并引来月湖之水,其用途是为了灭火。范钦的后人们在池中砌了假山，修了亭子和小桥，在池旁种植了花草，兴建了凉亭。在院子的周围还种植了翠竹和绿树。庭院的面积虽然不大，仅有半亩左右，然而因为布局得当，施工精细，建筑巧妙，形成了一座变化多端、玲珑秀丽的泉石园林，引人入胜（图5－20）。

图5－20 宁波天一阁景观（引自冯钟平《中国园林建筑》）

乾隆时期，清政府组织编纂了著名的《四库全书》。为了收藏保存这部图书，乾隆三十九年（1774年），清政府指派专人来到宁波，对天一阁的平面布局、结构设计、书架形式等进行考察和测量。然后，按天一阁的模式在北京修建了文渊阁、文源阁，在承德修建了文津阁，在沈阳修建了文溯阁，在杭州修建了文澜阁，在扬州修建了文汇阁，在镇江修建了文淙阁，合称清代七阁。由此可见，天一阁对我国藏书楼的建设和图书馆事业的发展，起了多么大的作用。

据统计，过去天一阁藏书最多的时候达到过7万余卷。后来，因为明偷暗窃，楼内的书损失不少，至新中国成立时，除清代续增的一部《古今图书集成》外，天一阁中仅存书1.3万余卷（册）。新中国成立后，经文化部门多方寻访，为天一阁找回散失的图书3000余卷。现在，天一阁共藏书30余万卷（册），其中有8万多卷是古本图书。在这些古本图书中，明代的地方志和科举题名录较为丰富。这是非常珍贵的图书资料。

天一阁自创建之后，已经过了400多年的风风雨雨。在此期间，人们虽然对它进行了多次翻修，但其布局、结构和外观，却依然保持着初建时的面貌。

现在天一阁前有假山、水池、小桥、小亭等园林建筑，清幽雅静；在阁东，有百鹤亭，造型精巧；在阁后，有尊经阁和明州[1]碑林，古色古香；在阁内，有大量古今图书和创始人范钦的塑像，令人神往。

(四)湖南岳阳市岳阳楼

岳阳楼坐落在湖南省岳阳市的西城墙头上，濒临洞庭湖，自古以来，就与武汉的黄鹤楼、南昌的滕王阁齐名，被誉为江南三楼。

东汉建安二十年(215 年)，吴蜀联合在赤壁一战打败曹魏之后，两相对峙。东吴大将鲁肃，为了对抗驻守荆州的蜀汉大将关羽，率领 1 万精兵在洞庭湖中操练。与此同时，鲁肃扩建了洞庭湖滨的巴丘城，并在西门城墙上建造了一座阅兵台，时称阅军楼。据记载，这就是最早的岳阳楼。

唐代开元四年(716 年)，中书令张说遭到贬斥，谪戍岳州。第二年，张说便在鲁肃阅军楼的旧址上重建了一座楼阁，并正式定名为岳阳楼。从此，岳阳楼的名字一直使用到今天。

北宋庆历四年(1044 年)，大臣滕子京遭贬斥，来到岳州，重建了唐代张说所建的岳阳楼。楼成之后，滕子京请当时的名臣、文学家范仲淹写下了一篇脍炙人口的《岳阳楼记》。这篇《岳阳楼记》，由景写到人，由人写到志，借景抒情，以物咏怀，成为千古绝唱。“先天下之忧而忧，后天下之乐而乐”的名句中外传诵，自古不衰。从此，岳阳楼名声远扬。

由于岳阳楼地处潮湿的江南，又立于洞庭湖边，从唐代起，经过元、明直到清代，水祸兵灾，使之多次被毁，又多次重建。今天的岳阳楼，重建于清光绪六年(1880 年)，至今已有 100 多年的历史了，平面呈长方形，面宽 17.24 米，进深 14.54 米，高 19.72 米。屹立在岳阳市西的洞庭湖边，显得壮美灿烂。

明代以前的岳阳楼是什么样子呢？明人王圻在万历年间(1575—1619 年)所著的《三才图绘》中有明确的记载：“岳阳楼其制三层，四面突轩，状如十字，面各二溜水。”

今存清代光绪时期重修之岳阳楼，位置比原楼后移了数丈，更换了构件的新楼，三层三檐，翚飞[2]式屋顶。屋顶檐面上铺着黄色琉璃瓦。屋角上嵌有游龙、飞凤等琉璃装饰。楼的四周建有明廊，腰檐上修有平座。全楼由 4 根大楠木柱支撑着，各个飞檐和屋顶均用伞形架传载负荷，类似北方的如意斗拱。用这种方法修建的古代楼阁，现存并不太多。

---

① 明州，唐州府，今宁波。

② 屋檐的起翘。翚，鼓翼疾飞。《诗经·小雅·斯干》：“如翚斯飞。”朱熹注：“其檐阿华采而轩翔，如翚之飞而矫其翼也。”

第三节 长 城

一、长城的起源与发展

城，是中国古代都邑四周用于军事防范的墙垣，一般规模较大，形成一套围绕城邑建造的完整防御构筑物体系。它以闭合的城墙为主体，包括城门、墩台、楼橹、壕隍等，坚固、陡峭、不易攻取，具有很多城防设施。

长城，是中国古代规模最宏大的防御工程。它与一般的城不同，整体不形成封闭式城圈，长度可达数百里、数千里或上万里，故称为长城，又称长垣、长墙等。在空间观念上，长城是古代都邑四周墙垣的极度扩大，它绵延起伏于祖国辽阔的大地上，好似一条巨龙，盘旋、飞腾于巍巍群山、茫茫草原、瀚瀚沙漠，奔入森森大海，其尺度之巨、工程之艰、历史之悠与气势之雄，世所罕见。

据文献记载，春秋时期楚国最早筑长城长数百里，称“方城”，在今河南方城县，北至邓县。《左传》有云，楚成王十六年（前656年），齐国发兵攻楚，挺进到陉这个地方，得悉楚成王派大将屈完前来迎战。两军在召陵对阵。屈完对齐侯说，你想攻打楚国吗，谈何容易。楚国有汉水可作屏障，有“方城”可以抵御。齐侯见楚之“方城”的确坚不可摧，就罢兵自撤了。“方城”是长城的雏形。又据文献，楚穆王二年（前624年），晋国又举兵伐楚，结果遇“方城”而息鼓。楚康王三年（前557年），晋军又犯楚境，为“方城”所阻而无功自返。楚长城防御之功乃莫大焉。

在那个“冷兵器”时代，长城可以使刀枪无奈，弓箭不入，战骑难以跨越。当时建造长城遵循就地取材原则，有土堆土、有石垒石，或以土石杂以其他材料，如草木之类。这正如《括地志》所说，“无土之处，累石为固”。当然，有些长城地段，天堑未通，故难以修筑，正好以此天险为“城”，也起到了御敌的作用。

楚“方城”独步于天下后，齐、魏、燕、赵、秦等国也纷纷效仿，相继兴筑。

秦始皇以过去秦、赵、燕三国的北方长城作为基础，修缮增筑，成为西起临洮，东至辽东的万里长城。在建造技术上，秦长城已有许多进步。它经过黄土高坡、沙漠莽原，跨越无数高山峻岭、河流溪谷，施用黄土版筑或是用沙砾石、红柳或芦苇层层压叠的施工工艺，经历千年风雨，有的地段，现仍残存五六米高，令人叹为奇迹。

秦以后直到明末，长城曾经过多次的修缮和增筑。

汉代为了抵御塞外势力强大的匈奴，修了两万里长城，是历史上修筑长城最长的一个朝代。西汉所建长城尤其是河西长城及其亭障、要塞、烽燧与列城等，丰富了长城的建筑样式，防御功能也丰富起来，而且改进了长城的地理布局。由于长城的修筑比以往更为坚固、高耸，使骑兵难以跨越，阻止了匈奴的进攻，促进了西域的农牧业生产。尤其汉代已有了著名的“丝绸之路”，长城的修筑，使屯田、屯兵于长城一线成为现实,有利于保护丝绸之路的畅通、安全与繁荣。

明代长城修筑工程最大，西起自嘉峪关，东达鸭绿江，全长7300多公里。有些地段，还修了复线，至于北京北部的居庸关、山海关与雁门关一带的城墙有好几重，有的竟多达20多重。这一重又一重的城墙，好比北京的甲胄，也好比挡在北京前面的盾牌，使北京这个自朱棣（明永乐帝）开始的明朝首都固若金汤，万夫莫开。

明朝时代,砖的技艺已发展得十分成熟,明代有条件建造更为雄伟、坚固、美观的长城。同时,由于明朝沿海经常遭受海盗骚扰,所以明朝又出现了沿海防御据点。明代立朝,自1368—1644年,其前后200多年间,差不多都在建造长城,直到1600年前后,才告一段落。

明长城代表了中国长城的最高技艺水平,它已不是简单的军事防御工事,而是以建筑手段所创造的一种特殊的大地文化。其造型主体,除了城墙,还有敌台、烽火台、堡、障、堠和关等,是一系列配套的建筑设施。这一切都证明雄奇险峻、宏大壮观的明长城是空前绝后的。人类社会进入17—18世纪以后,虽然随着火器枪炮的使用,长城的防御功能已逐渐退出了历史舞台,但古老的万里长城却仍以其逶迤浩大的建筑成就,及其系统完美的工程艺术形象,被列为伟大的世界文化遗产、世界八大奇迹之一。

二、长城的鉴赏

现在保存下来的长城,大部分是明朝遗物。简单地说,长城由城墙、敌台、烽火台、关隘等四大部分,以及城堡(城)等建筑物组成。

(一)城墙

长城的主体是城墙。城墙的位置,多选择蜿蜒曲折的山脉,在其分水线上建造。其构造按地区特点有条石墙(内包夯土或三合土)、块石墙、夯土墙、砖墙(内包夯土或三合土)等数种;特殊地带利用山崖建雉堞或劈崖作墙;在辽东镇有木板墙及柳条墙,在黄河凸口处冬季还筑有冰墙。这些不同种类的构造中,以夯土墙和砖石墙为最多。城墙的高度,视地形起伏而定,往往利用陡坡构成城墙的一部分,高约3~8米之间。厚度视材料和构造也有所不同,顶宽约在4~6米之间。

(二)敌台

城墙上每隔30~100米建有敌台(哨楼)。敌台有实心、空心两种,平面有方有圆。实心敌台只能在顶部瞭望射击,而空心敌台则下层能住人,顶上可瞭望射击。空心敌台是明中叶的新创造,高二层,突出于城墙之外,底层与城墙顶部平,内为拱券结构,设有瞭望口和炮窗,上层设瞭望室及雉堞,造型雄壮有力(图5-21)。此外,也有砖石外墙而内部用木楼层的敌台。

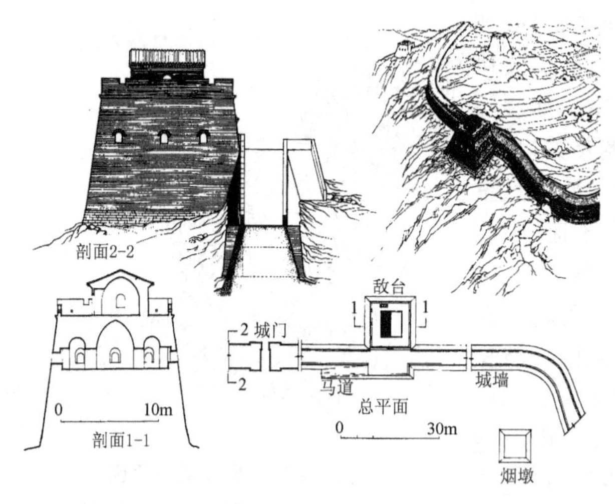

图5-21　山西应县附近长城敌台
(引自刘敦桢《中国古代建筑史》)

(三)烽火台

烽火台是报警的墩台建筑,亦称烽燧、亭燧、烽堠、烟墩等,建在山岭最高处,台与台相距约1.5公里。一般烽火台用夯土筑成,重要的在外包砖,上建雉堞和瞭望室,实心的墩台用绳梯上下,也有在夯土台中留孔道上下的。台上储薪(即干柴),遇有敌情日间焚烟,夜间举火,依规定路线很快传至营堡。若干座烽火台之间设总台一座,总台往往建在营堡附近,外有围墙,形如空心敌台(图5-22)。另外,还有与烽火台类似的另一种墩台,主要是为防守使用,建在长城附近。墩台相距约500米,因明朝已使用火炮,射程约350米,在500米的距离中可以构成交叉火力网。墩台有围墙,内住兵士、储粮薪,旁掘水井,是长城附近纵深方面的防御体系。这些烽火台墩台的总台附近,筑有高约1.7米,长约2.6米的矮墙,纵横交叉,以阻止骑兵驰近。

图5-22　烽火台总台(山西偏关县虎头墩)

(四)关隘

凡长城经过的险要地带都设有关隘。关隘是军事孔道,所以防御设置极为严密，一般是在关口置营堡，加建墩台，并加建一道城墙以加强纵深防卫。重要关口则纵深配置营堡，多建城墙数重。如雁门关是由大同通往山西腹地的重要关口，建在两山夹峙的山坳中，关周围山岭以重重城墙围绕，据记载原有大石墙3道，小石墙25道之多，关北约10公里处的山口，又筑广武营一座以为前哨。又如居庸关是京师北部的重要孔道，因而在两山夹峙长约25公里的山道中设立城堡4座。其中岔道城为前哨，北部建城墙一段，山上建墩台以为掩护；往南为居庸关外镇，是主要防守所，建在八达岭山坳，东西连接城墙，形势极为险要；再往南即居庸关，是屯重兵之所在；最南为南口堡，系内部接应之所，并起着防守敌兵迂回袭关的作用（图5－23）。其他如山海关控制海陆咽喉、嘉峪关是长城的终点、娘子关是重镇，关城建筑都很坚固雄壮。

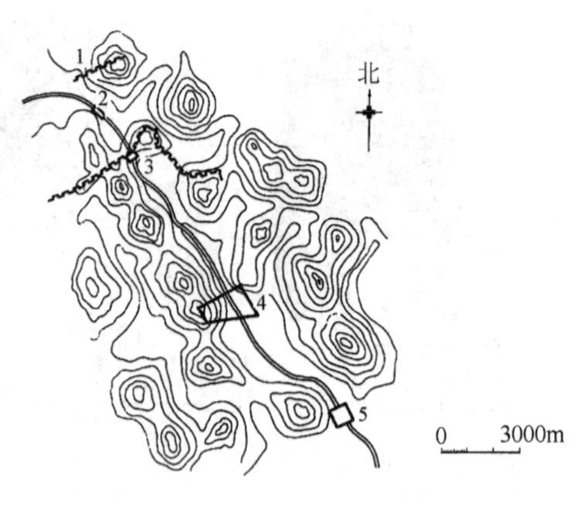

图5－23 居庸关平面图

1.外边墙 2.岔道墙 3.居庸关镇
4.居庸关 5.南口

（五）城堡

城的主要组成部分（图5－24）。

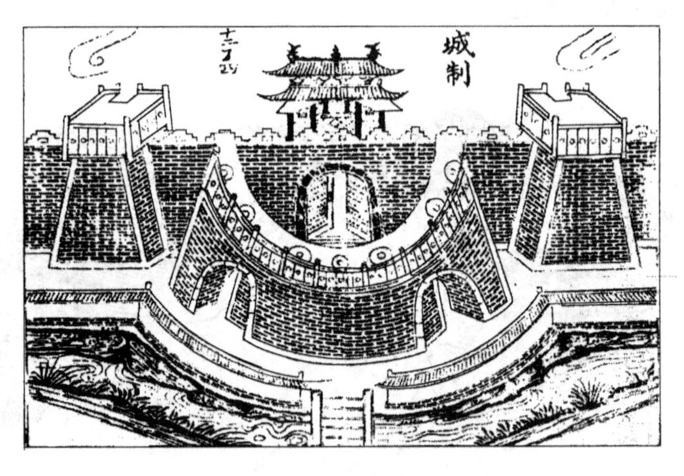

图5－24 宋《武经总要》城制图

城墙，古代称墉，土筑或砖石包砌，断面为陡峭的梯形。墙身每隔一定距离筑突出的马面。马面顶上建敌楼，城顶每隔10步建战棚。敌楼、战棚和城楼供守御和瞭望之用，统称“楼橹”。

城门，即木构架门道或砖砌券洞。台顶上建木构城楼，城楼1～3层，居高临下，便于瞭望守御。

瓮城，即围在城门外的小城，或圆或方，方的又称“方城”。瓮城高与大城同，城顶建战棚，瓮城门开在侧面，以便在大城、瓮城上从两个方向抵御攻打瓮城门之敌。正面的战棚在南宋时改为坚固的建筑，布置弓弩手，称为“万人敌”，到明代发展为多层的箭楼。瓮城门到明代又增设闸门，称为闸楼。

马面，即向外突出的附城墩台，每隔约60步筑一座。相邻两马面间可组织交叉射击网，对付接近或攀登城墙的敌人。

敌楼、战棚和团楼，是防守用的木构掩体，建在马面上的称敌楼，建在城墙上的称战棚，建在城角弧形墩台上的称团楼，构造相同，结构都是密排木柱，上为密梁平顶，向外3面装厚板、开箭窗，顶上铺厚约1米的土层以防炮石。到明代，敌楼发展为砖砌的坚固工事。

城壕，即护城河，无水的称隍。城门处有桥，有的在桥头建半圆形城堡，称“月城”。

羊马墙，是城外沿城壕内岸建的小隔城，高8尺至1丈，上筑女墙（即矮墙）。羊马墙内屯兵，与大城上的远射配合阻止敌人越壕攻城。

雁翅城，是指沿江、沿海有码头的城邑，自城沿码头两侧至江边或海边筑的城墙，又称翼城。

三、典型案例

国务院1961年公布的第一批全国重点文物保护单位名录中列出的山海关、八达岭和嘉峪关三处长城地段，是长城遗址中具有代表性的。

（一）天下第一关——山海关

明长城全线设置了许多“关”，如嘉峪关、雁门关、居庸关、黄崖关、宁武关、偏关与山海关等，其中山海关有“天下第一关”的美誉。

山海关位于河北北部秦皇岛之东北，渤海湾尽头。这里依山临海，形势十分险要，是从华北到东北的交通要冲，历来为兵家必争之地。

据史载，明洪武十四年（1381年），这里已开始修筑长城，主持者是大将徐达。

山海关设有巨大的关城，此城平面为四方形。据测量，其周长有“八里又一百三十七步四尺之遥”，四周有护城河，“宽五丈、深二丈五尺”，给人以森严、凝重之感。

关城设四个关门（分东南西北）：东为镇东门、南为望洋门、西为迎恩门、北为威远门。万里长城自关城东门城楼向两侧伸展，向南伸入大海，向北直上燕山。

山海关城楼高伟，气宇轩昂，城匾“天下第一关”字迹遒劲、笔力雄浑，曾有人说这是严嵩所书，实际是明代成化八年（1472年）进士萧显所写。每个字高1.6米。

这里便是山海关的东门即镇东门。

山海关城楼,坐落在一个长方形城台之上,由于在造型上,城台十分高耸(高 12 米),使整座建筑有坚如磐石、凛然不可侵犯之气概。城台之上是一座 3 间、2 层、歇山顶的城楼。城楼"下宽六丈、上宽五丈、高三丈",由于其楼顶是大屋顶造型,坡度略显平缓而屋檐出挑较为深远,给人以严峻而疏放的美感。其屋顶用灰色筒板瓦仰腹铺盖,脊上安设吻兽之类,有素朴而坚毅的气质。加之该楼的东、南、北 3 个立面上开有 68 个箭窗,做成箭楼形式,立刻使人联想起金戈铁马、弓弩齐鸣的战争景象。

在建筑艺术上,山海关的美,也体现了建筑造型与自然环境、人文环境的谐调。山海关以山、海命名,北望长城如蛟龙飞腾于山岫与云烟之际;南观长城,又直奔渤海而去,在连天波涌之中,酷似老龙头探向大海。古人云:"幽蓟东来第一关,襟连沧海枕青山","万顷洪波观不尽,千寻绝壁画应难"。其壮阔之美,的确是难以形容的。

(二)八达岭

长城的主体是连绵无尽的高大城墙,其中北京居庸关八达岭长城的城墙,是至今保存最完好、最雄奇的一段。这里的城墙,一般高约七八米,大凡山势陡峭处的城筑,偏于平缓些;而地形平坦的地方,则偏于壁立而森严。城墙的断面为梯形,其下部墙基宽度平均约为 6.5 米,顶部可有 5.8 米。城墙一般设有内部空间,而在墙体内侧则设券门(以砖、石块砌成圆形拱门),券门内有砖阶或石阶,拾级而上可直达城墙顶部。其顶部有的墙段较宽,可供五骑并驰。这里铺砌了三四层砖,最上一层铺以方砖,下层用条砖,都是尺度雄大的砖。砖与砖以纯净的白石灰砌缝,工艺精湛,因一般不渗水而不生野草,可保永固。城墙顶部靠外一侧,有雉堞,即垛口,高约 2 米。每个垛口上部设瞭望口与射孔,另外,城墙上还设有排水沟,并有"吐水嘴"伸出墙外。还有的地方城墙下部辟一定的内部空间,可供守军暂时休憩或储存武器、弹药,堆放燃柴之用(图 5-25)。

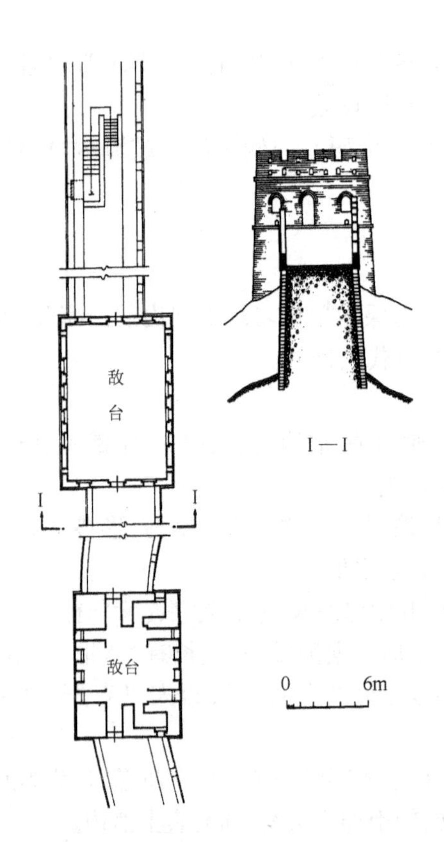

图 5-25 北京八达岭长城平面与剖面
(引自刘敦桢《中国古代建筑史》)

(三)嘉峪关

嘉峪关位于甘肃河西走廊酒泉盆地西缘,雄居于祁连山与嘉峪黑山之间的岩岗上,地势险峻,以雄伟、巍峨壮观著称于世。嘉峪关关城由内城、外城、瓮城城壕组成。内城周长640米,面积2.58万平方米,城墙高11米,高达17米的三层三檐式嘉峪关关楼、柔远楼、光化楼建在城台上,雄踞西陲。

第四节 古 桥

一、古桥的起源与发展

"桥"字出现在汉代,先秦时期只有"梁"字。《庄子·盗跖》篇中记载:"尾生与女子期于梁下,女子不来,水至不去,抱梁柱而死。"很明显,这位痴心的男子尾生,在桥下等他的心上人,洪水来了他也不离开,最后被水淹死了。这里的"梁",指的就是桥。

"桥,水梁也。""梁,水桥也。"(《说文解字》)桥、梁可以互为解释,均指跨于水面上的建筑物。后来架设在空中的建筑物也称为桥。因此,桥就是空中的道路。

桥梁的开始,是人类受到倒木过河的启发,修建独木桥、木梁桥。

在原始社会,我们的祖先已经开始建筑桥梁。浙江余姚河姆渡文化遗址、陕西西安半坡遗址,均有早期建桥的遗痕。

殷商到西周,是我国桥梁建筑的初步发展时期。当时的都城周围均有防御性的壕沟以及必备的桥梁。在周代鲁国故都曲阜周围,人们还发现了用于修建桥梁基台的石料和夯土层。另外,从文献资料上还可以了解一些这一时期桥梁建筑的情况。

《诗经·大雅》记载:约在公元前11世纪,周文王姬昌为了迎娶妻子太姒,曾在渭水上用舟船架起了一座浮桥。这是我国、也是世界上有文字记载的第一座浮桥。

《史记·秦本纪》记载:公元前541年,秦公子逃亡晋国,曾在今陕西省大荔县朝邑镇东蒲津关的黄河上,架设了一座浮桥,过车千重。这是有历史记载的第一座黄河大桥。

这一时期所建的桥梁,均以木料为主要建筑材料,而且多为浮桥和木梁桥,包括城门外护城河上的吊桥。

从战国到秦汉,是我国桥梁建设的发展期。战国时期,铁器已经普遍使用,这为将石料用于建桥创造了条件。秦、汉之时,国家统一,交通事业日益发达,桥梁建筑也进入了一个新时期。古代桥梁的四大基本类型:梁桥、索桥、浮桥和拱桥已经基本形成。

公元前3世纪,秦国蜀郡太守李冰,在今四川省成都市的郫江与检江上建桥7座,世称七星桥。其中一座名叫夷里桥(亦称笮桥),这是我国历史上有文字记载的第一座索桥,是用竹索为主体建造而成的。

公元前206年,西汉大将樊哙在今陕西省留坝县的寒溪上建造了一座铁索桥,名叫樊河桥,一直保留到1958年,是我国历史上兴建的第一座铁索桥。

公元33年,益州割据者公孙述曾派大将任满、田戎,在今湖北省宜昌市东南的长江上,“横江水起浮桥……杜绝水道,结营山上,以拒汉兵”(《后汉书·岑彭传》),这是浩瀚长江上的第一座大桥。

栈道桥起源于周代。公元前387年,秦将司马错伐蜀,兴修了剑阁栈道。关中至汉中的褒斜道,以及川陕、川鄂、川豫等交界处的栈道,相继建成。

阁道是建于楼阁之间的天桥。至秦代,这类桥梁的规模已经很大。据《三辅黄图》记载:秦阿房宫,周围三百里,有阁道通往骊山,长八十里。桥上行人,桥下走车,极为壮观。

拱券结构开始用于建桥,这是我国桥梁建筑史上的一大突破。在河南新野县出土的东汉画像砖上,已经出现拱桥的图案,桥上走车、行人,桥下过船,规模也不算小。西晋太康三年(282年),在洛阳郊外修建了一座旅人桥,是我国历史上第一座有文字记载的拱桥。

南北朝、隋、唐、五代和宋、辽、金,是我国桥梁发展的鼎盛期。南北朝时期,木石混筑桥和石桥相继出现。唐、宋时期,石料已成为我国建桥的主要材料,敞肩式①、筏形基础、殖蛎固基、浮运法②等重大技术有了突破,出现了风格独特的开合式桥梁及形态绝妙的叠梁式木拱桥。至今还留存于世、堪称一流的古桥,如河北赵州安济桥、江苏苏州宝带桥、福建泉州洛阳桥、晋江安平桥、漳州东江桥、广东潮州广济桥(湘子桥)等。

元、明、清时期,人们继承并运用前人创造的建桥技术。西南地区的铁索桥、竹索桥、藤索桥等,在此期间得到了较大的发展。但是,从总体上说,在建桥技术上并没有什么重大突破。值得一提的是,人们运用围堰抽水干修法,建造了江西南城的万年桥,是这一时期的一件杰作。

二、古桥的鉴赏

(一)用途

1. 交通运输

这是桥梁最基本、最主要的用途。桥梁一般都地处交通要道,起着连接两岸交通的重要作用。如赵州安济桥、西安灞桥、苏州宝带桥等。这些桥梁均可通行车马,有的桥下还可以行船,水陆立体交叉,交通十分方便。另外,修建在矿山、码头、车站的栈桥更是承托着运输功能,主要用来运送矿石、煤炭等笨重而散乱的货物,

---

① 参见典型案例中的河北赵州桥。

② 参见典型案例中的泉州洛阳桥。

比如青岛前海栈桥。

2. 遮风避雨

在南方，许多桥梁的桥面上都建有桥亭、桥屋或廊屋，有的地方甚至把这种桥梁称为廊桥或风雨桥。行人走在桥上，可以免遭风雨的袭击，也可以躲避烈日的暴晒。

3. 点缀河山

古桥的建设非常注意桥梁和自然山水、周围环境的谐调统一，桥梁本身造型也十分优美，新月出云、瑶环半沉、长虹卧波、彩练行空等都是桥梁的造型，许多桥梁的所在地，往往都是远近闻名的风景胜地。北京的卢沟晓月、西安的灞桥风雪、青岛栈桥的飞阁回澜、杭州的断桥晴雪等，直到今天，依然是引人入胜的美景。

4. 观景赏景

自古以来，人们都把登桥赏景视为一件快乐的事情。站在青岛前海栈桥上看日出，登上杭州断桥赏湖景，走在桂林花桥上看山水，真是令人心旷神怡。

5. 集市贸易

由于南方的许多桥上都建有亭屋、廊屋，而桥梁又是人们来往的必经之地，于是，桥上摆摊设点、开茶馆、建酒楼，甚至修建了旅馆，桥梁成了集市贸易的场所。广东潮州的湘子桥，长达500余米，桥上店铺林立，叫卖声、吆喝声不断，入夜更是灯火辉煌，“一里长桥一里市”。所以，古人曾有“看到湘桥不知桥，到了湘桥问湘桥”的感叹。

（二）基本类型

从汉代开始，我国古桥形成了索桥、浮桥、梁桥和拱桥等四大基本类型。除此之外，还有飞阁、栈道桥、纤道桥、渠道桥、廊桥、曲桥、十字桥等类型。

1. 索桥

索桥又称吊桥、绳桥、悬索桥等。是一种以绳索为桥身主要承重构件而建造的桥梁，多建于沟深水急的峡谷中，以西南地区较为多见。

索桥要在桥的两端修建石屋，安置柱桩、铁山、铁牛、石山、石狮等，以固定桥索，或者将桥索直接系在山崖上，并用木棍或绞车将桥索绞紧，桥绳上铺木板，方成索桥。有的索桥还在桥旁加索，以为扶栏。我国现存的索桥主要分布在四川、贵州、云南、西藏等省区。

2. 浮桥

浮桥又名舟桥、浮航、浮桁、战桥，是一种以船、筏和木板为桥身而建成的桥梁。它是由船渡到修建半永久性或永久性桥梁之间的一个过渡。这种桥梁将数只、数十只甚至数百只木船、木筏或竹筏，用绳索（包括铁索）连接起来，上铺木板即成。浮桥多修建在江面较宽、河水较深、水的涨落差异较大的地方，今在我国南方、特别是江浙一带，还可以看到。

浮桥建造速度快,造价低廉,移动方便,在战争中常常使用。宋太祖赵匡胤派兵攻打南唐、元代派兵入川、清代太平军进攻武昌,都曾在长江或长江支流上建造过规模大小不等的浮桥。

3. 梁桥

梁桥又称平桥,是一种以桥墩和横梁为主要承重构件而建造的桥梁。梁桥的种类很多。从建桥的主要材料来说,可以分为独木桥、木柱木梁桥、排柱式木梁桥、石柱木梁桥、石墩木梁桥、伸臂式木梁桥、石柱石梁桥、石墩石梁桥等。若从桥洞的数目来分,又有单孔(单跨)梁桥、双孔(双跨)梁桥和多孔(多跨)梁桥。

梁桥是我国古代桥梁中最基本、最主要的一种形式,出现的时间也最早。独木桥、踏步桥应是它的原始形式。中型或小型的木、石梁桥,在我国民间广为建造。

4. 拱桥

拱桥又称曲桥,是一种以拱券为桥身作为主要承重结构而建造的桥梁。拱桥的出现时间较晚,至迟出现在东汉,并在全国各地广为建造。拱券结构的出现与使用,是桥梁建筑的一次革命,是一个重大的技术突破。直至今天,拱券结构仍在桥梁建筑中广泛运用。

拱桥的形式从拱形上分,有半圆形拱桥、圆形拱桥、椭圆形拱桥、蛋形拱桥、马蹄形拱桥、尖拱桥、莲瓣形拱桥、多边形拱桥等。从大拱肩上的虚实情况来分,又有实肩拱和敞肩拱的区别:实肩拱,即在大拱肩上不设小拱;敞肩拱,即在大拱的拱肩上建筑小拱。敞肩式拱为我国首创。若从拱洞的数目来分,拱桥还可以分为单拱桥、双拱桥和多拱桥。拱桥的孔数一般为奇数,3、5、7、9 甚至更多。

5. 其他

栈道桥,又名栈阁、桥阁。是一种单臂式木梁桥,多修建于山区,沿悬崖蜿蜒而上。这种桥梁在四川、湖北、陕西、贵州、云南等地比较多见。

飞阁,又称复道、阁道,是一种建造在楼阁之间的天桥。有的阁道之上还建有屋顶。北京雍和宫万福阁两侧、河北正定隆兴寺大悲阁两侧,至今还有这样的桥梁。

渠道桥,就是桥面上通水又过人的桥梁。金代在山西洪洞修建的惠远桥,就是这种建筑。

纤道桥,呈带状,与河岸平行,长度数里、十数里不等。这种桥梁,是为了方便纤夫拉船行走而修建的。它们多建于江浙一带,特别是古运河两岸。

曲桥,又称园林桥,是我国园林建筑中的一种特殊桥梁,多用石料修建。桥面贴近水面,栏杆不高,给人以桥、水似隔非隔,似分非分的感觉。桥身曲折迂回,与园中的小径、回廊相连。人行其上,顾盼左右,步移景换,使人感到园中景色丰富而又多变。

十字桥,即鱼沼飞梁,位于山西省太原市晋祠内的圣母殿前。这是一座石柱梁桥。桥面呈“十”字形。主桥宽大，翼桥为斜坡状，是我国古桥中一种极为少见的桥型。

（三）建筑特点

1. 考虑地形和气候条件

北方，河水流量变化大，夏需抗洪、冬要抗冰，所修桥梁必须十分稳重。南方，雨量充沛，河流平稳，桥梁轻盈。西南高山峡谷地区，岸陡水急，修筑桥墩困难，架设单跨梁拱桥或架设浮桥也困难，于是便建造了索桥。这样，我国的古代桥梁便形成了北方雄伟壮观、南方玲珑轻巧、西南长虹高悬的格局。

2. 考虑排水和交通的需要

北方，地势较为平坦，多行骡马大车。为此，桥梁修得宽大结实，石梁桥、石拱桥数量不少。为了排洪，自隋代开始采用了坦拱的形式增加跨度，使桥下的过水面积得以加大，同时，敞肩式拱桥可以使洪水迅速排出，如河北赵州桥。为了分洪、防洪，桥墩的前端又砌为尖拱，外包角铁，如北京卢沟桥的桥墩。南方，船只来往频繁，所建桥梁的中间孔洞一般都比较高大，形成“罗锅桥”，以利通航。但是，这样的桥梁中间高、两头低，桥面的坡度较大，不利于过车和行人。为了减小桥面的坡度，人们便在桥梁的两端加筑了引桥。此外，在河面宽阔、洪水期较短的地方，人们又修建了一种漫水桥：洪水到来，河水暴涨，水流便可以越桥而过；洪水退去，水落桥出，人们通行如故。还有的地方，不但江面宽、河床高低不平，而且还有大型船只通过，于是开合式桥梁便产生了：两端为梁桥，中间为开合式浮桥。大船来时，浮桥打开放行；大船过去，浮桥合拢，车马照常通行。

3. 坚固平稳，经久耐用

先秦时期，人们主要使用木材建桥。但是，木料容易腐朽，也容易被火烧毁。当拱券结构用于建桥时，石桥便迅速发展并得以普及。今天，石桥在我国现存古桥中独领风骚，居于首位。但在边远地区，特别是在山区，木桥依旧富有生命力。索桥的最大缺点是摇晃。为增加索桥的坚固性和耐用性，人们除用铁索逐步代替竹索、藤索之外，还在索桥的两端建造了固索设施和绞车，以便将桥索绷直、拉紧，使桥面更为平稳。

4. 不断革新建桥技术

随着我国古桥技术的发展，建桥技术也日益提高。拱券、船形墩、薄形墩、坦拱、敞肩拱、叠梁式拱、伸臂式梁等，相继出现。宋代，在修筑泉州洛阳桥时，使用了筏形基础、殖蛎固基和浮运法，建造了最大石梁重达200余吨的漳州江东桥、“天下无桥长此桥”的晋江安平桥、“到了湘桥问湘桥”的开合式桥梁潮州湘子桥。明代，采用围堰抽水干修法，先后建造了江西南城万年桥、临川文昌桥等。

三、典型案例

(一)梁桥:泉州洛阳桥

泉州洛阳桥又名万安桥,在福建省泉州市东北10公里处,横跨于洛阳江入海口的江面上。这是我国现存建造时间最早的一处石墩石梁海港大桥,与河北赵州桥齐名,故有"北有赵州桥,南有洛阳桥"之说。

图5-26　洛阳桥桥墩分水尖

洛阳桥始建于宋皇祐五年(1053年),花了6年零8个月才建成。桥长1200米,宽5米,有4个桥孔。共有桥墩46座,栏500个,石狮28只,石亭7座,石塔9座。桥墩为船形,两端砌为尖状。两墩之间铺花岗岩石梁7根。每根石梁长11米,宽0.60米,厚0.90米(图5-26)。

造桥时,首先在江底沿桥梁中轴线抛掷大石块,形成一条横跨江底的矮石堤,作为桥墩的基址。估计这条石堤长500余米,宽25米左右,高3米以上。这种桥基的开创,是建桥史上的重大突破,现代称之为"筏形基础"。然后再在矮石堤上用一排横、一排直的条石砌筑桥墩。为了使桥基或桥墩的石块连成一体,不能沿用以前用腰铁或铸铁水来联结的办法,因为铸铁件很快会被海水腐蚀。而是在石堤附近的海面上散置贝壳类软体动物——牡蛎,利用它附生在岩礁或别的牡蛎壳上的特点,把松动、散置的石块、条石胶聚成一体。时间证明,这是一种别开生面、行之有效的办法。为此,不准在万安桥附近捕捉牡蛎就成了历代沿用的一条法律。最后,又利用潮水的涨落,把重达七八吨的石梁一根接一根地架设到桥墩上,直至把桥建成。因此,万安桥也开创了浮运架梁的纪录,直到今天,浮运架梁仍是建造现代桥梁的好方法。

由于洛阳桥不断地受到洪水的冲击,自修建之后的数百年间曾多次毁建。明宣德、万历年间均曾重修。现存的洛阳桥,重建于清乾隆二十六年(1761年)。

(二)拱桥:河北赵州桥

"水从碧玉环中过,人在苍龙背上行。"(刘百熙《安济桥》)

赵州桥,本名安济桥,俗称大石桥,位于今河北省赵县境内大石桥村,南北两端横跨于洨河之上,北距赵州城2.5公里,建造者李春。由于此桥的所在地古称赵州,所以习惯上称之为赵州桥,在我国和世界桥梁建筑史上占有非常重要的地位,被誉为中国第一桥、天下第一桥(图5－27)。

图5－27 赵州桥

赵州桥的价值何在?

1. 历史悠久,坚固耐用

赵州桥兴建于隋代,从时间上说堪称世界第一,至今已有1400年的历史了。在这漫长的岁月中,它经受了风雨的侵蚀、洪水的冲击、地震的危害,以及长年不断的马踏车压,但却依旧坚固如初。直到1955年,它还在通行载重汽车。可见,这座石桥是多么地结实、耐用。“代久堤维固,年深砌不隳。”唐代诗人崔恂1000多年前在《古桥咏》中所说的话,至今没有过时。

2. 造型独特,世界首创

赵州桥采用坦拱和敞肩拱的桥梁建筑形式,世界首创。全桥长64.4米,单孔。这个单孔即是它的主拱,跨径为37.02米。拱矢,即拱顶至拱脚水平线的垂直距离为7.23米。矢跨,即主拱高度与跨度的比例,大约为1∶5。这种圆弧形的拱,在桥梁学上被称为坦拱。由于拱脚宽、拱顶窄,从而大大增加了它的稳固性;同时,又扩大了桥的流水面积,减少了洪水对桥的冲击,有利于桥梁的保护。赵州桥采用这种较为平缓的圆弧坦拱,使桥面的坡度仅为6.5%,这又大大地方便了行人和车辆的通行。

坦拱的采用,打破了我国过去建桥仅用圆拱和半圆拱的惯例,为我国桥梁建筑史上的一大创造。而赵州桥更为突出之处,便是它还采用了敞肩拱的形式。

所谓敞肩拱,就是将主拱左右两侧的实心拱肩,改建为小拱的拱形。就赵州桥而言,它在主拱两侧的拱肩上分别修建了两个小拱。采用这种敞肩拱的形式建桥,既节省了石料,减轻了桥的重量,增大了桥梁的过水能力,同时又使桥的造型变得更为轻灵、秀丽。犹如“百尺长虹横水面,一弯新月出云霄”(清·祝万祉《过仙桥》)。这种敞肩拱形式的桥梁在欧洲是19世纪以后的事情,比赵州桥晚了1200多年。

3. 取法科学,结构合理

赵州桥的拱券都是用巨石砌筑而成的,每块石料重约1吨。

赵州桥的主拱和4个小拱,在砌筑方法上也有自己的独特之处。在这5个拱洞中,每一个拱都是采用纵向并列砌筑法修建的。这样,每一个拱券均自成体系,相互独立。如果哪一个拱有所损毁,需要修补,不必牵连旁拱,十分方便。然而,在各个拱肩之间,又以帽石铁梁穿连;相邻的两个拱石之间,又用腰铁连接在一起。这样,整座桥梁便浑然一体,坚固无比。

4. “仙迹”斑斑,护桥标志

在赵州桥桥面东侧约1/3处,有一溜小坑、一道沟痕和稍大一点的坑。在桥下的券洞上,还有5个手指印。传说,这是张果老倒骑毛驴过桥时留下的驴蹄印,赵匡胤拉车、柴王爷推车留下的车道沟和膝盖印,鲁班手托桥梁留下的手指印。宋人杜德源在《赵州桥》诗中说:“仙子骑驴何处去,至今遗迹尚昭昭。”可见,这些印迹自古有之。

实际上,赵州桥的这些痕迹都不是什么仙迹,而是建桥者们留下的护桥标志。驴蹄印、车道沟是行车的标记。它提醒人们,行车要走桥中间,不要太靠边,这样可使桥梁受力均匀,便于保护。而桥下的手指印,则是人们维修、加固桥梁时最好的支撑点。

在赵州桥的主拱顶上,有刻为龙头形的龙门石。拱侧,点缀着刻成莲花状的昂天石。桥面左右两侧,共有栏板42块、望柱44根。在栏板和望柱上刻有龙兽、竹节和花卉等图案。这些都表现了隋代浑厚、隽逸的艺术风格。

(三)索桥:都江堰安澜桥

安澜桥位于四川省都江堰市,通过分水鱼嘴,横跨在岷江的内外江上。是竹索桥的杰出代表(图5-28)。

图5-28 安澜桥

安澜桥是一座八孔九墩的竹索桥。在9个桥墩中,最中间的一墩为石墩,其余8墩为木桩石固墩。全桥共有粗长竹索24根。其中10根为底索,上铺木板构成桥面。木板上有压板索2根,另外12根为扶栏索,分列于桥的两旁。在扶栏索上,每隔一两米便有用铁栓铆紧的竖木条两根,以便把扶栏索夹紧。竖木条又和桥面下的横木相连,使索桥浑然一体。为使竹索绷直,增加索桥的平稳性,还在索桥两端建造了石屋木笼。在木笼中用木绞车绞紧底索,用大木柱绞紧扶栏索。在两个木笼上,各修两层桥亭一座。上层放石头以增加重量,加强石屋木笼的稳定性;下层中空,可通行人。在索桥中心的石墩上,又加筑了一座与桥头石屋木笼一样的绞索设备。这样,人们就可以把竹索绞得更紧,克服了竹索过长而容易松弛的弱点。

作为一座多跨竹索桥,安澜桥为了能长久使用而不毁,有一套保护维修规定,即一年一小修,撤换桥面木板,绞紧底索和扶栏索;三年一大修,撤换桥面竹索。

1975 年,在兴修分水鱼嘴外江闸的时候,将安澜桥下移了 100 米,同时把竹索换成了直径25 毫米的钢缆绳,把木架石固桥墩换成了钢筋混凝土墩,桥栏也换成了钢筋混凝土构件。

现在,安澜桥同其所在的都江堰和附近的青城山道观群一起,被列入《世界文化遗产名录》。

(四)浮桥:临海灵江浮桥

灵江浮桥又称中津桥,在浙江省临海市城外,横卧于灵江之上。这是一座设计科学、构筑合理的古老浮桥,也是我国古桥建筑中的一件杰作(图 5-29)。

图 5-29 灵江浮桥

该浮桥位于金鸡岭下,始建于南宋淳熙八年(1181 年),桥长 280 余米,宽 5 米多,规模不算太小。此后,经历代重修。浮桥是用绳索、地锚和锚碇等,将船只、板道和栏杆等构件绑缚、铆接在一起构成的。桥下共用船50只,每两只相连构成一节,总计25节,这就组成了 25 个桥墩,每两节之间又铺上木板构成桥面。但是,这座浮桥离大海不远,受潮汐影响极大。为保证桥身在潮汐涨落之下均能顺利通行,建桥者采用了活动引桥的办法。“桥不及岸十五寻[①],为六筏,维以柱二十,固以槛,筏随潮与岸低昂,续以板跳。”这样潮汐起伏不管有多大,桥面上的人马通行均不受影响。这种建桥方法,同现代浮桥的建筑方法基本一致。但是,在 800 多年前的浮桥就已经提出、试验并采用了如此科学的建桥方法,真是一件非常了不起的事情。

① 寻是古代的度量单位,每寻 8 市尺,15 寻约为 40 米。

第五节 古堰河

水是人类生存和社会发展的必然条件。在一定意义上,人类社会的发展史就是一部开发水利、防止水患的历史。古人在与水的较量与认识中,给我们留下了大量珍贵的水利工程——古堰河。这些古堰河留给后人的不仅是工程价值,还有艺术价值。

一、古堰河的发展与成就

(一)古代灌溉及生活用水工程的发展与成就

春秋中期,楚国曾在今河南固始县兴建了我国历史上第一个大型的水利工程——期思陂。陂,本义是斜坡,引申为堤坝和水库。期思陂就是将期思之水引入雩(yú)娄之野的一条主干渠,由楚庄王时期的孙叔敖[①]主持兴建。它的建成,为大面积发展水田作物提供了有利条件,使水稻的大量种植成为可能。自此,楚人推广了截引河水的工程技术。

孙叔敖建期思陂,是在当宰相前的楚庄王八年至十四年(公元前606—公元前600年)。后来,他又主持兴建了另一个大型水利工程——芍陂。

芍陂位于今安徽寿县城南30公里。芍陂的兴建年代,也在楚庄王时期(公元前613—公元前591年),是现存最早的水库。芍陂长60多公里,它引龙穴山、淠(pì)河丰富的水源,陂内有5个水门,可灌田万顷。由于芍陂的兴建,使这一地区成为当时楚国重要的产粮区。战国后期寿春(今寿县)之所以繁荣,并且成为楚国最后的都城,与芍陂所发挥的水利效益有着密切的关系。现存芍陂面积24平方公里,蓄水量1亿立方米,灌溉农田4万多公顷。

战国时期的秦国(今四川成都地区),秦昭王后期(公元前256年前后),蜀郡守李冰父子在继承、借鉴前人治水经验的基础上主持修建了都江堰工程。

战国时期位于中原的魏国也兴修了著名的水利工程漳水十二渠。这是以漳水为水源的灌溉工程,规模虽然不如都江堰宏大,却是我国有明确记载的最早的大型渠系。该工程由战国初年的邺令西门豹首创,灌溉邺县一带的农田。治邺,首先要破除迷信思想的障碍。西门豹在这里导演了一场著名的“河伯娶妇”活报剧[②],破除了迷信,领导百姓在漳水上兴建了由12条渠堰组成的水利工程,后人称之为漳水十二渠。

关中盆地,西起宝鸡,东到潼关,北抵北山,南达秦岭,盆地上有两条重要的河

---

① 孙叔敖是春秋时期辅佐楚庄王称霸的一代著名贤相,司马迁作《循吏列传》,把他列为第一人。

② 活报剧,是以速写手法迅速反映时事的剧种之一。

流渭水及其支流泾水，所以又称泾渭盆地。这里土质肥沃疏松，但是雨量偏少，为了发展关中农业，历代相继在这里修建郑国渠、白渠、成国渠等重要灌溉工程。

最早在关中兴建的大型水利工程，是战国末年秦国兴建的郑国渠。当时之所以要修建这一水利工程，一方面是因为自然因素，而更重要的是政治军事的需要。古代水利工程专家郑国，经过10多年的努力，完成了这一历史上著名的水利工程。郑国渠是引泾水灌溉渭水北面农田的水利工程，其引水口在今泾阳县西北，考古发现了当年拦截泾水的大坝残迹。大坝全长2300多米，残存部分的底宽尚有100多米。它的发现，证明郑国渠是有坝引水工程。郑国渠渠道全长150多公里，渠线布置在盆地北缘的最高位置上，能控制渠道南面的大片农田，自行灌溉。郑国渠建成后，“关中为沃野，无凶年，秦以富强”，直接支持了秦国统一六国的战争。

白渠是在汉武帝太始二年（公元前95年）由赵中大夫白公建议和主持下修建的。它也以泾水为水源，其渠口在谷口境内（今陕西礼泉县东北），向东南流，注入渭水。白渠位于郑国渠南面，长100公里，灌溉郑国渠所不及的3万余公顷农田。

另一条重要的灌渠是成国渠，在郿（méi）县，以渭水为源，灌渭北的农田，向东经武功、槐里等县，到长安以西，下接上林苑中的蒙笼渠，灌溉面积是白渠的两倍以上。

龙首渠为我国历史上第一条用井渠法开凿隧洞的渠道。汉武帝时为灌溉今陕西以北，洛水下游东岸近7万公顷咸卤地而开凿。相传开凿时，因掘到龙骨而得名。渠道有的地段土松，渠岸易崩，因而凿井开渠通水，长达5公里多，最深的井达40余丈。整个工程发动兵卒万人，历时10年建成。

唐朝盛世，空前强大，唐都长安的人口急剧增加，缺粮问题严重，因此，朝廷用了很大力量来扩大成国渠和郑白渠（郑国渠与白渠合称）的灌溉面积。泾水上著名的将军霎（shà）就是唐朝修建的拦河坝，它将泾水截入渠道。唐朝也很重视新渠的修建，其中比较重要的贺兰渠和龙门渠，以发源于秦岭的丰水和黄河水为水源。宋朝大观二年（1108年）修三白渠，其灌田面积达到了历史上的最高水平，三白渠也因此更名为丰利渠。

（二）古代运河工程的发展与成就

运河是沟通不同河流、水系和海洋，连接重要城镇而人工开凿的水道，以航运为主，又常常具有多种用途，对灌溉、排涝、泄洪、发电等方面也具有重要作用。我国运河的建设，有着悠久的历史。

一般认为，春秋时吴王夫差在长江下游江北所开的邗（hán）沟，是历史上最早的运河，但也有人认为，历史上最早的运河是位于江汉平原的扬子运河。楚庄王时，为了军事上运兵、运粮的需要而开凿的扬子运河，比邗沟要早100多年。这条运河从楚国都城郢都（今湖北江陵西北）起，东南流经江陵城北，汇入汉水。吴王阖闾伐楚（前506年），曾循着这条运河上溯到郢都，当时吴国的统帅是伍子胥，所以，扬子运河又称为子胥渎。

2000 多年前,秦始皇带兵 50 万,分 5 路南攻百越。公元前 219 年,史禄率领士兵和百姓,劈岭凿渠,用了 5 年的时间,终于开凿出了一条人工河流,沟通了北流的湘江和南流的大溶江,连接了长江水系和珠江水系。这样,水运畅通了,粮食源源不断地运上了前线,秦军打败了越人。这条古今中外赫赫有名的人工河,就是灵渠。

公元604 年,隋炀帝离开首都长安,到洛阳巡游,第二年,下令着手两大工程:迁都洛阳和开凿大运河。成千上万的劳工花了 27 年时间,将原有运河连接起来,完成了全长 2700 多公里的京杭大运河。这条古老的运河流经北京、天津、河北、山东、江苏、浙江 6 个省市,连接了海河、黄河、淮河、长江和钱塘江 5 大河流,是中国古代最伟大的水利工程。

唐代长寿元年(692 年),武则天时期为沟通桂江与柳江,在广西桂县良丰至大湾间开凿相思埭(dài),又名临桂陡河,或称桂柳运河。清代将其与灵渠并称为桂林府的南北陡河,灵渠称北陡河,相思埭为南陡河。这一对运河实为桂林古代的姐妹运河。两者都是使用"陡门",这在当时是一种闸门式控制流量的先进工程技术。

二、典型案例

(一)都江堰

都江堰位于四川省都江堰市(原灌县)境内,是岷江中游一项大型引水枢纽工程,也是现有世界上历史最长的无坝引水工程,始建于秦昭王末年(约公元前 256—公元前 251 年),秦蜀守李冰主持兴建。工程以灌溉为主,兼有防洪、水运、城市供水等多种效益。成都平原因此富庶,自古有"天府之国"的美称。都江堰始名于宋代,宋以前称都安堰、湔堋(jiān péng)①、金堤或犍(qián)尾堰②。

1. 建造背景

岷江从岷山发源,一路急流而下,到灌县地域进入平川地界。这里地形复杂,泥沙淤积,江水在洪水季节常常泛滥,航行十分困难。令人奇怪的是,西边遭受洪水肆虐时,东边却因缺水而受旱灾之苦。

蜀郡守李冰到任后,听到民众呼声,亲临实地考察,不久就开始实施这项规模浩大的工程。现在人们所见到的都江堰工程,从上游数起,主要有百丈堤、都江鱼嘴、内外金刚堤、飞沙堰、人字堤、宝瓶口,其中最重要的是都江鱼嘴(分水工程)、飞沙堰(溢流排沙工程)与宝瓶口(引水工程)这三项主要工程。

---

① 湔,湔水。堋,分水的堤坝。《水经注·江水》:"李冰作大堰于此,壅江作堋,堋有左右口,谓之湔堋。"

② 犍,古时都江堰所在的县名。以地名命名的名称。

2. **都江鱼嘴**

都江鱼嘴，又名分水鱼嘴，是人工筑起的一条纵向的大堰，因为头部像鱼头，所以称为“鱼嘴”。又因其作用在于把上游的江水分为内、外两股，所以称为“分水鱼嘴”。堤左西面的为外江，是岷江主流；堤右东面的为内江，是灌溉东面田地的总渠（图5－30）。

图5－30 都江鱼嘴

修筑分水堤堰时，开始采用向江心抛掷石块的办法，但由于江流过急而没有成功。后来，改用竹子编成的长10米、宽0.6米的特大竹笼装满大块卵石沉入江底，才终于筑成了这条大堤堰。这就是《华阳国志·蜀志》与《水经注·江水》所记载的“雍江作堋”的“堋”。分水鱼嘴与灵渠上的铧嘴、沱江官渠的平水梁很相似，它们之间究竟是否存在承继或学习启迪的关系，仍是现在研究的问题。

分水鱼嘴筑成以后，使得岷江水得以分流，既可以使干流外江的水量不致太大，从而大大降低了洪水季节泛滥成灾的概率，同时又使东面内江能灌溉灌县的田地，免除了灌县旱灾的产生。鱼嘴分水量有一定的比例，大致是外江占四成，内江占六成，为了避免洪水季节内江也产生涝灾，又修筑了飞沙堰。

3. **飞沙堰**

飞沙堰的修筑方法与鱼嘴分水堰相同，也是用装满卵石的特大竹笼堆筑成功的。这条堰的难点与关键，在于它的高度必须正好适宜，才能使内江的水位在达到一定高度后，江水漫过堤堰而流入外江。在内江水位过高、水量特大、水速过急时，内江的水直泄外江，可以避免冲垮堤堰，确保内江整个灌区的安全。这条堤堰所以取名为飞沙堰，还因为它与宝瓶口配合，能产生排沙作用。

分水鱼嘴与飞沙堰所采用的竹笼填石法，是一个既简便又高效的创新，可就地取材，施工方便。在建筑学上，对此有十六字的高度评价：“重而不陷、击而不反、硬而不刚、散而不乱”。如此高明的创造，是否为李冰首创，还未能肯定，但就目前所知在李冰之前还从未发现，所以很可能是李冰发明并在工程中予以使用的，但也很可能是他吸取了民间或前人的经验发展而成的。

4. **宝瓶口**

离堆在开凿宝瓶口以前，是湔山虎头岩的一部分，位于江中，水流湍急，严重影响了舟船的航行。李冰根据水流及地形特点，在坡度较缓处，凿开一道底宽17米的楔形口子。通过狭长的峡口对湍急的江水二次分流，把多余的江水由飞沙堰排出内江,以调节水量。峡口枯水季节宽 19 米,洪水季节宽 23 米。据《永康军志》载:“春耕之际,需之如金,号曰‘金灌口’。”因此宝瓶口古时又名金灌口。宝瓶口既是内江进水咽喉,又是内江能够“水旱从人”的关键水利设施。由于宝瓶口自然景观瑰丽,有“离堆锁峡”之称,属历史上著名的“灌阳十景”之一。

5. 石人镇江

为了控制内江的水量,李冰还刻了 3 个石人,设置在“玉女房下白沙邮”(在都江堰工程区域中)。如果水位浅到石人的脚部,灌溉水量就可能不足,预示着会发生旱灾;如果水位升到石人的肩部,表示水量已经过多,预示着会发生洪灾。这就是史籍记载的“竭不至足,盛不没肩”。

1974 年、1975 年,在外江的金刚堤、安澜索桥一带出土了东汉时期刻凿的二尊李冰石像。这很可能是仿照李冰所立石人而制,既可纪念李冰,又可作为水位衡量的标志。出土的李冰像高达 2.9 米,折合古尺在一丈有余,这个高度很可能是兼有水位标示作用的。

6.“深淘滩,低作堰”

都江堰历久不废的另一重要原因是重视工程管理,严格执行岁修制度。相传李冰制作过石犀,埋在内江中,作为每年治理时淘挖泥沙的深度标准。当时李冰所定的岁修原则是“深淘滩,低作堰”,是说每年淘挖江底淤积的泥沙要深,使江水水量有适当的保证;飞沙堰的堤堰不能筑得太高,以免影响内江江水的外溢与泄洪,保证内江不发生洪灾。这六字要诀,后人极为重视,后又相继总结出治水“三字经”及治河“八字格言”等。都江堰历代都设置管理机构和堰官负责工程维护,工程维修分为每年的岁修、5 年一次的大修、特大洪水后的特修和洪水期的抢修等四类。

以今天的科学水平来回顾 2000 多年前的都江堰工程,仍可看到这个工程从规划、施工到最终的效果都是十分科学和正确的。因此,这项工程能够成功地控制内、外江水量,解决西涝东旱的弊病,把原来的灾害地区变成天府粮仓。

(二)灵渠

灵渠是中国秦代修筑的水利工程,又名湘桂运河、兴安运河,俗称陡河,在广西壮族自治区兴安县境内。公元前 221—公元前 214 年,秦始皇令监御史禄督工修建,初名秦凿渠,连接湘江和漓江上游,沟通长江水系和珠江水系的交通。其后历代都有修葺,形成了一个完整的水利工程体系。

灵渠分为南北两渠,主要工程包括铧嘴、天平、渠道、陡门和秦堤。

1. 铧嘴

铧嘴又名铧堤,是劈水分流的工程,四周用条石叠砌,中间用砂卵石回填。前锐后钝,形如犁铧,长 90 米,宽 22.5 米,高 5 米。

2. 天平

天平分为大、小天平和泄水天平,是自动调节水量的工程,紧接在铧嘴之后,两侧分别向南北伸延，和分水塘两岸相接，同铧嘴合成“人”字形。天平用条石砌成，有内堤和外堤，内高外低，成斜坡状。大天平在北侧，长344米，宽12.9~25.2米；小天平在南侧，长130米，宽24.3米。平时拦河蓄水，导湘江上游来水入渠道，保证渠道里有足够的水量通航；汛期，多余的水越过堤面泄入湘江故道，保证渠道的安全流量。既可拦水，又能泄洪，不用设闸起闭，能自动调节水量，保持渠水相对平稳。泄水天平有4处：南渠3处、北渠1处，采用侧堰溢洪控制入渠流量，或用石筑堤障阻故道，使蓄水缓缓而进，保护渠堤安全。

3. 渠道

渠道是灵渠的主体工程，分南、北两渠。南渠从南陡口引水入渠，向西北经兴安县城、大湾陡、铁炉陡，连接始安水入灵河，折向西南经青石陡与石龙江、螺蛳水、大溶江汇合，进入漓江，全程33.15公里。从南陡口到大湾陡一段，为劈开三道土岭，在山麓上挖出渠道，一面靠岭脚，另一面靠人工筑砌的堤岸维护。自大湾陡至铁炉陡一段则凿通太史庙山，形成深陷的渠槽。铁炉陡以下利用自然河道拓展改造而成。渠道水面宽6~50米，水深0.2~3米，利用陡闸足可行船。北渠开挖在湘江河谷平原上，几乎与湘江故道平行。由大天平拦水入渠，作“S”形行进，至高塘村对面汇入湘江，流程3.25公里。

4. 陡闸

灵渠设陡闸，是为了集中比降，提高水位，蓄水通舟。陡门设置在渠道较浅、水流较急的地方，分布于南北二渠。建陡门较多的时期是宋、明两代，最多时有36陡，其中南渠31陡，北渠5陡，至今仍有遗址可查。陡门都用方形石块叠砌而成，两岸相对作半圆形，弧线相向。陡堤上凿有搁面杠的凹槽，一边堤根有搁底杠的鱼嘴，水底铺鱼鳞石，塞陡用竹箔。船来之时，先架陡杠（包括面杠、底杠和小杠），再将竹箔逆水置在陡杠上，等水位升高到可以行船时，将陡杠抽去，船就可过陡门，使往来船只“循崖而上，建瓴而下”，出现爬山越岭的奇观。陡门最宽者6.8米，最窄者4.7米，大部分在5.5~5.9米之间。

5. 秦堤

秦堤是灵渠保护性工程，是南渠从南陡口至兴安县城西大湾陡的一段堤岸，长3.15公里。这段渠道是劈山开成的，和湘江故道平行推进，堤岸壁立，采用巨石砌筑，工程艰巨，宽2~10米不等，高达2~7米。

（三）鉴湖

鉴湖是长江以南最早的大型塘堰工程，位于今浙江绍兴城南，又名镜湖、长湖。东汉永和五年（140年）会稽太守冯臻主持修建，筑塘周围150余公里，灌田6万公顷。绍兴境内，东南至西北一线南部为山地，北部为平原，再北为杭州湾。鉴湖是拦蓄山北诸小湖水所形成的东西狭长的水库，堤长65公里（一说55公里），东起曹娥江，西至西小江，中有南北隔堤，将鉴湖分作东西两部分。《水经注》记，沿湖有放水斗门69座,历代有所增减。至北宋时,沿湖堤广设斗门、堰闸、涵洞,著名的有42座。另有水则碑(水尺)3座,用作控制蓄泄的标准。由于湖水高于农田,农田又高于江海,因此,干旱时开斗门、涵洞放湖水灌田;雨涝时排田间水入海或关闭斗门、涵洞、拦蓄山溪洪水;洪水过大时则开溢洪道泄洪,东由曹娥斗门、蒿口斗门排入曹娥江,西由广陵斗门、新迳斗门排入西小江,北经朱储斗门由三江口排入大海。北宋熙宁年间,鉴湖被围垦近5000公顷,虽屡次有人倡议废田还湖,但到政和年间,地方官仍一味垦湖为田。南宋初年围垦耕地已1.5万公顷有余。到元代仅少数特别低洼处还保留着湖泊水体。至今,零星散布的艾塘湖、百家湖、鉴湖、白塔洋、洋牌湖等是古鉴湖的残迹,面积共约5.8平方公里。

(四)大运河

贯通我国南北的大运河,无论是开凿时间之早,还是流经距离之长,都创下了世界之最。经过历代的修建开发,大运河形成了一条南起杭州,北至北京纵贯南北的水上通道,与万里长城组成了神州大地上的“人”字形,成为中华民族的丰碑和民族精神的象征。

1.运河的起源

我国地势西高东低,大江大河无一例外自西向东奔流入海。运用人工开凿一条贯通南北的水道,促进南北经济、文化之间的交流和政治上的统一,是中华儿女梦寐以求的事情。

春秋战国时期,割据一方的大小诸侯国争强称霸,竞相改革内政,大力发展经济、改善水陆交通状况。地处长江下游的吴国,为进一步向北扩展势力,吴王夫差在公元前486年,于现在江苏扬州西北的蜀岗上,筑了一座邗城,并修凿了一条运河,称邗沟。邗沟南接长江,向北流经现在的高邮入樊梁湖,又折向东北穿宝应、淮安东的博支湖和射阳湖,到末口(今江苏淮安北)注入淮河,全长150公里。

这条运河虽然不算很长,却是大运河的起源,距今已有2400多年的历史。从吴王夫差开凿邗沟以后,历史上对大运河的大规模开发共有两次,一次在隋朝,另一次在元朝。

2.隋代运河

589年,隋朝结束了长达300多年的分裂局面,以长安(今陕西西安)为帝都。为沟通长安和南方富庶地区的联系,把黄河下游和江淮地区的粮食和财富转运到长安,隋王朝不遗余力地征调民夫,大规模开凿和疏浚运河,从而奠定了大运河的基础。

开皇四年(584年),隋文帝派宇文恺在关中平原的渭水南边,对汉武帝开凿的漕渠作了疏浚和重修,引渭水从大兴城(今陕西西安)东流,经华阴到潼关附近流入黄河,长150多公里。这就是广通渠,又叫富民渠、永通渠,是隋王朝建立以后为解决漕粮西运问题而进行的第一项运河建设工程。

开皇七年(587 年),隋文帝为了讨伐陈国,从山阳(今江苏淮安)到江都开了一条运河,叫山阳渎,大体用的是邗沟故道,沟通淮河与长江。

在开掘山阳渎的同时,隋炀帝又开凿了通济渠。它斜贯中原地区,第一次把黄河与淮河连接起来。从此,黄河、淮河、长江 3 条水系沟通了起来。史书上记载,通济渠"广四十步",两旁筑有"御道",遍植杨柳,是一条规模宏伟的水陆通道。隋炀帝就是在这条运河上,坐着龙舟到扬州的,所以通济渠又叫御河。

大业四年(608 年),开凿了北面的运河——永济渠。永济渠从黄河开始到涿郡(今河北涿州)全长 1000 多公里,在历史上第一次沟通了黄河与海河。

大业六年(610 年),隋炀帝重开江南运河(春秋时开凿,秦朝曾修整),从京口(今江苏镇江)引长江水,绕太湖之东直达钱塘江边的余杭(今浙江杭州),全长 400 公里,使得长江到钱塘江的水道通畅。

从隋文帝开皇四年(584 年)到隋炀帝大业六年(610 年)的27年中,隋朝先后开凿和疏浚了广通渠、山阳渎、通济渠、永济渠、江南运河等运河,把江淮地区、中原地区和河北平原紧密地联系起来,形成了一个以洛阳为中心,西通关中盆地,北抵河北平原,南至太湖流域,沟通海河、黄河、淮河、长江和钱塘江 5 大水系,长达 2700 多公里的庞大运河系统,是世界水利史上空前伟大的工程(图 5－31)。

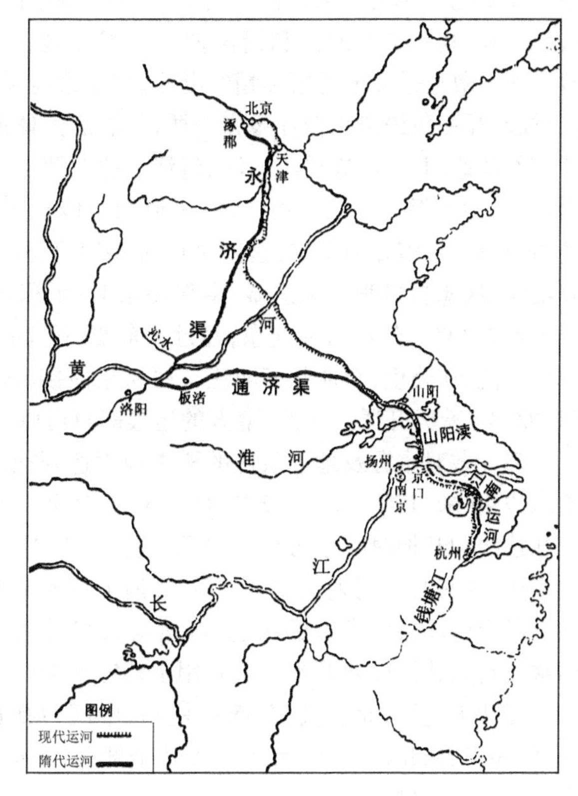

图 5－31 隋代运河示意图

3. 元代运河

元以前的运河,虽然可以从江都直达涿郡,但其主要方向是由东南指向西北,由于元朝把都城建在了大都(今北京),便改运河的方向为由南向北,从杭州起,越过长江、淮河、黄河,向北一直通到元大都。

元朝采纳了水利专家郭守敬修复金代中都旧漕河的建议,于至元十六年(1279年)开凿了大都至通州的运河;次年,又开发通州运粮河;至元二十年(1283年),开凿了直沽新河,畅通了天津到通州到大都一线的运河；至元二十六年(1289 年)，又修了长 125 公里、有 31 处闸门的会通河，会通河从山东须城(今山东东平)安山起，分梁山的水源向北流经寿张到东昌，再向西北到临清合于御河。于是，北方的御河和南方的扬州运河及江南运河，被会通河和济州河连在一起，全线打通了从大都到杭州的南北运河航道。

至元二十八年(1291 年)，元朝又开了通惠河，延长了运河的北端，使大运河一直能通到大都城内的积水潭。一时间漕船首尾相连，盛况空前。元世祖忽必烈亲临积水潭，见到“舳舻蔽水”的景象，龙颜大悦，赐名“通惠河”。

通惠河的挖掘成功，关键是解决水源问题。北京缺乏地表水源，历史上曾多次引永定河作为水源，但永定河泥沙太多，水质混浊，容易引起河道淤塞，同时，时常发生的洪水也难以控制。因此，通惠河必须另觅水源。都水监郭守敬不辞辛苦，四处勘察，终于在昌平县城东南白浮村的神山(凤凰山)下，发现了汩汩涌出的白浮泉。但要把白浮泉引到大都城，仍不是件容易的事。白浮泉出水的高度高出大都城很有限，其间又有沙河和清河两条河谷低地，对引泉形成了两道难以逾越的障碍。郭守敬经过实地考察和精细勘测，终于选定了一条避开障碍的理想路线：从白浮村起，开一条渠道引白浮泉先向西行，然后大体沿着 50 米等高线转而南下，避开了河谷低地，并在沿途拦截沙河、清河上源及西山山麓诸泉之水，注入瓮山泊(今昆明湖)。为了保持充沛的水量，沿渠道两边修筑了堤堰，这就是著名的白浮堰。从瓮山泊再往东南开河引水，这就是长河，接上源出今西直门外紫竹院公园东流的古高梁河，从德胜门西水关进城，南聚积水潭；由积水潭再开河引水向东流出文明门(今崇文门北)，然后转而向东，经过今东便门外的大通桥，汇入旧运粮河；再从这里一直东流 20 公里，至通州高丽庄与白河相衔接。这条河全长 82 公里，至元三十年(1293 年)秋天开通。从此，南方的运粮船只可以一直开进大都，进入积水潭。

郭守敬对水源及地形条件的科学利用达到很高水平。白浮泉海拔 55 米，瓮山泊海拔 40 米，其间平均比降仅为 0.46 米/公里。要使白浮泉水顺利流到瓮山泊，渠道在选线和开掘时必须做到每公里误差不超过 1 米。新中国成立以后，为了解决北京用水问题，运用现代测量手段，开凿了京密引水渠。令人叫绝的是，700 多年前郭守敬引白浮泉水进京的旧道，竟然与京密引水渠走向大体一致，也就是说，京密引水渠自东沙河以西基本上是利用了郭守敬设计、施工的白浮堰故道。

元代大运河，北起大都，南迄杭州，中间包括通惠河、通州运粮河、御河、会通河、济州河、扬州运河、江南运河等几个部分，是贯通南北的一条大动脉，奠定了现在大运河的基础。

4. 今天的运河

今天的大运河全程分为 7 段：通惠河，从北京市区到通州；北运河，通州到天津；南运河，天津到山东临清；鲁运河，临清到台儿庄；中运河，台儿庄到江苏清江；里运河，清江到扬州；江南运河，镇江到浙江杭州。

中国的大运河,是世界上最长的一条人工运河。隋朝开凿的大运河,浩浩荡荡2700多公里,宛如一条巨龙,纵贯神州南北。元朝,重修京杭运河,裁弯取直,航程虽缩短了,但仍然有1700多公里。世界排名第二的苏伊士运河,全长不过195公里,而号称世界第三的巴拿马运河,仅长81.6公里。

本章小结

古代的塔、楼阁、长城、桥及堰河是我国古代建筑的重要组成部分,有着悠久的历史和文化内涵。它们在各自的发展中成熟了独特先进的建筑技术,形成了鲜明的风格。由于砖在这些建筑中的使用,使得这些建筑在技术理论、平面布局以及施工方法上都有独特的创造,尤其是古桥的建造技术一直处于世界领先地位。

思考与练习

1. 我国古塔建筑主要分几种类型？举例说明。
2. 古塔由几部分组成？各有什么特点？
3. 楼阁建筑的主要功能是什么？举例说明。
4. 长城的起源是何时？明长城的主要组成部分是什么？
5. 洛阳桥用了哪些先进的造桥技术？
6. 都江堰三大主要工程是什么？

下　篇
中国古典园林

第6章

古典园林基本知识

本章导读

本章是中国古典园林的入门篇,主要是中国古典园林背景的大致介绍。中国古典园林与自然结下了不解之缘,与西方规整的几何形园林截然不同,它是如何起源与发展的,其自身特点又是什么,这是本章所要阐述的主要问题。

第一节　古典园林概述

中国是世界文明古国之一,几千年的历史和中华大地的地理、气候、风土、文化孕育出"中国园林"这个历史悠久、源远流长的园林体系。其丰富多样的类型、样式,独特鲜明的风格和形象令世界瞩目,带给人们极大的美的享受和启迪。

一、古典园林的起源与历史演变

中国古典园林的历史大约从公元前11世纪奴隶社会末期开始,直到19世纪末的封建社会解体为止。在3000余年漫长、不间断的发展过程中,中国古典园林形成了世界上独树一帜的风景式园林体系,我们可以把它的全部发展历史分为生成、转折、全盛、成熟4个时期。

(一)生成期

生成期,即中国园林产生和成长的幼年阶段,相当于殷、周、秦、汉时期。殷、周为奴隶制国家,奴隶主贵族通过分封采邑制度获得其世袭不变的统治地位。贵族的宫苑是中国古典园林的滥觞,也是皇家园林的前身。秦、汉的政体演变为中央集权的郡县制，以确立皇权为首的封建官僚机构的统治，儒学逐渐获得正统地位，以地主小农经济为基础的封建大帝国形成。相应地，皇家的宫廷园林规划宏大、气魄雄浑，成为这个时期造园活动的主流。

1. 殷、周朴素的囿

中国最早见之于文字记载的园林是《诗经·灵台》篇中记述的灵囿。灵囿是在植被茂盛、鸟兽栖息的地段，掘沼筑台(灵沼、灵台)，作为游憩、生活的境域。

2. 秦汉建筑宫苑和“一池三山”

秦始皇统一中国后，营造宫室，其规划宏伟壮丽。这些宫室营建活动中也有园林建设，如“引渭水为池，筑为蓬、瀛”。汉代，在囿的基础上发展出新的园林形式——苑，其中分布着宫室建筑。苑中养百兽，供帝王射猎取乐，保存了囿的传统。苑中有宫、有观，成为以建筑组群为主体的建筑宫苑。汉武帝刘彻扩建上林苑，地跨5县，周围150公里，“中有苑二十六，宫二十，观三十五”。建章宫是其中最大宫城，“其北治大池，渐台高二十余丈，名曰太液池，中有蓬莱、方丈、瀛洲，壶梁象海中神山、龟鱼之属”。这种“一池三山”的形式，成为后世宫苑中池山之筑的范例(图6－1、图6－2)。

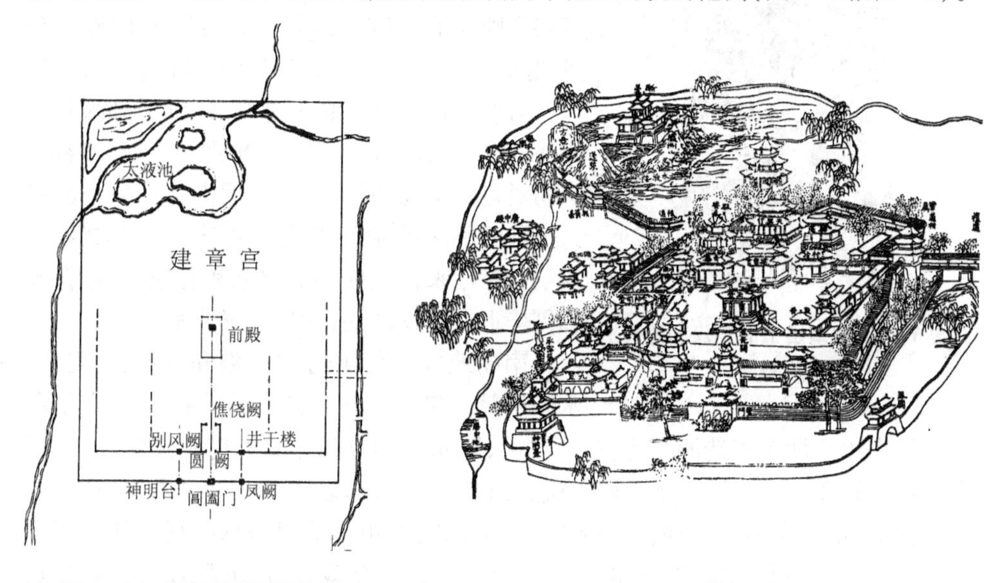

图6－1 建章宫平面设想图
(引自周维权《中国古典园林史》)

图6－2 建章宫图

3. 西汉山水建筑园

西汉时已有贵族、富豪的私园，规划比宫苑小，内容仍不脱囿和苑的传统，以建筑组群结合自然山水，如梁孝王刘武的梁园。茂陵富人袁广汉于北邙山下筑园，构石为山，反映当时已用人工构筑石山。园中有大量建筑组群，景色大体还是比较粗放的，这种园林形式一直延续到东汉末期。

（二）转折期

转折期，大约相当于魏、晋、南北朝时期。小农经济受到豪族庄园经济的冲击，北方落后的少数民族南下入侵，帝国处于分裂状态。而此时在意识形态方面则突破了儒学的正统地位，呈现为诸家争鸣、思想活跃的政治局面。豪门士族在一定程度上削弱了以皇权为首的封建官僚机构的统治，民间的私家园林异军突起。佛教和道教的流行，使得寺观园林也开始兴盛起来。这些变化促成了造园活动从产生到全盛的转折，初步确立了园林美学思想，奠定了中国风景式园林发展的基础。

1. 南北朝自然山水园

图 6－3　河南出土的东汉画像砖描绘的园囿

魏、晋、南北朝长期动乱，也是思想、文化、艺术上产生重大变化的时代。这些变化引起园林创作的变革，早在东汉桓帝时大将军梁冀大起第舍，“又广开园囿，采土筑山，十里九阪，以象二崤，深林绝涧，有若自然，奇禽驯兽，飞走其间”。此举顿开了山水园之先河（图 6－3）。十六国时期，后燕帝慕容熙在平城（今大同）“筑龙腾苑，广袤十余里，起景云山于苑内，基广五百步，峰高十七丈”。这一时期的筑山以仿真山为主，所以山必求其宏大，峰必求其高峻。西晋时已出现山水诗和游记，当初对自然景物的描绘，只是用山水形象来谈玄论道。到了东晋，在陶渊明的笔下，对自然景物的描绘已是用来抒发内心的情感和志趣，反映在园林创作上，则追求再现山水，有若自然。

南朝地处江南，由于气候温和、风景优美，山水园别具一格。南齐文惠太子开拓圃园，多聚奇石，妙极山水。湘东王造湘东苑，空池构山，跨水有阁、斋、屋。斋前有高山，山有石洞，蜿蜒潜行 200 余步。山上有阳云楼，楼极度高峻，远近皆见。可以看出，这个时期的园林在形式和内容上都有了转变：园林形式，由粗略地模仿真山真水转到用写实手法再现山水；园林植物，由欣赏奇花异木转到种草栽树，追求野致；园林建筑，不再徘徊连属，而是结合山水，列于上下，点缀成景。南北朝时期的园林，是山水、植物和建筑相互结合组成的山水园，可称为自然山水园或写实山水园。

2. 佛寺丛林和游览胜地

南北朝时期佛教兴盛，广建佛寺。佛寺建筑多用宫殿形式，宏伟壮丽，并附有庭园。尤其是不少贵族官僚舍宅为寺，使原有宅园成为寺庙的园林。很多寺庙建于郊外，或选山水胜地营建。这些寺庙不仅是信徒朝拜进香的圣地，而且逐渐成为风景游览胜地。此外，一些风景优美的胜区，逐渐有了山居、别业、庄园和聚徒讲学的精舍。这样,自然风景中就渗入了人文景观,逐步发展成为今天具有中国特色的风景名胜区。

(三)全盛期

中国园林的全盛期,相当于隋、唐时期。帝国复归统一,豪族势力和庄园经济受到抑制,中央集权的封建官僚机构更为健全、完善,在前一时期中诸家争鸣的基础上,形成儒、道、释互补共尊,儒家仍居正统地位的格局。唐王朝的建立,开创了中国历史上一个意气风发、勇于开拓、充满活力的全盛时代。从这个时代我们可以看到中国传统文化曾经有过的宏放风度和旺盛生命力。园林的发展也相应地进入了它的全盛期,作为一个园林体系,它所具有的风格特征已经基本形成。

1. 隋代山水建筑宫苑

隋炀帝杨广即位后,在东京洛阳大力营建宫殿苑囿。别苑中以西苑最著名,其风格明显受到南北朝时期自然山水园的影响,采取了以湖、渠水系为主体,将宫苑建筑融于山水之中。这是中国园林从建筑宫苑演变到山水建筑宫苑的转折点。

2. 唐代宫苑和游乐地

唐朝国力强盛,长安城宫苑壮丽。大明宫北有太液池,池中蓬莱山独踞,池周建回廊400多间。兴庆宫以龙池为中心,围有多组院落。大内三苑以西苑最为优美,苑中有假山、湖池,渠流连环。长安城东南隅有芙蓉园、曲江池,定时向公众开放,实为古代一种公共游乐地。唐代的离宫别苑,比较著名的有麟游县天台山的九成宫,是避暑的夏宫;临潼县骊山北麓的华清宫,是避寒的冬宫。

3. 唐代自然园林式别业山居

盛唐时期,中国山水画已有很大发展,出现了寄兴写情的画风。园林方面也开始有体现山水之情的创作。盛唐诗人、画家王维在蓝田县天然胜区,利用自然景物,略施建筑点缀,经营了辋川别业,形成了既富有自然之趣,又有诗情画意的自然园林(图6-4)。

图6-4 《辋川图》摹本(部分)

中唐诗人白居易游庐山,见香炉峰下云山泉石胜绝,故置草堂,建筑朴素,不施朱漆粉刷。草堂旁,春有绣花谷(映山红)、夏有石门云、秋有虎溪月、冬有炉峰雪,四时佳景,收之不尽。唐代文学家柳宗元在柳州城南门外沿江处,发现一块弃地,斩除荆丛,种植竹、松、杉、桂等树,临江配置亭堂。这些园林创作反映了唐代自然式别业山居,都是在充分认识自然美的基础上,运用艺术和技术手段来造景、借景而构成优美园林境域的。

4. 唐宋写意山水园

从中晚唐到宋,士大夫们要求深居市井也能闹处寻幽,于是在宅旁葺园地,在近郊置别业,蔚为风气。唐长安、洛阳和宋开封都建有第宅园池,宋代洛阳的第宅园池,风格多袭隋唐之旧。从《洛阳名园记》一书中可知唐宋大都是在面积不大的宅旁地里,因高就低、掇山理水,表现山壑溪池之胜,点景起亭、览胜筑台、茂林蔽天、繁花覆地、小桥流水、曲径通幽,巧得自然之趣。这些名园各具特色,均系造园者根据对山水的艺术认识和生活需求,因地制宜地表现山水真情和诗情画意的园,称之为写意山水园。

(四)成熟时期及成熟后期

成熟时期,相当于两宋到清初时期。继隋唐盛世之后,中国封建社会发育定型,农村的地主小农经济稳步成长,城市的商业经济空前繁荣,市民文化的兴起为传统文化注入了新鲜血液。封建文化的发展虽已失去了汉、唐的宏放风度,但日益缩小的精致境界中却实现着从总体到细节的自我完善。相应地,园林的发展亦由盛年期而升华至富于创造进取精神的、完全成熟的境地。

成熟后期,相当于清中叶到清末时期。清代乾隆王朝是中国封建社会的最后一个繁盛时代,表面的繁盛掩盖着四伏的危机。道光、咸丰以后,随着西方帝国主义势力入侵,封建社会盛极而衰,逐渐趋于解体,封建文化也越来越呈现衰颓的迹象。园林的发展,一方面继承前一时期的成熟传统,而更趋于精致,表现了中国古典园林的辉煌成就;另一方面则已暴露出某些衰颓的倾向,逐渐丧失了前一时期的积极、创新精神。清末民初,封建社会完全解体,历史发生急剧变化。西方文化大量涌入,中国园林的发展亦相应地产生了根本性的变化,结束了它的古典时期。

1. 北宋山水宫苑

北宋时期建筑技术和绘画都有发展,出版了《营造法式》,兴起了界画。宋徽宗赵佶先后修建的诸宫,都有苑囿。政和七年(1117 年)始筑万岁山,后更名艮岳(图 6-5)。艮岳主山寿山,岗连阜属,西延为平夷之岭,有瀑布、溪涧、池沼形成的水系。在这样一个山水兼盛的境域中,树木花草群植成景,亭台楼阁因势布列。这种全景式地表现山水、植物和建筑之胜的园林,称为山水宫苑。

2. **元、明、清宫苑**

元、明、清三代建都北京,大力营造宫苑,历经营建,完成了西苑三海、故宫御花园、圆明园、清漪园、静宜园、静明园及承德避暑山庄等著名宫苑。

这些宫苑或以人工挖湖堆山(如三海、圆明园),或利用自然山水加以改造(如避暑山庄、颐和园)。宫苑中以山水、地形、植物来组景,因势、因景点缀园林建筑。这些宫苑中仍可明显地看到“一池三山”传统的影响。清乾隆以后,宫苑中建筑的比重又大为增加。

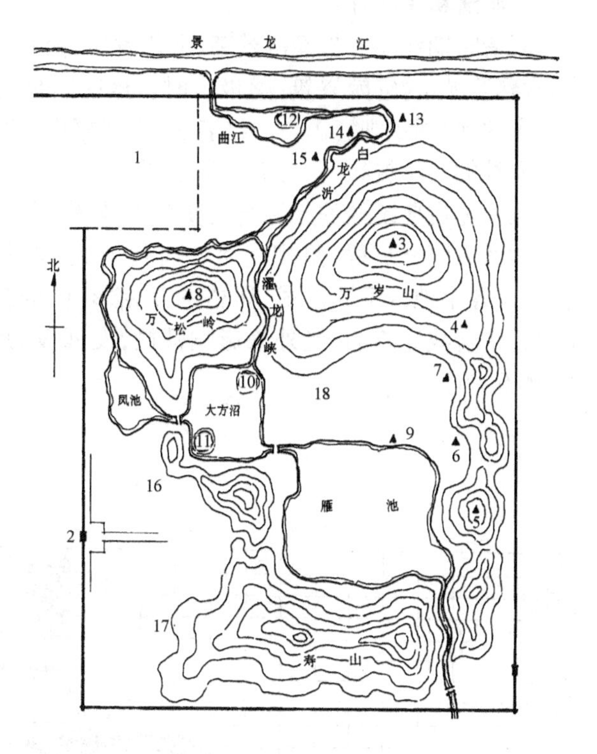

图6-5 艮岳平面设想图

1. 上清宝箓宫 2. 华阳门 3. 介亭 4. 萧森亭 5. 极目亭 6. 书馆 7. 萼绿华堂 8. 巢云亭 9. 绛霄楼 10. 芦渚 11. 梅渚 12. 蓬壶 13. 消闲馆 14. 漱玉轩 15. 高阳酒肆 16. 西庄 17. 药寮 18. 射圃

这些宫苑是历代朝廷集中大量财力物力,并调集全国能工巧匠精心设计施工的,总结了几千年来中国传统的造园经验,融会了南北各地主要的园林风格流派,在艺术上达到了完美的境地,是中国园林的主要遗产。大型宫苑多采用集锦方式,集全国名园之大成。承德避暑山庄的“芝径云堤”仿自杭州西湖苏堤,烟雨楼仿自嘉兴南湖,金山仿自镇江,万树园模拟蒙古草原风光。圆明园的100处景区中,有仿照杭州“断桥残雪”“柳浪闻莺”“平湖秋月”“雷峰夕照”“三潭印月”“曲院风荷”的;有仿照宁波“天一阁”的;有仿照苏州“狮子林”假山的,等等。这种集锦式园林,成为中国园林艺术的一种传统。

这个时期的宫苑还吸收了蒙古族、藏族、维吾尔等少数民族的建筑风格,如北京颐和园后山建筑群、承德外八庙等。清代中国同国外的交往增多,西方建筑艺术传入中国,首次在宫苑建设中被采用。如圆明园中俗称“西洋楼”的一组西式建筑,包括远瀛观、海晏堂、方外观、观水法、线法山、谐奇趣等,以及石雕、喷泉、整形树木、绿丛植坛等园林形式,就是当时西方盛行的园林风格。这些宫苑后来被帝国主义侵略者焚毁了。

3. **明清私家园林**

明清时期江浙一带经济繁荣、文化发达，南京、湖州、杭州、扬州、无锡、苏州、太仓、常熟等城市，宅园兴筑，盛极一时。这些园林是在唐宋写意山水园的基础上发展起来的，强调主观意志与心绪表达，重视掇山、叠石、理水等技巧，突出山水之美，注重园林的文学趣味，称为文人山水园。

从上述古典园林的起源与历史演变来看，中国园林体系并不像处于同一历史时期的西方园林那样，呈现为各个时代形式、风格的迥然不同，此起彼落、更迭变化，以及各个地区不同形式、风格的互相影响、融合变异。中国园林是在漫长的历史进程中自我完善的，受外来影响甚微，发展极为缓慢，表现为持续不断的演进过程（图 6－6）。

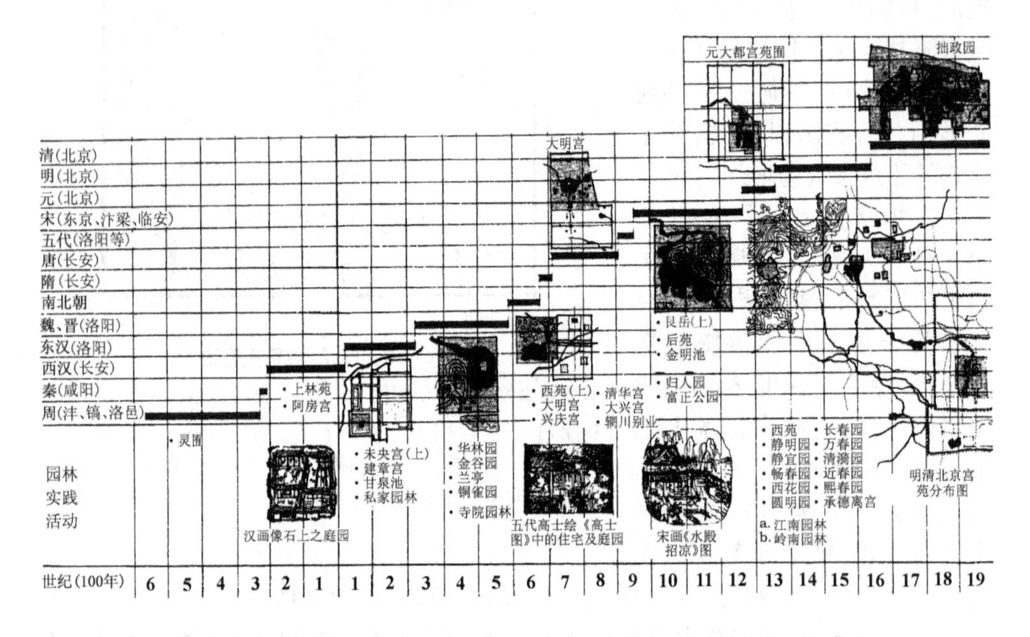

图 6－6　中国古典园林发展简图（引自彭一刚《中国古典园林分析》）

二、古典园林的基本类型

中国古典园林是由农耕经济、集权政治、封建文化培育成长起来的，比起世界其他园林体系，历史最久、持续时间最长、分布范围最广，是一个博大精深而源远流长的风景式园林体系。

（一）按园林选址和开发方式分

按照园林基址的选择和开发方式的不同，中国古典园林可以分为人工山水园和天然山水园两大类型：

1. 人工山水园

人工山水园是我国造园发展到完全自觉创造阶段而出现的审美境界最高的一类园林，即在平地上开凿水体、堆筑假山，人为地创设山水地貌，配以花木栽植和建筑营构，把天然山水风景缩移模拟在一个小范围之内。这类园林均修建在平坦地段上，尤以城镇内居多。在城镇的建筑环境里创造模拟天然野趣的小环境，犹如点点绿洲，故也称之为"城市山林"。它们的规模从小到大，内容由简到繁，不一而足。一般说来，小型的在0.5公顷以下，中型的约为0.5～3公顷，3公顷以上的就算大型人工山水园了。人工山水园的四个造园要素之中，建筑由人工经营[①]自不待言，即便山水地貌亦出于人为，花木全是人工栽植，因此，造园所受的客观制约条件很少，人的创造性得以最大限度地发挥，艺术创造游刃有余，必然导致造园手法和园林内涵的丰富多彩。所以，人工山水园乃是最能代表中国古典园林艺术成就的一种类型。

2. 天然山水园

天然山水园一般建在城镇近郊或远郊的山野风景地带，包括山水园、山地园和水景园等。规模较小的利用天然山水的局部或片段作为建园基址，规模大的则把完整的天然山水植被环境圈起来作为建园的基址，然后再配以花木栽植和建筑营构，因势利导地将基址的原始地貌做适当的调整、改造和加工，工作量的多少视具体地段条件和造园要求而有所不同。兴造天然山水园的关键在于选择基址，如果选址恰当，则能以少量的花费而获得远胜于人工山水园的天然风景之真趣。人工山水园之缩移模拟天然山水风景，毕竟不可能完全予人以身临其境的真实感，正如清初造园家李渔所说："幽斋垒石，原非得已，不能置身岩下与木石居，故以一拳代山、一勺代水，所谓无聊之极思也。"故《园冶》论造园相地，以"山林地"为第一。

(二)按园林布置形式分

按照园林的布置形式，中国古典园林又可分为自然式和规则式。

1. 自然式园林

自然式园林，是中国古代园林的主流，也是其代表形式，具有极深的渊源，如苏州拙政园、留园、网师园；北京颐和园、圆明园；承德避暑山庄；佛山梁园；东莞可园等。

2. 规则式园林

规则式园林，如清北京御花园、慈宁宫花园；陵园，如明十三陵等。

(三)按园林隶属关系分

按照园林的隶属关系，中国古典园林也可归纳为若干类型。其中主要类型有：皇家园林、私家园林、寺观园林、风景名胜。

---

① 经营，园林常用词，指经度营造，谋划营谋。语出《诗经·大雅·灵台》"经始灵台，经之营之"。

1. **皇家园林**

属于皇帝个人和皇室所私有，古籍里称为苑、苑囿、宫苑、御苑、御园等的，均可归属于这一类型。

2. **私家园林**

属于民间的贵族、官僚、缙绅所私有，古籍里面称园、园亭、园墅、池馆、山池、山庄、别业、草堂等的，大抵都可归入这一类型。

3. **寺观园林**

即佛寺和道观的附属园林，也包括寺观内部庭院和外围地段的园林化环境。

4. **风景名胜**

一般地说，古代凡是没有特定服务对象，带有公共游赏性质的园林，均可算风景名胜。

皇家园林、私家园林、寺观园林以及风景名胜这几大类型，是中国古典园林的主体、造园活动的主流、园林艺术的精华荟萃，也是一般通用的古典园林分类方式。除此之外，也还有一些既非主体亦非主流的园林类型，如衙署园林、祠堂园林、书院园林、会馆园林，以及茶楼、酒肆的附属园林等，它们相对来说数量不多，内容大都类似私家园林。

（四）按地域分

由于中国南北气候差异悬殊，经济与文化发展不一，按照不同的地域特点，中国古典园林又可分为江南园林、北方园林、岭南园林、巴蜀园林、西域园林等各种形式。其中江南、北方、岭南三大风格是其主体，无论从各自造园要素的用材、形象和技法上，还是在园林的总体规划上，均具有较大的区别。

第二节　古典园林基本特点

中国古典园林作为一个园林体系，若与世界上其他园林体系相比较，它所具有的个性是鲜明的，而其内部各个类型之间，又有着许多相同相近的共性。

一、本于自然、高于自然

中国古典园林是典型的自然山水园，是人工与自然结合的产物。神州大地，山川形胜，景象万千，成为造园创作的蓝本和不竭的源泉。中国独特的地理条件和人文背景孕育出的自然观对中国古典园林产生了重要的影响，从早期的逃避、敬畏自然，到欣赏、模仿、表现自然，反映出与自然和谐、天人合一的朴素自然观。长期的发展演进形成了以自然山水为表现主题的造园风格和创作方法。山石与水体构成园林的基本空间骨架，也成为构园造景的主体景观。它们既表现为峰峦洞谷、悬崖峭壁，也表现为平坂岗阜、假山峰石或清泉溪流，“虽由人作，宛自天开”是园林审美的评价标准。

自然风景以山、水为地貌基础，以植被作装点。山、水、植物乃是构成自然风景的基本要素，当然也是风景式园林的构景要素。但中国古典园林绝非一般地利用或者简单地模仿这些构景要素的原始状态，而是有意识地加以改造、调整、加工、剪裁，从而表现一个精练概括的自然、一个典型化的自然。唯其如此，像颐和园那样的大型天然山水园，才能把具有典型性格的江南湖山景观在北方的大地上复现出来。这就是中国古典园林的一个最主要的特点——本于自然而又高于自然。这个特点在人工山水园的筑山、理水、植物配置方面表现得尤为突出。

自然界的山岳，以其丰富的外貌和广博的内涵而成为大地景观最重要的组成部分，相应地，在古典园林的地形整治工作中，筑山便成了一项最重要的内容。筑山即堆筑假山，包括土山、土石山、石山。园林内使用天然石块堆筑为石山的这种特殊技艺叫作“叠山”，江南地区称之为“掇山”。匠师们广泛采用各种造型、纹理、色泽的石材，以不同的堆叠风格而形成许多流派。造园几乎离不开石，石本身也逐渐成了人们鉴赏品玩的对象，并以石作为盆景艺术、案头清供①。南北各地现存的许多优秀叠山作品，一般最高不过八九米，无论模拟真山的全貌或截取真山的一角，都能以小尺度而创造出峰、峦、岭、岫、洞、谷、悬岩、峭壁等形象的写照。从它们的堆叠章法和构图经营上，可以看到天然山岳构成规律的概括和提炼。园林假山都是真山的抽象化和典型化的缩移摹写，能在很小的地段上展现咫尺山林的局面、幻化千岩万壑的气势。园林之所以能够体现高于自然的特点，主要即得之于叠山这种高级的艺术创作。叠石为山的风气，到后期尤为盛行，几乎是“无园不石”。

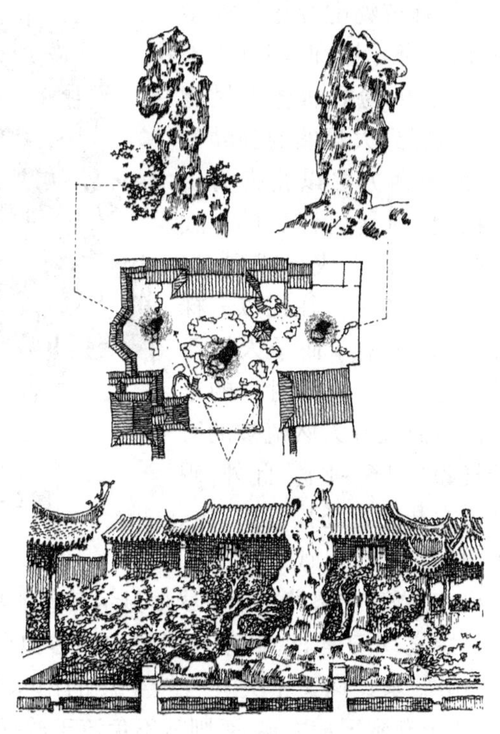

图6－7 留园冠云峰庭院

主峰：冠云峰 东侧：瑞云峰 西侧：岫云峰

此外，还有选择整块天然石材陈设在室外作为观赏对象的，这种做法称为“置石”。用作置石的单块石材不仅具有优美奇特的造型，而且能够引起人们对奇峰峻岭的联想，即所谓“一拳则太华千寻”，故又称之为“峰石”（图6－7）。

① 供于几案的清雅供品。

水体在大自然的景观构成中是一个重要的因素，它既有静止状态的美，又能显示流动状态的美，因而也是一个最活跃的因素。山与水的关系密切，山嵌水抱一向被认为是最佳的成景态势，也反映了阴阳相生的辩证哲理。这些情况都体现在古典园林的创作上，一般说来，有山必有水，“筑山”和“理水”不仅成为造园的专门技艺，两者之间相辅相成的关系也是十分密切的。

园林内开凿的各种水体都是自然界的河、湖、溪、涧、泉、瀑等的艺术概括。人工理水务必做到“虽由人作，宛自天开”，哪怕再小的水面亦必曲折有致，并利用山石点缀岸、矶，有的还故意做出一湾港汊、水口，以显示源流脉脉、疏水无尽。稍大一些的水面，则必堆筑岛、堤，架设桥梁。在有限的空间内尽写天然水景的全貌，这就是“一勺则江湖万里”之立意。

园林植物配置尽管姹紫嫣红、争奇斗艳，但都以树木为主调，因为翳然林木最能让人联想到大自然的勃勃生机，而像西方之以花卉为主的花园，则是比较少的。栽植树木不讲求成行成列，但亦非随意参差。往往以三株五株、虬枝枯干而予人以蓊郁之感，运用少量树木的艺术概括而表现天然植被的万千气象（图6－8）。此外，观赏树木和花卉还按其形、色、香而“拟人化”，赋予不同的性格和品德，在园林造景中尽量显示其象征寓意。

图6－8 留园五峰仙馆前的植物配置

总之，本于自然、高于自然是中国古典园林创作的主旨，目的在于求得一个概括、精练、典型而又不失其自然生态的山水环境。这样的创作又必须合乎自然之理，方能获致天成之趣，否则就不免流于矫揉造作，犹如买椟还珠，徒具抽象的躯壳而失却风景式园林的灵魂了。

二、建筑美与自然美的融糅

通常，山石、水体、植物、建筑是组成园林的主要材料和基本物质要素。它们的构成方法和表现形式反映了园林的外观形象。其中，山水植物是具有自然气息的要素，建筑则属人工景观。在中国古典园林中，人工的建筑与自然的山水树石互相配合，不可或缺，共同构成一幅幅完整和谐、赏心悦目、千变万化的风景画面。一般地说，建筑作为人工景观，其造型、色彩、质感极易凸显于其他自然要素之上。然而，中国古典园林中的建筑在特定环境条件下，并不是突兀的、生硬的，而是综合采用了各种处理手法，使之与环境谐调。如建筑选址多分散又不乏联系，根据环境空间的尺度决定体量的大小，体形组合富于变化，活泼生动；装饰细部精巧秀丽，建筑的色彩线条与环境融为一体；翼角飞椽、雕梁砖刻、粉墙漏窗成为古典园林景观形象的组成部分，建筑与自然要素保持着和谐，相互配合衬托，等等。建筑美和自然美的融合，是构园造景的重要原则，也是中国古典园林突出的形象特征之一。

法国的规整式园林和英国的风景式园林是西方古典园林的两大主流，前者按古典建筑的原则来规划园林，以建筑轴线的延伸而控制园林全局；后者的建筑物与其他造园三要素之间往往处于相对分离的状态。然而，这两种截然相反的园林形式却有一个共同的特点，即把建筑美与自然美对立起来，要么建筑控制一切，要么退避三舍。

中国古典园林则不然，建筑无论多寡，也无论其性质、功能如何，都力求与山、水、花木这三个造园要素有机地组织在一系列风景画面之中，突出彼此谐调、相互补充的积极因素，限制彼此对立、互相排斥的消极因素，甚至能把后者转化为前者，从而在园林总体上使得建筑美与自然美融糅起来，达到一种人工与自然高度谐调的境界——天人合一。当然，达到这种境界并非易事。就现存的一些实例来看，因建筑物的充斥而破坏园林自然天成之趣的情况也是有的。

中国古典园林之所以能够把消极因素转化为积极因素，以求得建筑美与自然美的融糅，从根本上来说，当然应该追溯其造园的哲学、美学乃至思维方式的主导，但中国传统木构建筑本身所具有的特性也为此提供了优越条件。

木构架的个体建筑，内墙、外墙可有可无，空间可虚可实、可隔可透。园林里面的建筑物充分利用这种灵活性和随意性创造了千姿百态、生动活泼的外观形象，获得与自然环境的山、水、花木密切嵌合的多样性。中国园林建筑，不仅形象之丰富在世界范围内算得上首屈一指，而且还把传统建筑的化整为零、由个体组合为建筑群体的可变性发挥到了极致。它一反宫廷、坛庙、衙署、邸宅的严整、对称、均齐格局，完全自由随宜、因山就水、高低错落，并以这种千变万化强化了建筑与自然环境的嵌合关系（图6-9）。同时，还利用建筑内部空间与外部空间通透、流动的可能性，把建筑物的小空间与自然界的大空间沟通起来。正如《园冶》所谓："轩楹高爽，窗户虚邻，纳千顷之汪洋，收四时之烂漫。"

匠师们为了进一步把建筑融糅于自然环境之中，还发展、创造了许多别致的建筑形象和细节处理。例如，亭这种最简单的建筑物在园林中随处可见，不仅具有点景的作用和观景的功能，而且通过其特殊的形象还体现了以圆法天、以方象地、纳宇宙于芥粒的哲理。苏东坡《涵虚亭》诗云："唯有此亭无一物，坐观万景得天全。"再如，临水之"舫"和陆地上的"船厅"即模仿舟船以突出园林的水乡风貌。江南地

图 6－9　北海濠濮间建筑的因山就势

图 6－10　扬州个园小景，建筑与山石浑然一体

区水网密布，舟楫往来为城乡最常见的景观，故园林中这种建筑形象也运用最多。廊本来是联系建筑物、划分空间的手段，园林里面的那些楔入水面、飘然凌波的“水廊”，婉转曲折、通花渡壑的“游廊”，蜿蜒山际、随势起伏的“爬山廊”等各式各样的廊子，好像纽带一般把人为的建筑与天成的自然贯穿结合起来。常见山石包镶着房屋的一角，堆叠于平桥的两端，甚至代替台阶楼梯、柱墩等建筑构件，则是建筑物与自然环境之间的过渡与衔接（图 6－10）。随墙的空廊在一定的距离上故意拐一个弯而留出小天井、随宜点缀少许山石花木，顿成绝妙小景。那白粉墙上所开的种种漏窗，阳光透过，图案倍感玲珑明澈。而在诸般样式的窗洞后面衬以山石数峰、花木几棵，犹如小品风景，尤为楚楚动人。

总之，优秀的园林作品，尽管建筑物比较密集，却不会让人感觉到被围于建筑空间之内，虽然处处有建筑，却处处洋溢着大自然的盎然生机。这种和谐，在一定程度上反映了中国传统的“天人合一”哲学思想，体现了道家对大自然“为而不持、主而不宰”的态度。

三、诗画的情趣

文学是时间的艺术，绘画是空间的艺术。园林的景物既需“静观”，也要“动观”，即在游动、行进中领略观赏园林美景，故园林是时空的综合艺术。中国古典园林的创作，能充分把握这一特性，运用各个艺术门类之间的触类旁通，熔铸诗画艺术于园林艺术，使得园林从总体到局部都包含着浓郁的诗、画情趣，这就是通常所谓的“诗情画意”。

1. 诗情

诗情，不仅是把前人诗文的某些境界、场景，在园林中以具体的形象复现出来，或者运用景名、匾额、楹联等文学手段对园景作直接的点题，而且还在于借鉴文学艺术的章法、手段使得规划设计颇多类似文学艺术的结构。园内的动观游览线路绝非平铺直叙的简单道路，而是运用各种构景要素于迂回曲折之中，形成渐进的空间序列，也就是空间的划分和组合。划分，不流于支离破碎；组合，务求其开合起承、变化有序、层次清晰。这个序列的安排一般必有前奏、起始、主题、高潮、转折、结尾，形成内容丰富多彩、整体和谐统一的连续的流动空间，表现了诗一般的严谨、精练的章法。在这个序列中往往还穿插一些对比的手法、悬念的手法、欲抑先扬或欲扬先抑的手法，合乎情理之中而又出人意料之外，则更加强了犹如诗歌的韵律感。因此，人们游览中国古典园林所得到的感受，往往仿佛朗读诗文一样的酣畅淋漓，这也是园林所包含着的“诗情”。而优秀的园林作品，则无异于凝固的音乐、无声的诗歌。

2. 画意

凡属风景式园林都或多或少地具有“画意”，都在一定程度上体现绘画的原则。中国的山水画不同于西方的风景画，前者重写意，后者重写形。可以说中国园林是把作为大自然的概括和对山水画的升华，以三维空间的形式复现到人们的现实生活中来。这在平地起造的人工山水园中，尤为明显。

从假山，尤其是石山的堆叠章法和构图经营上，既能看到天然山岳构成规律的概括、提炼，也能看到诸如“布山形、取峦向、分石脉”“主峰最宜高耸，客山须是奔趋”等山水画理的表现，乃至某些笔墨技法，如皴（cūn）法、矾头、点苔等的具体模拟。可以说，叠山艺术把借鉴于山水画的“外师造化、中得心源”的写意之法，在三维空间的情况下发挥到了极致。它既是园林里面复现大自然的重要手段，也是造园之因画成景的主要内容。正因为“画家以笔墨为丘壑，掇山以土石为皴擦；虚实虽殊，理致则一”，所以许多叠山匠师都精于绘事，有意识地汲取绘画各流派的长处于叠山的创作（图6－11）。

图6－11　苏州环秀山庄的叠山艺术

园林的植物配置，务求其在姿态和线条方面既显示自然天成之美，也要表现出绘画的意趣。因此，选择树木花卉就很受文人画所标榜的“古、奇、雅”格调的影响，讲究体态潇洒、色香清俊、堪细品玩味、有象征寓意。

园林建筑的外观，不仅由于露明的木构件和木装修、各式坡屋面的举折起翘而表现出生动的线条美，还因木材的髹饰、辅以砖石瓦件等多种材料的运用而显示色彩美和质感美。这些，都赋予园林的外观形象以画意的魅力。所以有的学者认为西方古典建筑是雕塑性的，中国古典建筑是绘画性的，此论不无道理。中国古代诗文、绘画中咏赞、状写建筑的不计其数，甚至以工笔描绘建筑物而形成独立的画科——界画，在世界上恐怕是绝无仅有的事例。正因为建筑之富于画意的魅力，那些瑰丽的殿堂台阁宛若金碧山水画，把皇家园林点染得何等地凝练、璀璨，恰似颐和园内一副对联的描写：“台树参差金碧里，烟霞舒卷画图中。”而江南私家园林中，建筑物以其粉墙、灰瓦、褐黑色的髹饰、通透轻盈的体态掩映在竹树山池之间，其淡雅的韵致犹如水墨渲染画，与皇家园林金碧重彩的皇家气派，又迥然不同。

图6－12　拙政园的“雪香云蔚亭如画”的构图意趣

线条是中国画的造型基础，这种情况也同样存在于中国园林艺术之中。中国的风景式园林具有丰富、突出的线条的造型美：建筑物露明木梁柱装修的线条、建筑轮廓起伏的线条、坡屋面柔和舒卷的线条、山石有若皴擦的线条、水池曲岸的线条、花木枝干虬曲的线条等，组成了线条律动的交响乐，统摄整个园林的构图，正如各种线条统摄山水画面的构图一样，也多少增益了园林如画的意趣（图6－12）。

由此可见，中国绘画与造园之间关系的密切程度。这种关系历经长久的发展而形成“以画入园、因画成景”的传统，甚至不少园林作品直接以某个画家的笔意、某种流派的画风引为造园的蓝本。历来的文人、画家参与造园蔚然成风，或为自己营造，或受他人延聘而出谋划策。专业造园匠师亦努力提高自己的文化素养，有不少擅长于绘画的。流风所及，不仅园林的创作，乃至品评、鉴赏亦莫不参悟于绘画。

当然，兴造园林比起在纸绢上作水墨丹青的描绘要复杂得多，因为造园必须解决一系列的实用、工程技术问题，所以也更困难得多。因为园内的植物是有生命的，潺潺流水是动态的，生态景观随季相之变化而变化，随天候之更迭而更迭。再者，园内景物不仅从固定的角度去观赏，而且要流动着观赏，从上下左右各方观赏，进入景中观赏,甚至园内景物观之不足,还须把园外"借景"收纳作为园景的组成部分。所以,不能说每一座中国古典园林的规划设计都全面地做到以画入园、因画成景,但不少优秀作品确实能够予人以置身画境、如游画中的感受。如果按照宋人郭熙《林泉高致》一书中的说法:"世之笃论,谓山水有可行者,有可望者,有可游者,有可居者。画凡至此,皆大妙品。但可望可行不如可居可游之为得。"那么,中国古典园林就无异于可游、可居的立体图画了。

四、意境的涵蕴

意境,是中国艺术创作和鉴赏方面的一个极重要的美学范畴。简单说来,意即主观的理念、感情;境即客观的生活、景物。意境产生于艺术创作中"意"和"境"的结合,即创作者把自己的感情、理念熔铸于客观生活、景物之中,从而引发鉴赏者之类似的情感激动和理念联想。中国的传统哲学在对待"言""象""意"的关系上,认为言以明象,象着存意,意在言外,从来都把"意"置于首要地位。先哲们很早就已提出"得意而忘言""得意而忘象"的命题,只要得到"意"就不必拘守原来用以明象的言和存意的象了。再者,汉民族的思维方式注重综合和整体观照,佛禅和道教的文字宣讲往往立象设教、追求一种"意在言外"的美学趣味。这些情况影响、浸润于艺术创作和鉴赏,从而产生意境的概念。唐代诗人王昌龄在《诗格》一文中提出"三境"之说,来评论诗(主要是山水诗)。他认为诗有三种境界:只写山水之形的为"物境";能借景生情的为"情境";能托物言志的为"意境"。《诗格》的情境和意境,都是诉诸主观,由主客观的结合而产生。因此,都可以归属于通常所理解的"意境"范畴。

不仅诗、画如此,其他艺术门类也都把意境的有无、高下作为创作和品评的重要标准,园林艺术当然也不例外。园林由于其与诗画的综合性、三维空间的形象性,其意境内涵的显现比之其他艺术门类就更为明晰,也更易于把握。意境的涵蕴既深且广,其表述的方式必然丰富多样。归纳起来,大体有如下三种不同的情况:

1. 幻化意境——移天缩地

借助于人工叠山、理水把广阔的自然山水风景缩移模拟于咫尺之间。所谓"一拳则太华千寻,一勺则江湖万里"不过是文人的夸张说法。这一拳、一勺,应该就是园林中的具有一定尺度的假山和人工开凿的水体。它们都是物象,由这些具体的石、水物象而构成物境。太华、江湖则是通过观赏者的移情和联想,从而把物象幻化为意象,把物境幻化为意境。相应地,物境的构图美便衍生出意境的生态美,但前提条件在于叠山、理水的手法,要能够诱导观赏者往"太华"和"江湖"方面去联想,否则将会导入误区,如晚期叠山之过分强调动物形象等。所以说,叠山理水的创作,往往既重物境,更重由物境而幻化、衍生出来的意境,即所谓"得意而忘象"。由此可见,以叠山理水为主要造园手段的人工山水园,其意境的涵蕴几乎是无所不在,甚至可以称之为“意境园”了。

2. 预设意境——意在笔先

预先有一个意境的主题,然后命题作文,借助于山水、花木、建筑所构成的物境,把这个主题表现出来,从而传达给观赏者以意境的信息。此类主题往往得之于古人的文学艺术创作、神话传说、遗闻轶事、历史典故乃至风景名胜的模拟等,这在皇家园林中尤为普遍。

3. 点题意境——景题点睛

意境并非预先设定,而是在园林建成之后再根据现成物境的特征做出文字的“点题”——景题、匾、联、刻石等。通过这些文字手段更具体、更明确的表述,其所传达的意境信息也就更容易把握了。《红楼梦》第十七回“大观园试才题对额”,写的就是此种情形的意境。

运用文字信号来直接表述意境的内涵,则表述的手法就会更为多样化:状写、比附、象征、寓意等;表述的范围也十分广泛:情操、品德、哲理、生活、理想、愿望、憧憬等。游人在游园时所领略的已不仅是视线所及的景象,而且还有不断在头脑中闪现的“景外之景”;不仅满足了感官(主要是视觉感官)上的美的享受,而且能够唤起对以往的记忆,从而不断获得情思的激发和理念的联想,即“象外之旨”。

图 6-13 拙政园听留馆的意境

匾题和对联既是诗文与造园艺术最直接结合而表现园林“诗情”的主要手段,也是文人参与园林创作、表述园林意境的主要手段。它们使得园林内的大多数景象无不“寓情于景”,随处皆可“即景生情”。因此,园林内的重要建筑物上一般都悬挂匾和联。其文字不仅点出了景观的精粹之所在,同时,作者的借景抒情也感染和激发起游人的浮想联翩。优秀的匾、联作品尤其如此。富有文学意味、言简意赅的题名匾额也成了抒情造境的重要手段,起到画龙点睛、深化意境的作用。如苏州的拙政园内有两处赏荷花的地方,一处建筑物上的匾题为“远香堂”,另一处为“听留馆”(图 6-13)。前者得之于周敦颐咏莲的“香远益清”句,后者出自李商隐“留得残荷听雨声”的诗意。一样的景物由于匾题的不同却给人以两般的感受,物境虽同而意境则殊。北京颐和园的前身叫清漪园,1886 年重修后,西太后取意“颐养冲和”改用现名。这个曾以垂帘听政威慑天下的“老佛爷”企盼“天下太平”，并能让她“颐养天年”。园林中题名匾额大量借用名诗佳句典故来传达特定的主题和意境，昆明大观楼建置在滇池畔，悬挂着当地名士孙髯翁所作的180字长联，号称“天下第一长联”。上联咏景，下联述史，洋洋洒洒，把眼前的景物状写得全面而细腻入微，把作者即此景而生出的情怀抒发得淋漓尽致。其所表述的意境，仿佛延绵无尽，当然也就感人至深。这些都是中国古典园林区别于西方园林的地方。

游人获得园林意境的信息，不仅通过视觉官能的感受或者借助于文字信号的感受，而且还通过听觉、嗅觉的感受。诸如十里荷花、丹桂飘香、雨打芭蕉、流水叮咚，乃至风动竹篁有如碎玉倾洒，柳浪松涛之若天籁清音，都能以“味”入景、以“声”入景而引发意境的遐思（图6－14）。

图6－14 承德避暑山庄的万壑松风以“声”入景

本节所述古典园林之四大特点，是中国园林在世界上独树一帜的主要标志。它们的成长乃至最终形成，固然由于政治、经济、文化等诸多复杂因素的制约，但从根本上来说，又与中国传统的天人合一哲理，以及重整体观照、重直觉感知、重综合推衍的思维方式的主导有着直接的关系。可以说，四大特点本身正是这种哲理和思维方式在园林艺术领域内的具体表现。园林的全部发展历史反映了这四大特点的形成过程，园林的成熟时期也意味着这四大特点的最终形成。

本章小结

两千多年来，中国古典园林的造园宗旨、目的和意义随着社会文化的发展而变化，从早期的生产性、实用性，到求神问仙，逐渐演变为以观赏游乐、寄情抒怀的环境。中国古典园林具有自身鲜明的特点：与自然的和谐统一、对自然的凝练与提升，进而加入人的情感，上升到诗画意境的高度，使中国古典园林有了“景外之意”的无限空间，在世界园林中卓尔不群。

思考与练习

1. 中国古典园林的历史发展分为哪几个时期？各自有什么特点？
2. 一般说私家园林、皇家园林、寺观园林是如何区分的？它们的特点是什么？
3. 为什么说中国古典园林“本于自然、高于自然”？
4. 中国古典园林的意境是什么？如何表达？
5. 中国山水画对中国古典园林有什么影响？

第7章

皇家园林与私家园林

本章导读

皇家园林、私家园林是中国古典园林的两大主要类型，目前的遗存体现了北方、南方的地域差异，这种情况是如何产生的呢？从其起源和历史发展过程及其特点入手，再加上一些案例，就可以解除对历史上的一些名园的疑惑了。

第一节　皇家园林

一、皇家园林的起源与发展

从迄今发现的最早的文字——殷商（公元前16世纪—公元前11世纪）甲骨文中，我们发现了有关皇家园林“囿”的论述。据此，有关专家们推测，中国皇家园林始于殷商。据《周礼》解释，当时皇家园林是以囿的形式出现的，即在一定的自然环境范围内，放养动物、种植林木、挖池筑台，以供皇家打猎、游乐、通神明和生产之用。当时著名的皇家园林为周文王的灵囿。

秦汉两代（公元前221—公元220年），皇家园林以山水宫苑的形式出现，即皇家的离宫别馆与自然山水环境结合起来，其范围大到方圆数百里。秦始皇在陕西渭南建的信宫、阿房宫不仅按天象来布局，而且“弥山跨谷，复道相属”，在终南山顶建阙，以樊川为宫内之水池，气势雄伟、壮观。秦始皇曾数次派人去神话传说中的东海三仙山——蓬莱、方丈和瀛洲求取长生不老之药，于是他在自己兰池宫的水池中也筑起蓬莱山，表达对仙境的向往。汉武帝在秦代上林苑的基础上，大兴土木，扩建成规模宏伟、功能更多样的皇家园林——上林苑。汉代上林苑是中国皇家园林建设的第一个高潮，上林苑中既有皇家住所，欣赏自然美景的去处，也有动物园、植物园、狩猎区，甚至还有跑马、赛狗的场所。在上林苑建章宫的太液池中也建有蓬莱、方丈和瀛洲三仙山。从此，中国皇家园林中“一池三山”的做法一直延续到了清代。

魏晋南北朝时期（220—589年），皇家园林的发展处于转折时期，虽然在规模上不如秦汉山水宫苑,但内容上则有所继承与发展。例如,北齐所建的仙都苑中堆土山象征五岳,建“贫儿村”“买卖街”体验民间生活等。

隋唐时期(581—907 年),皇家园林趋于华丽精致。隋代的西苑和唐代的禁苑都是山水构架巧妙、建筑结构精美、动植物种类繁多的皇家园林。

到了宋代(960—1279 年),皇家园林的发展又出现了一次高潮。这就是位于北宋都城东京的艮岳。宋徽宗建造的艮岳是在平地上以大型人工假山来仿创中华大地山川之优美的范例,也是写意山水园的代表作。此时,假山的用材与施工技术均达到了很高的水平。

元明清时期(1271—1911 年),皇家园林的建设趋于成熟。这时的造园艺术在继承传统的基础上又实现了一次飞跃,这个时期出现的名园如颐和园、北海、避暑山庄、圆明园,无论是在选址、立意、借景、山水构架的塑造、建筑布局与技术、假山工艺、植物布置,乃至园路的铺设等都达到了令人叹服的地步。颐和园这一北山南水格局的北方皇家园林在仿创南方西湖、寄畅园和苏州水乡风貌的基础上,以大体量的建筑佛香阁及其主轴线控制全园,突出表现了“普天之下,莫非王土”的理念。北海是继承“一池三山”传统而发展起来的。北海的琼华岛以“蓬莱”仿建,所以,晨雾中的琼华岛常给人以仙境之感。避暑山庄是利用天然形胜,并以此为基础改建而成。整个山庄的风格朴素典雅而没有华丽夺目的色彩,其中山区部分的十多组园林建筑当属因山构室的典范。圆明园是在平地上利用丰富的水源,挖池堆山形成的复层山水结构的集锦式皇家园林。此外在中国造园史上圆明园还首次引进了西方造园艺术与技术。

皇家园林的鼎盛发展取决于两方面的因素:

一方面,这时的封建帝王全面接受了江南私家园林的审美趣味和造园理论,而后者本来多少带有与主流文化相分离的出世倾向。因此,清代有很多皇帝不仅常年在园林或行宫中处理朝政,甚至还美其名曰:“避喧听政”。

另一方面,皇家造园追求宏大的气派和皇权的象征,这就导致了“园中园”格局的定型。所有皇家园林内部的几十乃至上百个景点中,势必有对某些江南袖珍小园的仿制和对佛道寺观的包容,同时出于整体宏大气势的考虑,势必要求安排一些体量巨大的单体建筑和组合丰富的建筑群,这样也往往将比较明确的轴线关系,或主次分明的多条轴线关系带入到原本强调因山就势、巧若天成的造园理法中来,从而也使皇家园林与私家园林判然有别。

二、皇家园林的鉴赏

(一)气魄宏大,巧夺天工

皇家园林气魄宏大,首先表现在占地多、规模大,充分利用了天然山水风景的自然美,常常以真山真水为造园要素,所以更重视选址,手法近于写实。西苑三海是我国最大的城市园林，避暑山庄(图7－1)占地560公顷，是清代最大的皇家园林。颐和园以及香山静宜园、玉泉山静明园等，均是范围较大的山水园林。有的甚至将当地的山水风景精华也组入到园中，例如古代著名的燕京八景中的“玉泉垂虹”和“西山晴雪”，分别是静明园和静宜园的主景。人们在一般名山胜水风景区中所能见到的自然峰岭、峡谷、沟壑、溪泉或平湖景观，大多能在皇家园林中欣赏到。

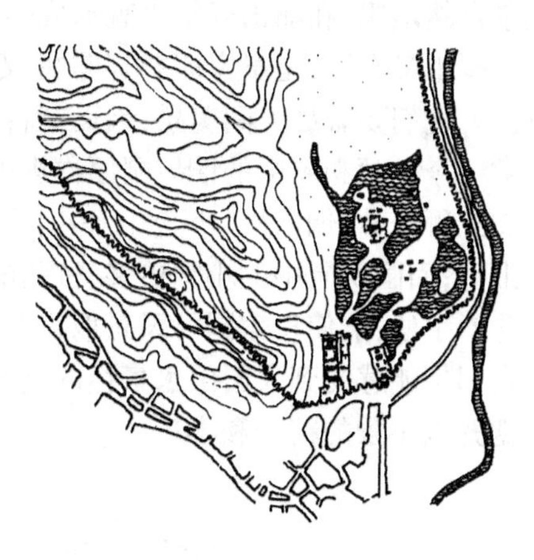

图7－1　避暑山庄

有些皇家园林是平地造园，境内没有真山真水，但是由于设计师和工匠们具有深厚的艺术修养和精湛的技艺，同样能创造出宛自天工的山水风景。例如圆明园，建造在海淀的一片洼地上，虽然园内只有人工堆叠和开挖的假山假水，但所创造的景色却比天然的更美。乾隆帝曾夸耀说：“天宝地灵之区，帝王游豫之地，无以逾此。”

圆明园占地总面积有350多公顷，完全在平原上挖湖导渠、堆山植树、营建宫馆。其中水面占到全园面积的一半左右，所堆山脉断续延长达30余公里。如此浩大的工程，构思却极为精细。每一水、每一山、每一景，都经过了认真推敲，形成了环环相套、层层推进、风景多而不杂、空间隔而不断、互为因借①的集锦式园林。虽然园内建筑很多，但是形式多变、上下参差、因地形随地势散布在全园之中，与山水风景融为一体。凡是有机会一睹圆明园美色的游人，无不为其自然天趣而折服。

(二)分区明确，园中有园

皇家园林范围大，景全、景多，景观也更丰富，功能内容和活动内容也十分丰富和盛大。几乎每园必附有宫殿，园内还有居住用的殿堂。要是处理不当就会现出堆砌凌乱的毛病，因而皇家园林常常较为明确地分成若干个景区。大的景区又由许多景点组成。它们之间常常以山石林木、廊墙或者桥堤相联络，同时又利用这些联系景物的自然转曲和相互遮挡将游赏空间分隔开来，达到既联又隔的艺术效果。皇家园林大的景区划分，一般是按照地形特点和使用性质不同而确定的，各园为皇帝处理政事而设立的宫区常常是独立成区，并布置在主要入口处。而苑区的划分则不尽相同，如避暑山庄的苑区按自然条件分为山区、平原区和湖区。颐和园也一样，除了东宫门内的宫区外，万寿山的前山，昆明湖的南湖、西湖，以及山北的后山后湖区，都是各具特色的主要游览区。特别是万寿山后山，遍植林木，建筑小而散，

① 因借，出自《园冶》：“巧于因借，精在体宜。”指因地制宜，互相借资。

风景自然幽邃，和前山开阔景观形成强烈的对比。

园中又有园，是皇家园林风景的又一个特点。这种布局方法源于皇帝的封建意识。他们要看尽人间美景，因而就将江南的著名园林胜景搬来自己的花园，就近游赏。今日颐和园中的谐趣园原称惠山园，是以无锡寄畅园为蓝本的；避暑山庄中的文园狮子林、烟雨楼、小金山等小园分别模仿了苏州狮子林、嘉兴烟雨楼和镇江金山寺；而圆明园中的小园更多，杭州的西湖十景全被搬入园中（图7－2）。园中园的艺术手法，能使皇家园林风景取得“大中见小”“小中见大”的对比效果。游了小园人们更能感受到大园山水景色的宏大和宽广；而从大的风景空间进入小园，则又倍觉庭园小景的精美和小巧。

图7－2　圆明园四十景中的天然图画、四宜书屋（引自周维权《中国古典园林史》）

（三）主题突出，内涵丰富

1. 君权

若试问游人，北海公园中你对什么景物印象最深？那么，大部分人都会举出高居在琼华岛之巅的白塔。假如把地点换成颐和园，人们多半会说是佛香阁（图7－3），这种主体建筑十分鲜明突出的设计反映了封建帝王一定的思想意识，那就是帝王“唯我独尊”的思想。与宫殿相比，皇家园林虽然摒弃了规整对称的布局，殿堂建筑显得比较朴素自由，但是由于封建统治者唯我独尊思想作祟，以致不少苑囿建筑过分强调高大雄伟，和周围环境显得不够协调。如颐和园前山的排云殿和佛香阁，这是承慈禧太后旨意在1892年修复时改建的。从湖边停靠御舟的码头（龙口）到高大壮观的云辉玉宇

图7－3　颐和园佛香阁

牌楼，经排云门，跨金水河到排云殿，一条规整的中轴线穿过佛香阁直达山顶的智慧海。排云殿依山筑室，黄瓦玉阶，步步登高，很符合慈禧讨吉利的心理。正殿殿顶覆琉璃瓦，远望一派金光闪烁，殿后是八面三层四檐的佛香阁，阁高41米，耸立在20米高的石台上，成为全园最高的建筑。这样一组色彩浓艳、气势宏大的祝寿朝贺用的殿堂，其上下左右又罗列了许多奇阁异亭，反映了封建王朝最后一个独裁专权者慈禧操持朝政、显耀权势的骄横心理。

2. 祈福

另外，园林内不少景点的设置具有全国统一、四方太平的象征意味。避暑山庄在湖区集中了江南各地的名景，平原区呈现出蒙古草原的景象，而园外又建有代表着我国各族文化的12座寺庙（现存8座，即“外八庙”），像众星捧月似的罗列四周，正体现了“移天缩地在君怀”的思想，象征各族和睦，天下太平。甚至连一些庭院摆设，也具有这种意思，如慈禧的寝宫乐寿堂前的台阶上，左右分列了铜鹿、铜鹤、铜瓶等6种物件，表示“六合太平”之意。另外园林中还常常可以见到平面为折扇扇面的亭榭建筑，如琼华岛上的延南薰、颐和园的扬仁风等（图7－4）。这些景点是借用扇子的形式表示帝王要扇扬仁义道德之风，体恤民心，天下才能太平无事。

图7－4　颐和园扬仁风

3. 长生

秦皇汉武时代开始，帝王为了求得长生不老，往往在苑囿中仿造东海三座仙山，以此寄托他们羡慕神仙洞府的感情。这类“一池三山”的景致在以后的苑囿中仍可以看到，并作为皇家专有的等级形制而延续下去。圆明园福海中有三仙岛，颐和园昆明湖中也置有三岛，北海白塔山北麓还有仙人承露盘。虽然封建帝王也明白长生不老是不可能的，但建造这类景致以求“画饼充饥”，似乎成为一种传统，屡屡在皇家园林中出现。

4. 宗教

园林风景中还常常掺杂着某些宗教色彩。封建帝王总是惶恐天势不顺、天下不安而动摇他们的统治，因而要借助宗教的力量。一方面以宗教麻痹百姓，另一方面也作为自己的精神寄托，祈求菩萨保佑自己的江山稳固。清代帝王为了拜佛的方便，往往在苑囿中设立寺院。颐和园的佛香阁、智慧海，避暑山庄的永佑寺等均是著名的寺庙建筑。北海这座以水为主的园林，陆地少但竟然建有寺庙五六处，几乎占到北海建筑的一半以上。

三、典型案例

(一)颐和园

位于北京西郊的颐和园,是中国保存最为完好的清代皇家园林,占地290公顷,其中水体约占总面积的4/5(图7-5)。颐和园原名清漪园,始建于1750年,当时乾隆建园的目的是为其母祝六十大寿。1860年清漪园毁于英法联军之手。1884—1888年,慈禧太后挪用海军经费3600多万两白银重修清漪园,取意"颐养冲和"而更名为颐和园,意思是调养精神,心平气和。1900年颐和园又遭八国联军劫掠。

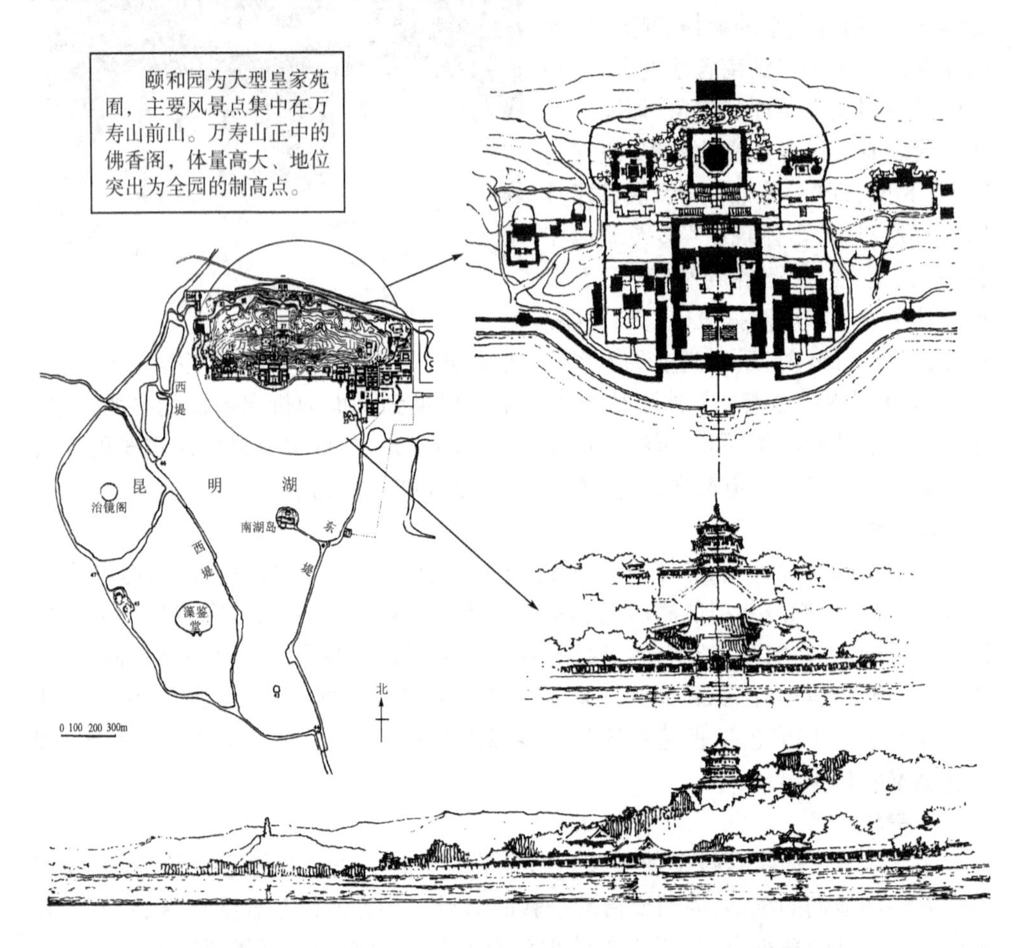

图7-5 颐和园总平面与中心建筑佛香阁(引自彭一刚《中国古典园林分析》)

颐和园的北山——万寿山,南水——昆明湖构成了全园的基本山水构架。万寿山高约60米,是在原真山——瓮山的基础之上,用挖昆明湖的土堆筑的。昆明湖用汉代上林苑的昆明湖名,是数股西山泉的汇集地,也是当时北京城的重要水源。

昆明湖仿杭州西湖而建，有西堤六桥。而湖中的三大岛南湖岛、藻鉴堂、治镜阁，则又是“一池三山”传统的再现。此外，乾隆皇帝将昆明湖的平面做成寿桃形状，把瓮山改名为万寿山，都是为了庆贺其母亲的生日而有意为之。

万寿山上的佛香阁高41米，是模仿佛教中仙境而建的，以高大雄伟的佛香阁为主的建筑群成为万寿山以南全园的主景和控制中心。万寿山南部山脚下728米长的长廊成为山水之间良好的过渡。长廊自东向西，间插留佳亭、寄澜亭、秋水亭和逍遥亭，以象征春、夏、秋、冬四季的轮回。长廊又称画廊，共绘有14 000多幅反映西湖风光、中国民间神话及文学故事情节的彩画。万寿山的北部，则以汉藏风格的须弥灵境建筑群为中心，象征喇嘛教中的须弥山，四大部洲、八小部洲、“四智”（红、白、黑、绿）喇嘛塔、日台和月台，完整而又形象地表现了佛国的景象。须弥灵境的北侧为后湖，两岸仿苏州水乡风貌而建苏州街，但建筑却是北方风格。这条水街两侧有餐馆、茶楼、钱庄、当铺、服装店、帽店、扇店等，是皇室成员体验民情的娱乐场所。

位于万寿山东北角的园中园——谐趣园，始建于1751年（图7－6）。虽说它是仿无锡寄畅园而设，但其趣更佳。“谐趣”指人的情感变化和景色相谐调。谐趣园建筑群以游廊串联，在四周的土山环境中，围绕“L”形水池组织布局。全园以涵远堂为中心，引后湖水自园西迭入水池，再由南流出园外。

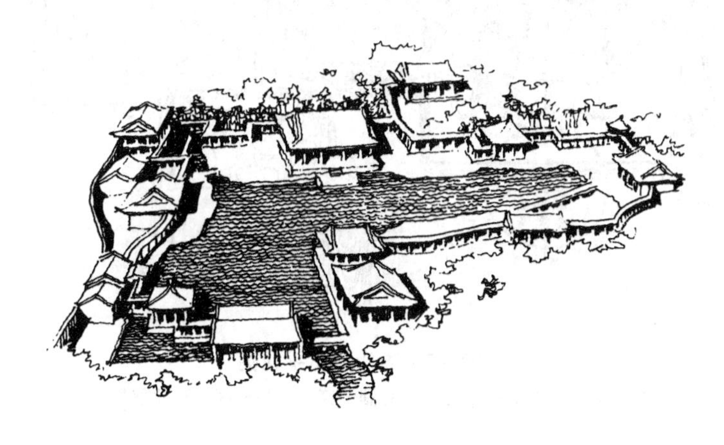

图7－6 颐和园谐趣园

位于万寿山西南部的画中游，则是一组建于山腰上的园林建筑。为中轴对称布局，与山体巧妙结合，以爬山廊和山洞组合成了明暗相间、高低错落的游览路线。整个建筑群造型优美、色彩华丽，无论是观看建筑，或是在建筑中欣赏周围的湖光山色，都会使人产生犹如置身画中之感。

（二）圆明园

圆明园曾被法国传教士王致诚誉为“万园之园”，是清代皇帝理政、居住、娱乐的场所。圆明园择址于北京西郊海淀，始建于1709年，历经康熙、雍正、乾隆、嘉庆、道光、咸丰等6代皇帝,共150余年的建造,最终毁于英法联军和八国联军的劫掠和大火。对"圆明"的含义,雍正皇帝的解释是:"夫圆而入神,君子之时中也;明而普照,达人之睿智也",表达了为君要中庸、明察的意思。

圆明园包括圆明、长春、万春三园,占地面积约350公顷,其中水面占1/3强(图7-7)。圆明园引玉泉山和万泉河两水系入园,挖池堆山,形成仿江南水乡景色的复层山水空间,其间穿插有120多组园林建筑,再配以繁茂的植物,形成集锦式的皇家园林。圆明园是按照古人对中华大地的认识而布局的。主体部分以九州清晏为中心,以九州清晏岛为首的九岛沿后湖环列,象征"禹贡九州";其东的福海象征东海,中间有蓬岛瑶台;其北有紫碧山房,象征昆仑山。园中还有仿西湖风光的平湖秋月,仿江南私家园林的安澜园,仿晋代诗人陶渊明《桃花源》意境的武陵春色等景区、景点,真可谓包罗万象。

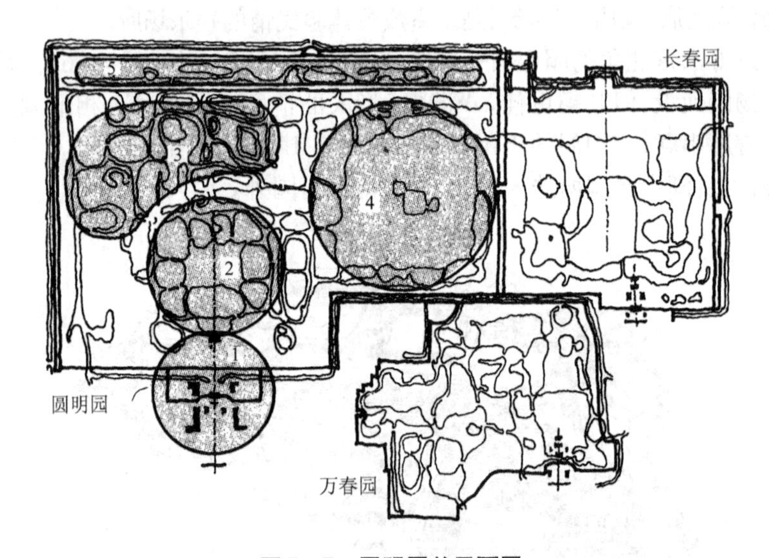

图7-7 圆明园总平面图

1.宫廷区 2.九州清晏区 3.湖泊区 4.福海区 5.北部景区

圆明园是以水景为主的园林,其理水的技巧发挥到了极致。园内既有福海那样宽达600米的水面,还有大量宽度不足百米,甚至只有几十米、十几米的水口、河道和池塘。水体空间小到400平方米,大到30多万平方米,聚散有致,被曲折的水道串联在一起,形成了水上游览线路。围绕着那些不大的水面或狭窄的河道,又安排了大量的以建筑为主的景点,充满了更多的野趣和亲切感,造就了江南春雨杏花般的纤秀意境和似水的柔情。正所谓"谁道江南风景佳,移天缩地在君怀"。

圆明园山体构架以平冈为主,多以平均5~7米高的土山围合成变幻莫测的空间。其中最窄的山谷宽仅有3米,再配以嘉树奇花,终于在一个平坦、广阔的园区内，频频造出“山重水复疑无路，柳暗花明又一村”的审美奇境。

圆明园中经康熙、乾隆题名的就有40景。这些景点实际上都是以建筑或建筑群组为核心的。建筑既是园景的一部分，也是赏景的场所。在圆明园中分布的楼、台、殿、阁、亭、榭、轩、馆等建筑，总面积达16万平方米。这些建筑大约可分为120多组。从功能上说，它们包括了宫殿、住所、戏楼、买卖街、寺庙、船坞、藏书楼等各种游憩类建筑；从平面设计形式上看，它们也丰富多姿，包括了不常见的“万”字形（如万方安和）、“田”字形等平面。建筑群的组合形式更是灵活多变、出神入化。所有的建筑都与周围的景致相协调，融合在水天林路之中。长春园的西洋楼，是意大利画家郎世宁、法国传教士蒋友仁、王致诚设计并监制的，主题是西洋的喷泉及迭水艺术，其风格为洛可可式，但它糅合了中国式建筑的大屋顶、琉璃瓦、雕饰花纹、铜铸鸟兽喷水口等要素。

法国大文豪雨果曾将圆明园与埃及金字塔并列誉为人类文明的奇迹。然而在1860年和1900年，正是来自雨果故乡的英法联军和八国联军，彻底毁灭了这一奇迹。目前，劫难后的圆明园所剩的残垣断壁已被辟为遗址公园而加以保护。

（三）北海

北海位于北京紫禁城西侧，占地71公顷，其中水面占全园面积的1/2多（图7－8）。北海始建于辽代，经金、元、明、清代续建而成，至今已有800多年的历史。北海中的琼华岛、团城以及中南海中的犀山台，意在仿蓬莱、瀛洲和方丈三仙山，晨雾中的琼华岛确实给人以仙境般的感受。传说，琼花是琼树之花，生长在蓬莱仙山，人吃了可长生不老。

图7－8　北海平面图

整个北海的布局是南岛北水，以琼华岛为中心，其南以永安桥与团城相连，沿北海的东、北岸分别布置有濠濮间、画舫斋、静心斋及五龙亭、天王殿、小西天等景点。

琼华岛,山高32米,山势北陡南缓,以35.9米高的喇嘛教白塔为中心,作为全园制高点,塔内藏有两颗舍利。其南部顺山势沿中轴线建喇嘛教的永安寺。永安寺设有乾隆皇帝手书的北海导游碑;其东侧的引胜亭石碑,刻有白塔山总记;其西侧的涤霭亭石碑,刻有塔山四面记,均为乾隆帝御笔,详细介绍了北海及琼华岛的历史。琼华岛东侧为高居半月城上的智珠殿。智珠喻智慧圆明,此殿供主智慧的文殊菩萨。琼华岛西侧有清帝处理政务之处的悦心殿和欣赏北海中"冰嬉"的庆霄楼,"庆霄"意指"祥云"。而两层半圆形的阅古楼以石刻形式收集了中国自魏晋到明末134位书法家的作品340件,另有题跋210余件,共约9万字。

琼华岛北侧最为精彩的是园林建筑巧妙地与假山石相结合,形成变幻莫测的仙山楼阁景观,这是仿镇江金山寺而作。位于山腰中穿琼华岛中轴线的延南薰是一个扇面亭,扇面寓意效仿舜帝关心民众。

濠濮间,建于1757年。濠濮本为濠水与濮水两条河,其得名据《庄子·秋水》所载,有如下两个典故:其一,"庄子与惠子游于濠梁之上(即濠水桥梁之上)。庄子曰:'鲦鱼出游从容,是鱼之乐也。'惠子曰:'子非鱼,安知鱼之乐?'庄子曰:'子非我,安知我不知鱼之乐?'"后多用于比喻自得其乐的境地。其二,"庄子垂钓于濮水,而却楚王之聘",是说庄子安于在濮水观鱼垂钓,而谢绝了楚王聘其入朝为官的邀请。因此,"濠濮间"成了隐逸之士世外桃源的代名词,而观鱼垂钓之所也成了诸多园林中不可缺少的主题景点。濠濮间的布局特点在于四面以土山围合,以水池为中心,沿南山高低曲折向北布置园林建筑,再架桥跨水布置树木而成。其意境正如桥头石碑坊所载:"山色波光相罨画,汀兰岸芷吐芳馨。"见图7-9。

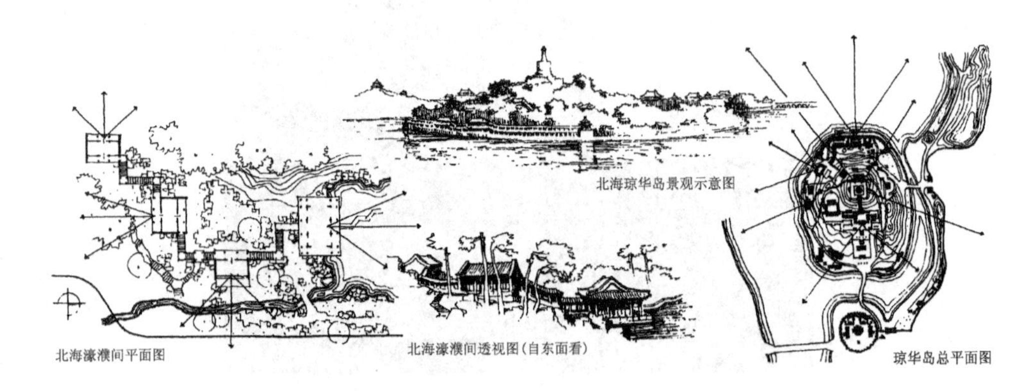

图7-9 北海琼华岛和濠濮间(引自彭一刚《中国古典园林分析》)

静心斋,建于1756—1759年间,原名"镜清斋",曾是乾隆帝与皇太子们读书之处。乾隆帝以对"镜清"的解释,寓意自己是一位政治清明、奉行三无私(即天无私覆、地无私载、日月无私照)的好皇帝。清末,慈禧挪用海军经费对这里进行了大规模扩建,并从中南海沿北海西岸铺设铁轨,中国的第一条铁路就直达静心斋门前。

静心斋的布局特点是,在北高南低且东西长、南北短的狭长地基上,以镜清斋为中心,用山体和建筑分隔成数个大小不同的院落,再穿插以流水。中心院落不大的静心斋却充满道家思想。镜清斋内匾额“不为物先”,其意源自《淮南子》中“所谓天为者,不先物为也;所谓天不为者,因物之所为”一句,说的是统治者最好是能无为而治。抱素书屋的“抱素”二字则出自《老子》的“见素抱朴,少私寡欲”。

五龙亭,建于1602年。5个亭中间是圆形的龙泽亭,两侧对称各布置2个方亭,其间连以汉白玉栏杆的石桥,宛如水中游龙。这是皇族成员钓鱼、看焰火、赏月之处。圆亭象征天象为皇帝之位,方亭象征地象为大臣所在之处。

九龙壁,是佛寺“大西天经厂”的影壁,仿山西大同明朝代王府的九龙壁而建,两面各有彩色琉璃砖制成的蟠龙9条,据说设蟠龙腾跃于海天之间的九龙壁,是为了镇火神之用。

(四)避暑山庄

避暑山庄又叫热河行宫,位于河北承德,距北京250多公里,始建于1703年。当年清康熙皇帝在此建山庄的目的有两个。一是为“秋狝习武,绥服远藩”,“合内外之心,成巩固之业”,建立一个政治中心。康熙皇帝于1681年在距北京350公里处的蒙古族游牧地区建方圆500多公里的木兰围场。每年秋天,康熙帝带大臣和军队赴木兰围场进行狩猎活动。二是这里山川秀美,“草木茂,绝蚊蝎,泉水佳,人少疾”,实乃绝好避暑胜地。于是避暑山庄就成为清政府在木兰围场与北京城之间一处重要的行宫了(图7-10)。

图7-10 避暑山庄鸟瞰图

避暑山庄择址于狮子岭、武烈岭、广仁岭之间,可远借承德优美的自然山景——僧冠峰、罗汉山、磬锤峰、蛤蟆石、天桥山、鸡冠山、月牙山等,占地面积约560公顷,为清代最大的皇家园林。其周以雉堞墙围合,外有殊像寺、普陀宗乘之庙、须弥福寿之庙、普宁寺、普佑寺、安远庙、普乐寺、溥仁寺等八庙环绕,统称外八庙。形成以山庄为中心的众星拱月之势。当然这也是为突出皇权至上而特意为之的。山庄内有山岭、沟谷、平原和湖泊,其中山地部分占总面积的2/3。山庄建设充分利用山水自然条件,引泉水、疏河道、挖湖而形成了良好的山水空间。这里共建有康熙三十六景和乾隆三十六景。山庄造园立意有三点:一是扇被恩风,表达皇帝俯察庶类、关心民众心态,如山庄内的静含太古山房就包含了“山仍太古留,心在曦皇上”,卷阿胜境则追求群臣唱和的思想;二是以素药艳,山庄的风格朴实自然,色彩淡雅,从而与其自然景色融为一体;三是集锦创作,山庄内有在山顶象征泰山而建的广元宫,有模仿江南水乡的湖泊区,而万树园中的蒙古包群则象征蒙古大草原的辽阔风光。

避暑山庄分为宫廷区和苑区。宫廷区是皇帝理政的要地,分为东宫、正宫两部分,均为中轴对称,数进院落布局,其主要建筑澹泊敬诚殿全部木材使用楠木,清漆外饰更显楠木本色,与灰瓦、绿树、青石、蓝天形成一幅雅致的图画;苑区按自然条件分为湖泊区、平原区和山岳区(图7-11)。

湖泊区,共有7湖,水中的洲、岛、堤、桥形成了丰富的水景层次,以堤连接月色

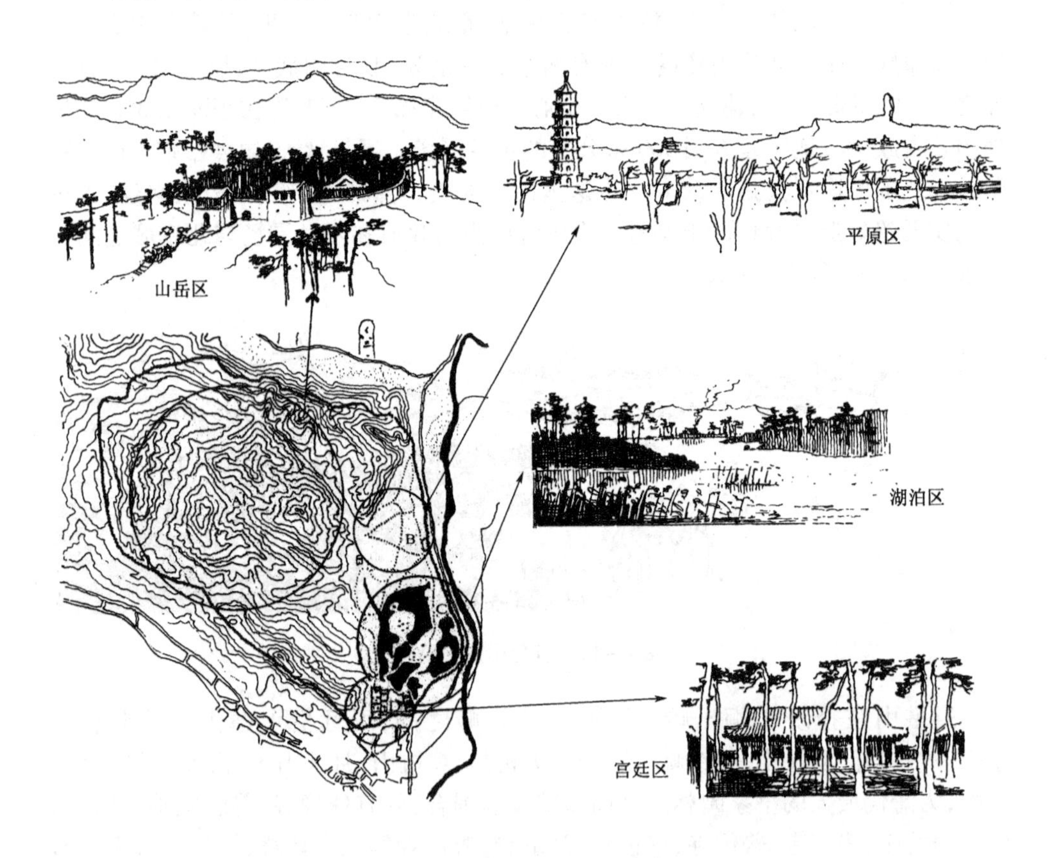

图7-11 避暑山庄分区示意图

江声、环碧、无暑清凉等三岛，其造型如同水上漂着三叶灵芝草和云朵。月色江声岛为欣赏高空明月和滔滔水声而建，乾隆帝誉之为最宜读《周易》的地方。青莲岛上仿浙江嘉兴烟雨楼所建的烟雨楼用于欣赏湖面烟雨之景，与对岸环绕的莺啭乔木等景点形成众星拱月之势。小金山仿江苏镇江金山而建，同时又成为澄湖与上湖交汇处的对景。水心榭因跨堤为榭而得名，其实它是调节两侧湖水水位高差的水闸，经点饰三亭，成为水中一景，同时也是欣赏周边湖光山色的好位置。

平原区，东为万树园，西为"试马埭"大草地。万树园曾是林木繁茂、绿草如茵，设有蒙古包。乾隆皇帝常在此与少数民族首领野宴，看焰火、欣赏歌舞杂技。

山岳区，则山岭连绵、沟谷交错，在如此复杂的地形中巧妙分布着十多组园林建筑，其因山构室手法之高超令人惊叹、折服。其中有悬谷上布置的青枫绿屿、山怀建轩的山近轩、绝壁座堂的碧静堂、沉谷架舍的玉岑精舍、据峰为堂的秀起堂，还有食蔗居、梨花伴月等。这些都属中国北方园林建筑的典范。可惜的是，目前只有青枫绿屿恢复重建。

第二节 私家园林

一、私家园林的起源与发展

中国私家园林很可能与皇家园林起源于同一时代，但是从已知的历史文献中，人们了解到在汉代有梁孝王的兔园、大富豪袁广汉的私园。这类私家园林均是仿皇家园林而建，只是规模较小、内容朴实。

魏晋南北朝时期，中国社会陷入大动荡，社会生产力严重下降，人口锐减，人民对前途感到失望与不安，于是就寻求精神方面的解脱，道家与佛家的思想深入人心。此时士大夫知识分子转而逃避现实，隐逸山林，这种时尚必然体现在当时的私家园林之中。其中的代表作有：位于中国北方洛阳的西晋大官僚石崇的金谷园和中国南方会稽的东晋山水诗人谢灵运的山居。两者均是在自然山水基础上稍加经营而成的山水园。

唐宋时期，社会富庶安定，文化得到了很大的发展，尤其是诗书画艺术达到了巅峰。文人造园更多地将诗情画意融入自己的小小天地之中。这时期的代表作有诗人王维的辋川别业和作家司马光的独乐园。

明清时期，私家造园之风兴盛，尽管此时私家园林多为城市宅园，面积不大，但是就在这一方方小小的天地里，营造出了无限的境界。正如清代造园家李渔总结的那样："一勺则江湖万里。"此时出现了许多优秀的私家园林，其共同特点在于选址得当，以假山水为构架，穿插亭台楼阁、树木花草，朴实自然，托物言志，小中见大，充满诗情画意。这壶中天地，既是园主人生活场所，更是园主人梦想之所在。

这时期有名的南方私家园林有无锡的寄畅园，扬州的个园，苏州的拙政园、留园、网师园和环秀山庄、狮子林等。北方私家园林则有萃锦园、勺园、半亩园等。

私家园林的成熟，实际上反映了中国封建知识分子与封建皇权之间持久的冲突与融合。文人士大夫私家园林原也是受到皇家园林的启发，希望造山理水以配天地，寄托自己的政治抱负。但社会的动荡和政治的腐败总令信奉礼教的中国知识分子失望，于是，一部分士大夫受老庄思想的影响，崇尚自然，形成了与儒家五行学说比较形式化的天地观相对立的、以自然无为为核心的天地观。因此园林中的山水已不再局限于茫茫九派、东海三山；又由于封建权力和礼制的压制，私家园林的规模与建筑样式受到诸多限制，这正好又与庄子齐万物的相对主义思想相吻合。于是从南北朝时期起，私家园林便自觉地尚小巧而贵情趣了。一些知识分子甚至借方士们编造的故事，将园林称作"壶中天地"，崇尚小中见大。中国知识分子的"壶中天地"给中华民族留下了一整套审美趣味、构园传统和一大批极为宝贵的文化遗产。

儒家知识分子虽不像道家知识分子那样消极遁世，却也有了"道不明则隐"的清醒选择，也需要一个能与封建皇权分庭抗礼的环境。这个环境无须很大，无须奢侈，无须过多的建筑，而是要在城市的喧闹中造就一种隐居的氛围，使他们在简朴的生活中继续磨炼意志和德行。世道一旦清明，明君一旦出现，他们就可即刻复出。更重要的是，在这里他们已可直接与天道相通，而不必假皇权的中介了。这当然也是符合他们人生理想的好去处。他们以孔子对颜回的赞誉为鉴，在小小的园林（"勺园""壶园""芥子园""残粒园"等）中"取一瓢饮，取一箪（dān）食"，乐而不改其志，坚定地等待着。正所谓"身在山林，志存魏阙"，这时的半亩方园就成了"孔颜乐处"。失意的士大夫们便可"文酒聚三楹，晤对间，今今古古；烟霞藏十笏，卧游边，山山水水"了。在这种情况下，园林中不仅建筑面积所占比例很小，而且单体建筑体量不大，屋面也常用灰瓦卷棚顶，装修简洁，不施彩画等。然而它们的淡雅精深，以及园林中的文学艺术作品（匾额、楹联、碑石、诗词书画）之多和寓意之深刻，却是皇家园林所不能比的。

私家园林的审美趣味后来为皇家所吸纳，一些宗教寺庙，尤其汉传佛教寺庙的营建也在很大程度上受到它的影响；而一些儒家知识分子一旦当了地方官，也适时修建一些郊野公共园林或少量园林式建筑，供市民踏青、登高、赏景之用。这种园林或建筑就更与私家园林气味相投了，例如杭州西湖风景区的形成就与著名诗人苏东坡两度在此为官，曾先后疏浚西湖，筑苏堤，修石灯塔，造各种亭台，并留下大量赞美西湖的诗词有很大关系。因此，了解私家园林之美，可进一步懂得中国园林之妙，并可直观地了解传统中国文化中游离于官方意识形态之外的另一种建园理念。

二、私家园林的鉴赏

(一)小中见大

从园林所处的位置来看,私家园林多数是与住宅府第相连,而成为城镇的府邸园或宅旁园。在山明水秀的风景胜地,也有不少私家花园。它们往往是单独的别墅式园林,主人并不常年居于此,而是春来赏花、夏来避暑,待时令一过便回城居住。不管是宅旁园还是山水园,私家园林一般均占地较少,规模较小,一般只有几亩至十几亩。“小”对建造园林是不利的,然而,古代造园家却能自如地掌握艺术创作的辩证法原则,化不利为有利,在“小”字上做文章,精心设计和布置,在有限的范围内创造出无限的景色来。小中见大,即在有限的范围内运用各种手法创造一种曲折有致的环境,扩大人们对实际空间的感受。有时还以小为荣,如苏州的壶园、残粒园,南京的芥子园,北京的半亩园,潍坊的十笏园,皆以小著称。“三五步,行遍天下;六七人,雄会万师”,这是中国古典戏曲艺术以少胜多、以一当十的形象描绘。古典园林艺术也一样,要在较小的范围内表现出大千世界的美景,就更重视“以一当十”的艺术原则。园中景物,无论是山水造景还是亭、台、廊、桥,均以小巧为上,能入画者为佳,其立基定位、排列布置,都要反复锤炼,以收到“笔越少,气越壮,景越简,意越浓”的艺术效果。这是文人私家园林艺术创作的第一个特点。

(二)文意与书卷气

由于园林主人具有较高的文学艺术修养,所以他们常如吟诗作文一般来对待园林创作。清代园林评论家钱泳从江南文人园林的构思布局中看到了造园与文学创作之间的共同点。他在《履园丛话》中说:“造园如作诗文,必使曲折有法,前后呼应,最忌堆砌,最忌错杂,方称佳构。”游赏好的文人园林,便会感到画境中的一股文心,园景中的一山一水、一草一木、一亭一榭,似乎都经过仔细推敲,就像作诗时对字的锤炼一样,使它们均妥帖地各就其位,有曲有直、有藏有露,彼此呼应而成为一首动人的风景诗篇。如网师园是苏州文人园中的极品,园林家曾这样来评论它的书卷气:“网师园清新有韵味,以文学作品拟之,正如北宋晏几道《小山词》之‘淡语皆有味,浅语皆有致’,建筑无多,山石有限,其奴役风月,左右游人,若非造园家‘匠心’独到,不克臻此。”

(三)清雅质朴

雅,是我国传统美学中独有的范畴,主要指宁静自然、风韵清新、简洁淡泊、落落大方,这和以少胜多、以简胜繁是密切相关联的。私家园林中没有苑囿风景中那种艳丽夺目的色彩,建筑几乎都是清一色的灰瓦白墙,木装修也多深褐色,台基及铺地或用青砖,或用灰石,或用更为朴素大方的卵石、碎砖、碎瓦等砌铺而成。其图案花纹较多选用格子纹、冰裂纹或简洁的植物花叶式样,室内陈设也多为古雅的艺术品。就是作为园林各景区点景的匾额和楹联也极为雅朴,或用木板、或用剖开大竹阴刻,以求自然古雅,与园景协调、融合。

（四）可“游”可“居”

北宋画家郭熙曾说:山水有“可行”“可望”“可游”和“可居”数种,只有达到“可游”和“可居”的境界,才能称为“妙品”。我国风景资源丰富,名山胜水之美丽景色曾使历代许多文人艺术家为之陶醉,山水游历成为一时的风尚,然而真正像隐士逸人和僧道弟子那样甘愿居于一隅山水之中的,终究为数很少。因此古代士人既想耽乐于名山大川,又不甘心放弃都市的世俗生活,存在着欣赏自然美和享受物质美之间的矛盾。私家园林既有山水林泉,重视自然美景的再造,又有厅堂书斋,讲究起居生活的舒适和方便,是调和这一矛盾的良方。这也是古代私家园林极为繁荣的根本原因。

（五）个性鲜明

私家园主多是文人学士出身,擅诗画品评,园林风格清高风雅,淡素脱俗。由于古代士人一般都具有较高的审美修养,对自然美较为敏感,又有丰富的游历经验,因此在构园造景时,能自觉按自然规律办事,因地制宜地处理好园中山石、水体、花木等景物的关系,不求景多景全,而求其精,以突出自己园林的风景主题和个性。这和文学理论提倡的自然清新、不落窠臼,追求性灵神韵有较大关系。如北宋李格非著《洛阳名园记》所记19园:有的以远眺取胜、有的以苍古擅名，有的水景幽邃、有的竹篁千亩，有的以赏牡丹为主、有的以泉水瀑布见长。那些名园都是根据不同的环境条件而营造的。再看今天甲于天下的苏州园林，虽然总属江南水乡风格，有其一定的共性，但各园还是有自己的个性特点：拙政园以水为主景，建筑简雅，具有朴素开朗、平淡天真的自然风格；留园以山池建筑并重，庭院玲珑幽静、亭台华瞻而不俗；网师园则以精巧幽深见胜，结构紧凑，有览而不尽之感；沧浪亭苍古而清幽，则极富山林野趣。可见古代文人雅士的园林也和他们的诗文绘画一样，注重各自独特风格的熔铸和个性的塑造，这一点在今天鉴赏时应该格外注意。

三、典型案例

（一）拙政园

位于苏州的拙政园始建于1513年,历经明、清两代的建设,全园占地5.2公顷,共分东、中、西三部分,其中部基本保留明代风貌,也是全园精华所在。拙政园的第一位主人,明代御史王献臣归隐苏州后,追求“逍遥自在,享闲居之乐”的生活,以晋代潘岳《闲居赋》诗句“灌园鬻蔬,此亦拙者之为政也”之意取园名为拙政园,借凡人所做浇花卖菜的事来喻主人做官不得志和清高的心境(图7-12)。

拙政园中部以自然式布局为主,北岛南院,水系平面呈“P”形,两条东西向长长的水面延展了景观空间。主景建筑“远香堂”的立意取自荷花出污泥而不染的品

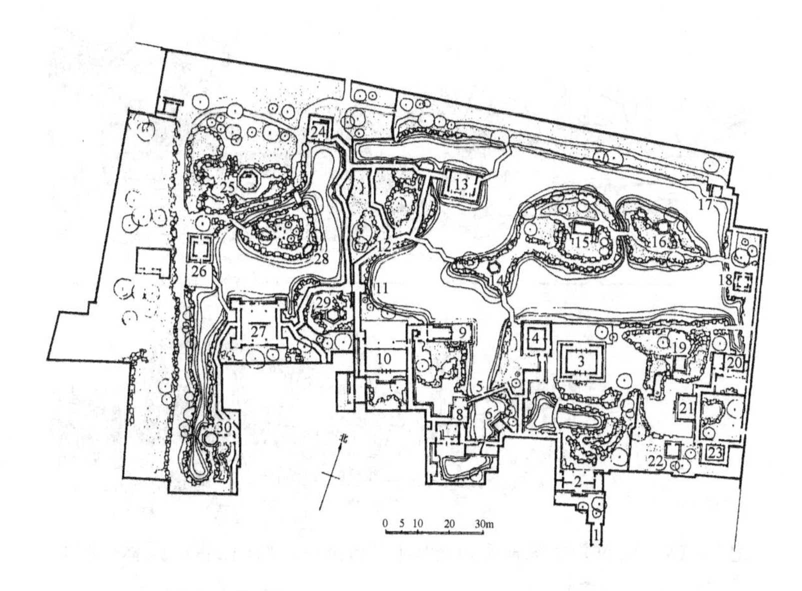

图7－12　拙政园平面(引自周维权《中国古典园林史》)

1.园门　2.腰门　3.远香堂　4.倚玉轩　5.小飞虹　6.松风亭　7.小沧浪　8.得真亭　9.香洲　10.玉兰堂　11.别有洞天　12.柳荫曲路　13.见山楼　14.荷风四面亭　15.雪香云蔚亭　16.待霜亭　17.绿漪亭　18.梧竹幽居　19.绣绮亭　20.海棠春坞　21.玲珑馆　22.嘉宝亭　23.听雨轩　24.倒影楼　25.浮翠阁　26.留听阁　27.三十六鸳鸯馆　28.与谁同坐轩　29.宜两亭　30.塔影亭

格,与远香堂隔水相望的“雪香云蔚亭”以雪香喻梅花,点出其周边梅花盛开的景观。“待霜亭”取意唐代韦应物诗句“洞庭须待满林霜”。洞庭产橘,霜降始红,“待霜”点出了此处有橘树。“梧竹幽居”则点出梧桐、竹子形成的环境。“小飞虹”是一廊桥,其造型似彩虹一般,故名。“香洲”为一临水船形建筑,然香洲之名另有深刻含义。香洲即芳洲,屈原在《楚辞・九歌》中有“采芳洲兮杜若,将以遗兮下女”句,是说自己在芳洲上采了香草准备献给湘夫人,但湘夫人不能如期而至,只好将香草送给侍女了,暗示自己的忠心不被理解和接受。这里建筑隐喻芳洲,荷花代表杜若,表达了园主人不为人所知的苦闷心情。“荷风四面亭”位于水系交汇之处,为荷花所围而名。“枇杷园”则取“摘尽枇杷一身金”的意境,其云墙巧妙界定了园林空间,而云墙上的月洞门又成为联系园内外空间的节点(图7－13)。

拙政园西部水系周围环以假山和建筑。位于中西部园墙交界处土山上的“宜两亭”,立意来自白居易因与友人为邻,隔墙共享柳树报春的故事。他作诗赞道:“得杨宜作两家春。”“与谁同坐轩”为扇面亭,其立意援自宋代文人苏轼的诗句“与谁同坐?明月、清风、我”,反映了园主人的清高和孤寂。“三十六鸳鸯馆”为两面临水建筑,是西部主景,馆名点出水池有鸳鸯成对在水中嬉戏的意境。

图 7-13　拙政园中部景区示意图（引自彭一刚《中国古典园林分析》）

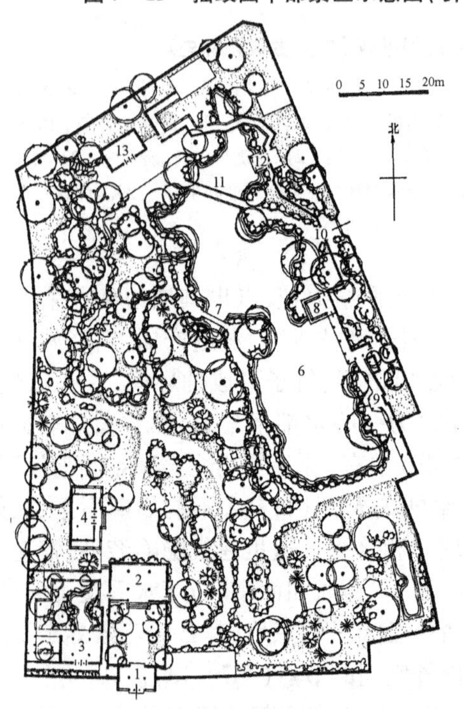

图 7-14　寄畅园平面图

（引自周维权《中国古典园林史》）

1. 大门　2. 双孝祠　3. 秉礼堂　4. 含贞斋　5. 九狮台　6. 锦汇漪　7. 鹤步滩　8. 知鱼槛　9. 郁盘　10. 清响　11. 七星桥　12. 涵碧亭　13. 嘉树堂

（二）寄畅园

寄畅园位于江苏无锡，始建于1506—1512 年，面积约 1 公顷（图 7-14）。寄畅园是借景于惠山并引天下第二泉水于此而形成的。寄畅的含义是归隐山林，逍遥自在。清代乾隆皇帝尤为钟爱寄畅园，他一生 6 次南巡，每次都要游赏寄畅园，并在北京颐和园仿寄畅园建有谐趣园。寄畅园围绕南北长、东西短的锦汇漪，布置北堂、东廊、南树、西山。

西山是利用挖池堆筑的假山，宛如惠山之脉。这里最令人叫绝的就是假山山谷形成的八音涧，泉水由外引到这里，由于水道高低、宽窄不同，泉水在如同共鸣箱的大小不同的洞谷中产生了亲切、有节奏，且丰富多彩的水流音乐，令人耳目一新、神情怡悦，真正体现了“何必有丝竹，山水有清音”的意境。

寄畅园的主要景点锦汇漪虽是带状水池，但由于池岸凹凸变化和石梁、七星桥、廊桥的布置而形成了收放的节奏和丰富的层次。知鱼槛为锦汇漪的主景，探水而建，便于从南、北、西三个方向观赏。亭名取意庄子、惠子著名的濠梁鱼乐之争。在此凭栏可尽收园内美景。

古木众多、绿茵茂盛是寄畅园一大特色，千年的香樟令清康熙帝流连忘返，而乾隆帝更是规定损伤此中一草一木者，以不孝论。

（三）留园

苏州留园始建于明代（1522—1566年），1953年经整修对外开放。留园占地面积约3公顷。“留园”取意于优美的园林风光幸免于战乱。这里“泉石之胜，华木之美，亭榭之幽深”给人留下深刻印象（图7－15）。

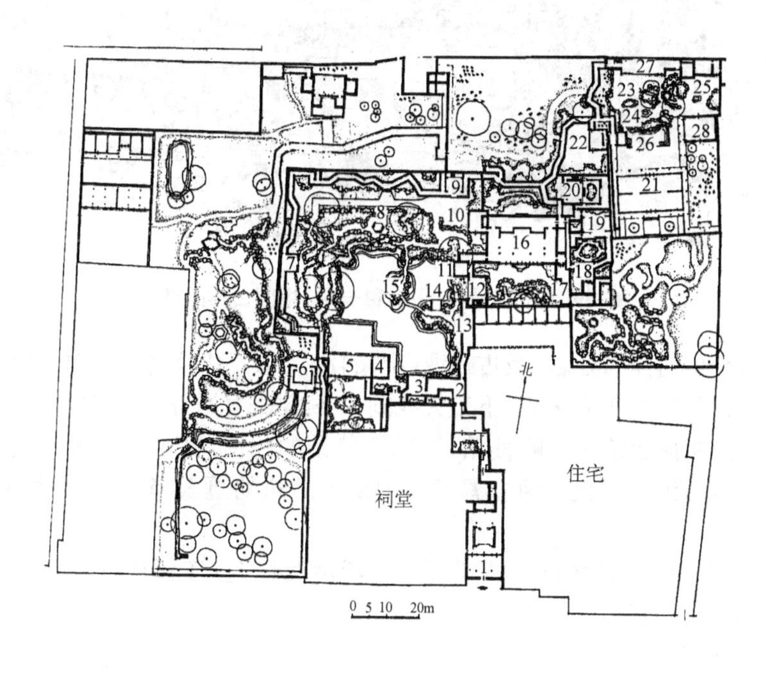

图7－15 留园平面图

1. 大门 2. 古木交柯 3. 绿荫 4. 明瑟楼 5. 涵碧山房 6. 活泼泼地 7. 闻木樨香轩 8. 可亭 9. 远翠阁 10. 汲古得绠处 11. 清风池馆 12. 西楼 13. 曲溪楼 14. 濠濮亭 15. 小蓬莱 16. 五峰仙馆 17. 鹤所 18. 石林小屋 19. 揖峰轩 20. 还我读书处 21. 林泉耆硕之馆 22. 佳晴喜雨快雪之亭 23. 岫云峰 24. 冠云峰 25. 瑞云峰 26. 浣云池 27. 冠云楼 28. 伫云庵

留园分东、中、西三部分：东部以建筑庭院为特色，其间置名石供人品味、欣赏；中部以假山建筑围绕水池布置；西部则以山林野趣见长。令人感兴趣的是，从园外街道进入留园需在住宅与祠堂之间穿越长达50余米的夹道，造园师巧妙应用曲折、虚实、开合的艺术手法，将这一引导性空间处理得妙趣横生，使游人不知不觉地进入园中。

留园中部山水构架的特点是西北山、东南水。水池中布一岛二桥加以分隔，从而形成起于东南入口通达西北迭水口的长长的视景线，小岛取名"蓬莱"。中部主体建筑为明瑟楼与涵碧山房。"明瑟"意指水木形成的环境清新宜人，"涵碧"点出临水环境。"可亭"谐音"可停"，即可以停下来欣赏景物（图7－16）。

图7－16　留园中部景观（引自彭一刚《中国古典园林分析》）

中部东北角的读书处名"汲古得绠（gěng）处"，取意唐代诗人韩愈诗"汲古得修绠"，意指钻研学问必须有恒心，下工夫找到一条线索，才能学到真本事。

留园东部主体建筑为五峰仙馆，以图案装饰的门窗，框出了以太湖石掇山，象征庐山五老峰的优美景色。独立置于园中供人品味的冠云峰，以其高峻的形态而得名。

留园西部为北山南溪的布局，以建筑"活泼泼地"立于溪流北端，点出这里鸢（yuān）飞鱼跃、天机活泼的意境。

（四）网师园

苏州的网师园始建于1174—1189年，占地0.4公顷，经明清两代数位园主的建设而成。"网师"系指渔翁，此园名表示主人追求隐逸、淡泊、清静的生活（图7－17）。

网师园的布局特点是水院为主、旱院为辅，高低错落、造型各异的园林建筑围绕着方形水院布置，其东南角与西北角两处分别以溪流和石桥，将水的来龙去脉交代得清清楚楚。

水院西为"月到风来亭"，点出了宋代邵雍诗："月到天心处，风来水面时"的意境（图7－18）。水院北"看松读画轩"和"竹外一枝轩"均以建筑外的古松、修竹画意造景。水院南"濯（zhuó）缨水阁"，取屈原《楚辞・渔父》中古歌"沧浪之水清兮，可以濯吾缨，沧浪之水浊兮，可以濯吾足”之意，表归隐、超脱的趣向。“小山丛桂轩”，因北依云冈假山，南面清香的桂花而得名。“殿春簃(yí)”是园主子女读书处，“殿春”指芍药，说明此处原为种芍药之处。1980 年殿春簃的仿制品明轩在美国大都会艺术博物馆落成。

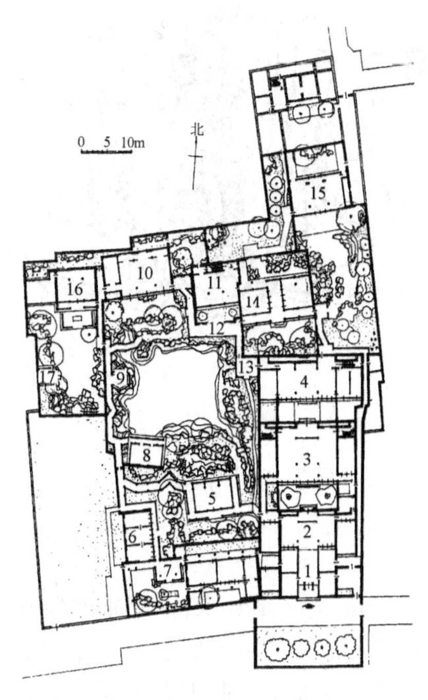

图 7－17 网师园平面图

(引自周维权《中国古典园林史》)

1. 宅门 2. 轿厅 3. 大厅 4. 撷秀楼 5. 小山丛桂轩 6. 蹈和馆 7. 琴室 8. 濯缨水阁 9. 月到风来亭 10. 看松读画轩 11. 集虚斋 12. 竹外一枝轩 13. 射鸭廊 14. 五峰书屋 15. 梯云室 16. 殿春簃 17. 冷泉亭

图 7－18 网师园月到风来亭

(引自冯钟平《中国园林建筑》)

(五)个园

位于扬州的个园，于 1818 年由盐商黄应泰利用废园“寿芝园”旧址改建而成。园主别号“个园”，且园内多种竹子，故用“竹”字的半个字取名个园(图 7－19)。

个园在中国造园史上突出的艺术成就在于，通过用不同质地、色彩、造型的假山，顺时针循环布置有春山、夏山、秋山和冬山，从而很好地表现了一年四季周而复始的季节变化。

春山，位于个园的入口处，置于竹林中的石笋象征春天的到来，与竹林相呼应，增加了春天的气息。竹林后是漏窗粉墙，竹石光影透射墙上，日走影移，颇具春日山林之趣，以形象“春山淡冶而如笑”，体现“春山宜游”(图 7－20)。

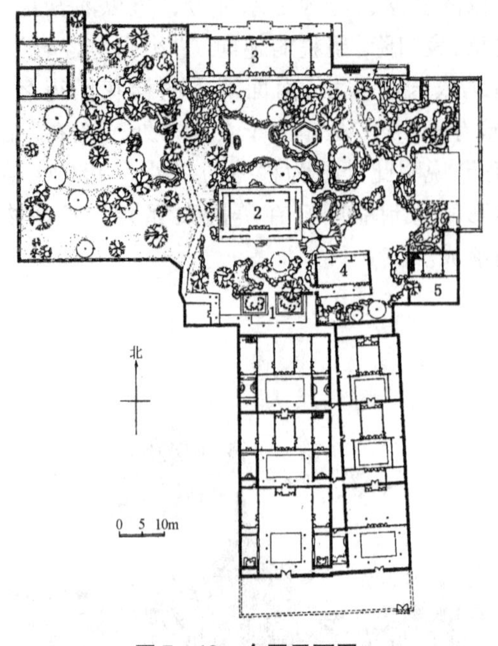

图 7－19　个园平面图

（引自周维权《中国古典园林史》）

1. 园门　2. 桂花厅　3. 抱山楼
4. 透风漏月　5. 丛书楼

图 7－20　个园春山①

夏山，主峰高 6 米，上有垂着紫藤的看台，下有洞穴临池收住水口，虚虚实实。雪白的太湖石假山在阳光下倒映水中，恰如夏日的行云，以形象“夏山苍翠而如滴”，体现“夏山宜看”。

秋山，山峰高 7 米，嵯峨磅礴。黄石假山在夕阳照射下如醉如染，真所谓“秋山明净而如妆”，暗示着“秋山宜登”。而磴道的曲折和山中幽室的神秘更增添了登山的乐趣。

冬山，由倚着南墙的几峰宣石构成，色泽洁白，宛如墙边的几点残雪。疾风穿越墙上箫孔般排列的风洞，发出箫声般的呜咽。“冬山惨淡而如睡”的意境表现了“冬山宜居”的主题。透过另一侧的漏窗，恰好又可瞥见窗外不远的修竹与春山，“冬去春来”之意油然而生。

① 春山，位于园的南部，以粉墙漏窗为背景，一峰突兀于疏竹丛中，犹如雨后春笋，象征春回大地，有万物竞相争春之意趣。

本章小结

由于皇家园林与私家园林的服务对象、阶级观念、用地范围、题材内容、思想意识等都截然不同，所以尽管在古典园林的历史发展中相互影响借鉴，但气势宏大的皇家园林与小巧精致的私家园林仍然“各具地势”，发挥出自身的特点长处，形成了古典园林旗帜鲜明的两个主要流派。

思考与练习

1. “一池三山”的起源是什么？首先用于哪种园林？目前是否尚存此类范例？

2. 私家园林是如何体现“小中见大”的？

3. 私家园林与皇家园林的区别有哪些？

4. 通过学习皇家、私家园林的鉴赏，试分析北京香山的静宜园、上海豫园、南京瞻园、苏州沧浪亭，你是否会有新的发现？

第8章

寺观园林与风景名胜

本章导读

我国古代蓬勃发展的宗教文化，特别是佛教文化，引发了大量颇具水准的寺观园林和风景名胜的建设。“天下名山僧占多”，加上中国人一贯与大自然的尊崇亲近，使得这两类园林在中国古典园林中占有很重要的地位。

第一节　寺观园林

一、寺观园林的起源与发展

佛教和道教是盛行于中国的两大宗教，随着佛寺和道观的发展，形成了一整套管理机制。寺、观拥有土地，与世俗地主小农经济并无二致。因此，寺观的建筑形制逐渐趋同于宫廷、邸宅。再从宗教信仰来看，古代重现实、尊人伦的儒家思想占据着意识形态的主导地位，无论对外来佛教或本土道教，公众信仰始终未曾出现过像西方那样狂热、偏执的激情。皇帝君临天下，皇权是绝对权威，而像古代西方威慑一切的神权，在中国相对于皇权而言，始终居于从属的次要地位。从来没有哪个朝代明令定出“国教”，总是以儒家为正统，儒、道、佛互补、互渗。在这种情况下，宗教建筑与世俗建筑不必有根本的差异。历史上多有“舍宅为寺”的记载，就佛教而言，到宋代末期已最终完成寺院建筑世俗化的过程。它们并不表现超人性的宗教狂迷，反之却通过世俗建筑与园林化的相辅相成，而更多地追求人间的赏心悦目、恬适宁静。道教历来模仿佛教，道观园林亦如此。从文献记载以及现存的寺、观园林看来，除个别特例之外，它们与私家园林并没有什么根本性的区别。

寺、观既建置独立的小园林一如宅园的模式，也很讲究内部庭院的绿化，多有以栽培名贵花木而闻名于世的，比如唐代长安的广恩寺就以牡丹、荷花最为有名。郊野的寺、观大多修建在风景优美的地带，周围向来不许伐木采薪，因而古木参天、绿树成荫，再配以小桥流水或少许亭榭的点缀，又形成寺、观外围的园林化环境。正因为这类寺、观园林及其内外环境的清雅幽静而成为“园林寺观”。历来的文人名士都喜欢借住其中读书养性，帝王以之作为驻跸行宫的情况亦屡见不鲜。

寺观园林的产生和发展有多方面的因素。

1. 宗教生活和宗教哲学的产物

作为"神"的世间宫苑，寺观园林形象地描绘了道教"仙境"和佛教"极乐世界"。道教的玄学观和佛教的玄学化，导致道士、僧人都崇尚自然。寺观选址名山胜地，悉心营造园林景致，既是宗教生活的需要，也是中国特有宗教哲学思想的产物。

2. "舍宅为寺"为寺观园林提供了物质条件

两晋、南北朝的贵族有"舍宅为寺"的风尚。包含着宅园的第宅转化为寺观，成为早期寺观形成的园林。

3. 佛事与览胜结合，利于吸引香客

寺观在古代不仅是宗教活动的场所，也是宗教艺术的观赏对象。寺观园林的开发，使朝山进香与游览园林胜景结合起来，起到了以游览观光吸引香客的作用。

4. 宗教作为统治阶级的工具，使寺观园林备受重视

封建统治阶级利用宗教、资助宗教，信徒也往往"竭财以赴僧，破产以趋佛"，寺观拥有强大的经济力量，具备开发园林的物质条件。

二、寺观园林的鉴赏

(一)特点

寺观园林与帝王苑囿、私家园林相比较有其自身特点。

1. 产权和使用权性质不同

寺观园林不同于禁苑，专供君主享用；也不同于宅园，属于私人专用。而是面向广大的香客、游人，除了传播宗教以外，具有某些公共园林的性质。

2. 存在和发展的历史延续性不同

在园林寿命上，帝王苑囿常因改朝换代而废毁，私家园林难免受家业衰落而败损，而寺观园林由于有僧侣道士一代代精心管理，景观古朴，古木参天，故具有较稳定的延续性。一些著名大型园林往往历经若干世纪的持续开发，不断地扩充规模，美化景观，积累着宗教古迹，历代题刻。古庙大刹多保留有较珍贵的宗教文物和其他艺术品，具有很高的欣赏价值。自然景观与人文景观相互交织，使寺观园林蕴含了极大的历史和文化价值。

3. 选址理念不同，"天下名山僧占多"成为规律

在选址上，宫苑多限于京都城郊，私家园林多邻于第宅近旁，而寺观园林则可以散布在广阔的区域，使之有条件挑选自然环境优越的名山胜地，"僧占名山"成为中国宗教史上带规律性的现象。特殊的自然景观是多数寺观园林所具有的突出优势，不同特色的风景地貌，给寺观园林提供了不同特征的构景素材和环境意蕴。寺观园林的营造十分注重因地制宜,扬长避短,善于根据寺庙所处的地貌环境,利用山岩、洞穴、溪涧、深潭、清泉、奇石、丛林、古树等自然景貌要素,通过亭、廊、桥、坊、堂、阁、佛塔、经幢、山门、院墙、摩崖造像、碑石题刻等的组合、点缀,创造出富有天然情趣、带有或浓或淡宗教意味的园林景观。

4. 更注重建筑与自然的关系,追求天人合一

由于寺观园林主要依赖自然景观构景,在造园上积累了极其丰富的处理建筑与自然关系的设计手法。传统的寺观园林特别擅长把握建筑的"人工"与自然"天趣"的融合。善于顺应地形立基架屋;善于因山就势重叠构筑;善于控制建筑尺度;善于运用质朴的材料、素净的色彩,造就建筑格调;善于运用园林建筑小品,对景象进行剪辑,深化景观意蕴等。

(二)布局

寺观建筑组群一般包括宗教活动部分、生活供应部分、前导部分和园林游览部分。

1. 宗教活动部分

宗教活动供奉偶像、举行宗教仪礼的殿堂、塔、阁,通常多占据寺观的显要部位,采用四合院或廊院格局,以对称规整、封闭静态的空间表现宗教的神圣气氛。布局上大多与寺观的园林部分隔离,有时也采用空廊、漏花墙,让园林景色渗透进来。在地段紧迫、地形陡变处,往往突破庭院式格局,随山势散点布置,融入自然环境。这样,宗教建筑自身也成了景观建筑,与园林游览部分融为一体。

2. 生活供应部分

该部分除方丈室、僧房、斋堂、厨房等建筑外,还设有供香客、游人住宿的客房。大型寺观的生活用房有的达千间以上。这些僧房、客房大多隐于僻静部位,带有尺度宜人的小院,院内开凿小池,放置山石、盆景,构成与寺观园林意趣不同的庭园小天地。

3. 前导部分

前导香道既是寺庙的交通线路,也是寺庙园林游览的序幕景观。长长的香道,在宗教意义上成了从"尘世"通向"净土""仙界"的情绪酝酿阶梯,常常结合丛林、溪流、山道的自然特色,精心选定线路,点缀山门、山亭、牌坊、小桥、放生池、摩崖造像、摩崖题刻等,具有铺垫渲染宗教气氛、激发增强游人兴致、逐步引入宗教天地和最佳境地的过渡作用。四川乐山大佛寺的香道就是一个典型。

4. 园林游览部分

园林游览部分随寺庙所处地段呈现不同的布局。位处城镇的寺观祠庙如苏州的寒山寺、戒幢寺(西园),成都的武侯祠等,多是模仿自然的山水园,圈围在院墙的内部,布局方式和手法类同园林。位处山林环境的寺观,如杭州的灵隐寺、乐山的凌云寺、福州鼓山的涌泉寺、灌县青城山的天师洞、峨眉山的清音阁,则突破模仿自然的山水园格局,而着力于寺院内外天然景观的开发,通过少量景观建筑、宗教景物的穿插、点缀和游览线路的剪辑、连接,构成环绕寺院周围、贯连寺院内外的风景园式的格局。由于寺庙多位处山林,因此这类格局是寺观园林布局的主流。

三、典型案例

(一)古常道观

古常道观在四川青城山,是青城山六大道观之一,整组建筑群坐西朝东,位于山间台地上。台地南临大壑、北倚冲沟和山岩峭壁,故道观之选址既深藏而又非完全闭塞。全观共有主要殿堂15幢,连同配殿及附属用房组成一个庞大的院落建筑群(图8-1)。

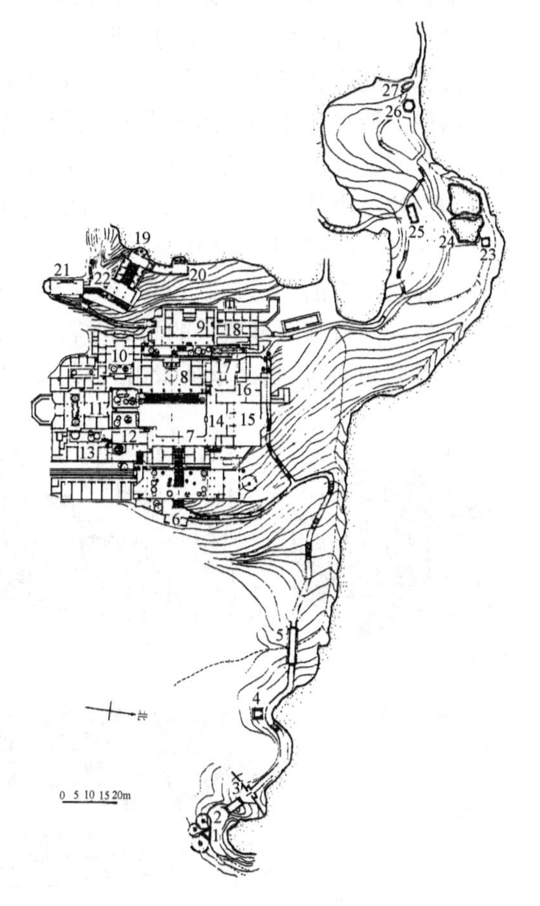

图8-1 古常道观平面图

(引自周维权《中国古典园林史》)

1. 奥宜亭(树皮三角亭) 2. 迎仙桥 3. 五洞天 4. 翼然亭 5. 集仙桥 6. 云水光中 7. 灵官楼 8. 三清殿 9. 黄帝祠 10. 长啸楼 11. 客厅 12. 银杏楼 13. 饮霞山舍 14. 客堂 15. 大饭堂 16. 厨房 17. 小饭堂 18. 迎曦楼 19. 天师殿 20. 天师洞 21. 三皇殿 22. 曲径通幽 23. 慰鹤亭 24. 降魔石 25. 饴乐仙窝 26. 听寒亭 27. 洗心池

道观建筑群大致呈中、南、北三路多进院落的组合,顺应台地西高东低的坡势而随宜错落布局,并不严格遵循前后一贯的中轴线。中路为宗教活动区,建筑物的体量较大,一共三进院落:灵官楼(正门),三清殿,黄帝祠。三清殿是全观的正殿,庭院宽敞开阔,以大尺度来显示宗教的肃穆气氛。南路为接待香客宾客的客房和道长的住房,建筑体量和庭院都较小。院内栽花或作水石点景成小庭园,具有亲切的尺度感和浓郁的生活气氛。最南端建正方形的敞厅,可以观赏南面大壑的开朗景色。北路的环境比较幽闭,多为一般道士的寝膳和杂务用房。

在道观主体部分的西北角上,一条幽谷曲折地延伸入山坳。在这里引山泉汇聚为小池,建一榭二亭鼎足布列,用极简单的点缀手法创造了一处幽邃含蓄的小园林——道观的附属园林。主体部分之后,天师殿等建筑群顺陡坡层叠建设,道观的后门就设在这里,过此即为登山的小径。

古常道观的位置隐蔽,为吸引香客和游人而把入口部分往前延伸了200余米,连接于通往上清宫和建福宫的干道上。这就把道观入口由一个点的处理变为一条线性延伸空间的处理。沿线巧妙地利用局部地形地物布设山道,其间随意穿插着若干亭、廊、桥等小品点缀,构成了一个渐进空间序列。在这段200余米的行程内,道路几经转折,利用若干小品建筑物结合地形之变化,创造了起、承、转、合之韵律。游人行进在这个有前奏、过渡、高潮、收束的空间序列之中,随着景观不断变幻,情绪亦起伏波动。就其园林造景的意义而言,它是一段渐入佳境的流动观赏线;就其宗教意境的联想而言,则又象征着由凡间进入仙界的过渡历程(图8-2)。

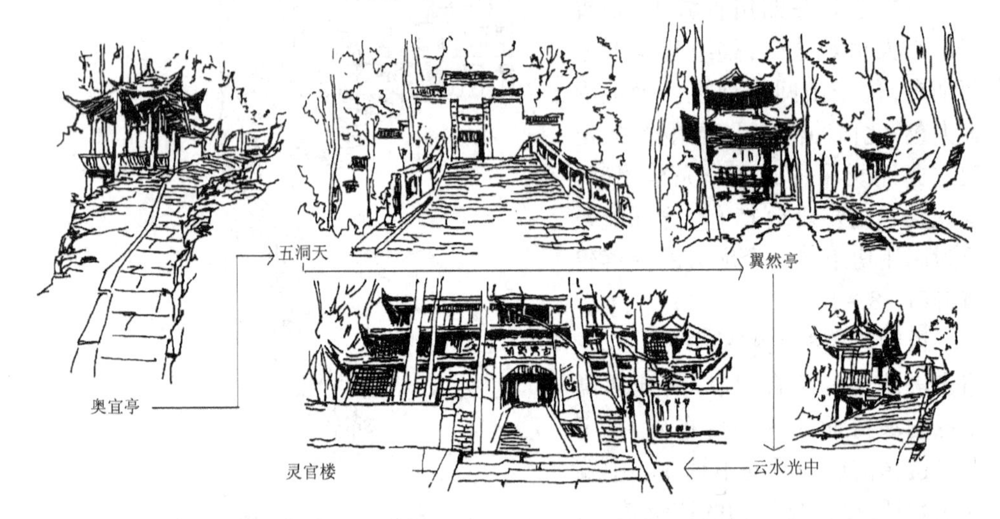

图8-2 古常道观入口序列(摹自李维信《四川灌县青城山风景区寺庙建筑》)

古常道观不仅在选址和山地建筑布局方面表现了卓越的技巧,它的内部庭院、园林以及外围的园林化环境的规划设计,均能做到因势利导、恰如其分。把宗教活动、生活服务、风景建设、道路安排等通过园林化的处理而完美地统一、结合起来,堪称寺观园林中的上乘作品。

(二)大明寺

大明寺位于江苏扬州市蜀冈中峰之上,因建于南朝刘宋大明年间,故称大明寺。之所以饮誉中外,是因为中日两国文化交流的先驱者鉴真和尚曾在此居住和讲学。742年后的十余年间,鉴真和尚6次渡海赴日终获成功。当时鉴真和尚已是66岁高龄,双目失明,但仍努力传授中国唐代文化。他在奈良建的唐招提寺被列为日本国宝。1973年鉴真和尚纪念堂在大明寺东落成。这是中国当代著名建筑师梁思成先生的大作。

大明寺艺术布局特点是东寺西园(图8-3)。

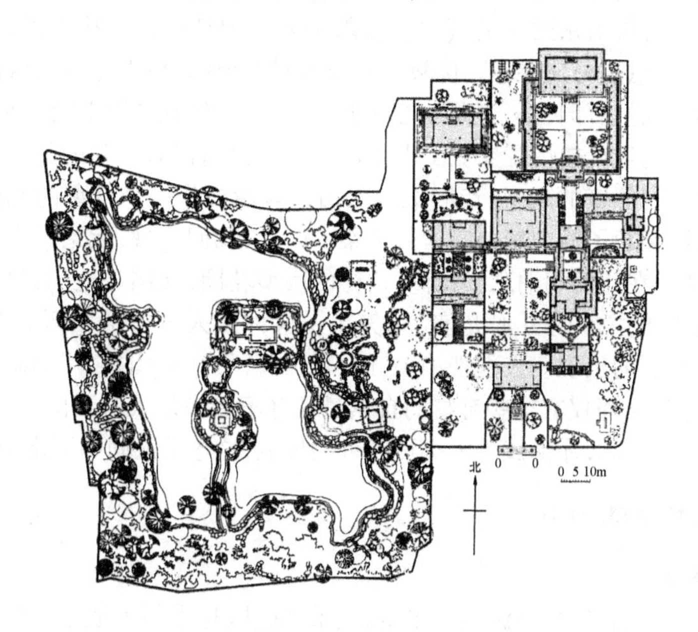

图8-3 大明寺平面图(引自周维权《中国古典园林史》)

东部以规则式布局分东、中、西三院。中院以大雄宝殿为中心,东院为鉴真和尚纪念堂,西院为宋代文学家欧阳修建于1048年的平山堂。因坐在平山堂中,眼前扬州湖光山色历历在目,且其高度与建筑持平,故建筑取名"平山堂"。平山堂之后是苏东坡为纪念他的老师欧阳修,于1092年建的谷林堂和欧阳祠。

西部为自然式水院——西园。其造园特色是在山冈上挖池筑山而成,长方形的水池中又以一堤三岛分为两水面。水池西北角造溪以察水之来历,水池东南角则为疏水之去路。置于小岛中央的美泉亭,实为巧妙处理泉与水池关系的精彩之笔。

第二节 风景名胜

一、风景名胜的起源与发展

中国地域辽阔,名山大川,美不胜收。中国内地的地形特点是西北高、东南低,其中山地和丘陵占国土面积的2/3。千百年来,中国人就是在这样一种独特的山形水势环境之中生生息息,繁衍成长。

很久以前,中国人把自然山水尊奉为神而加以崇拜。后来,随着社会经济与文化的发展,人们由对自然山水的恐惧转为对自然山水的热爱。老子提出要道法自然。庄子曾说:"山林欤,皋壤欤,使我欣欣然而乐欤。"而作为儒学始祖的孔子,则把这种热爱升华到与人的品德相联系的境界。其言“仁者乐山，智者乐水”，把人们带到融个人于自然山水之中的境界。佛教传入中国经汉化后扎下根来，其因果报应、来生转世的思想受到信奉。佛教中所叙由亭台楼阁、林木花草组成的花园成为天国形象而为人们所向往。正是由于上述道、儒、释对山水的不同认识，最终导致中国人把巨大的生活热情凝聚在山山水水之间。他们把对天堂的梦想转化为在山水之间建设人间仙境的现实行动，把自然山水环境当作一个巨型的花园来进行建设、经营，从而架起了通向精神归宿的桥梁。因此，我们发现，无论是在中国的崇山峻岭之间，还是在江河湖泊之滨，都有这样的巨型花园，天国与他们是如此之接近，生活也变得不再空虚而更加充实、完美了。这种天人合一的结果是许多巨型花园——风景名胜的出现。人们把中国五大名山概括为“泰山雄，华山险，恒山幽，嵩山峻，衡山秀”，然而仅有这些奇特的自然景观并不能满足人对天国意境的追求，唯有融入亭、台、楼、阁，才能成为人类可亲近的环境，这才是人间的天堂乐园。

二、风景名胜的鉴赏

（一）类型

我国河山壮丽，风景资源极其丰富，风景名胜区是中华大地珍贵的自然和历史遗产。我国地域广阔、地形复杂、气候多样、历史悠久，因而风景名胜区的类型很多。根据风景名胜的内容和特征，可分为：山岳风景名胜区（如五岳、佛教四大名山）、河湖水系风景名胜区（如杭州西湖、太湖风景区）、海滨风景名胜区、森林草原风景名胜区、文物古迹风景名胜区，以及其他有特色的风景名胜等。其中以山岳和河湖风景区最多，占全国传统风景名胜区的绝大部分。在山岳风景名胜区中，就自然景观基础而言，又以花岗岩山岳、岩溶山水、丹霞地貌为最多。

（二）特点

1. 各具特色的自然景观

中国的风景名胜往往由于构成因素（山石、水体、动植物、地理位置、气候条件等）和地质、地理演变过程的不同，形成特色独具的自然景观，根据中国传统的山水审美观，人们把富有美感的景观概括为雄、奇、险、秀、幽、旷等美的形象特征。“泰山天下雄”“黄山天下奇”“华山天下险”“峨眉天下秀”“青城天下幽”“洞庭天下旷”，再加上变化的日之阴晴、月之盈亏、风起云涌、朝雾暮霭等融合在一起，形成动静结合、虚实相济的迷人景致。艺术家在这些自然山水、天象物候的风景基础上，加以艺术的整饬改造，为人们提供赏景的条件，使景色既富有山林野趣，又有匠意的艺术构思。

2. 深厚丰富的文化积淀

风景名胜具有较强的历史延续性，它的形成常常经过数百年甚至上千年的改造、经营和积累，经过好几代名人贤达和文人墨客的关心和参与，留下了丰富的人文景观，如摩崖石刻、古代建筑、宗教遗迹和历史人物活动遗迹等，积淀着深厚的文化意味。首先，风景名胜常与历史名人联系在一起，如李白之于宣州（安徽宣城县）敬亭山，杜牧、岳飞等之于池州（安徽贵池县）齐山，白居易、苏轼之于杭州西湖等。其次，风景名胜的景区或景点题名也常常反映了深厚的文化内涵，风景名胜是文人墨客宴集吟咏之处，也受到地方官员及社会贤达的重视，为了使美景代代相传，也为了与其他地方比美争胜，古代一些城邑常邀请文化名人对风景进行品评题名，最后以“八景”“十景”作为形象概括。到明代，此举更是风行天下，燕山八景、西湖十景，成为风景名胜命名的一大传统。从风景欣赏来看，这类题名指出了风景的精华，又富有诗意，有利于游赏者把握主要的风景特点，培养赏景情感和领悟迷人意境。

3. 自然地理的典型地域

中国许多风景名胜是地球发展史上具有代表性的遗迹，因而极具观赏价值，也可以作为科普教育的例证。桂林山水、路南石林是闻名世界的典型的岩溶地貌；武夷山风景区是发育典型的“丹霞地貌”；黄山、华山是著名的峰林状高山花岗岩地貌；生长着5000多种植物的峨眉山，是具有重要科研价值的植物王国等。

三、典型案例

（一）泰山

屹立于中国齐鲁大地之上的泰山，被誉为华夏五岳之尊，总面积426平方公里，最高峰1545米，位于今山东泰安市北。

根据阴阳五行学说，泰山因位于东方而象征着生命与春天，成为“万物之始，阴阳交代”[①]之所，也因此而成为“五岳之首”。古人认为，泰山是通往上界的天桥，泰山顶峰是天人交接之地。因此从远古时代起，泰山就成为帝王们举行封禅大典的唯一场所。历代帝王们登山之目的在于表达皇位“受命于天”和显示其“功德卓著”。汉武帝到此惊叹：“高矣、极矣、特矣、赫矣、骇矣、惑矣。”泰山还是民间宗教的圣地，被当作中国人的魂归之所。碧霞元君祠中供奉的碧霞元君，既是北方各地民间供奉的泰山老奶奶，也是南方各地民间供奉的妈祖。

同时，这样一座神山也是文人墨客会集之地。两千多年来，泰山上留下了丰富的人文景观与文物，其中包括无数石刻、建筑、书法和绘画艺术的精品。

此外，泰山的自然景观也十分优美。李白曾称赞这里的景色是：“海水落眼前，天光摇空碧。”这里有壮观的云海、峻险的峰峦、奇特的石头、飞泻的瀑布、潺潺的溪流、迷人的森林和丰富的动物资源等。

升天是泰山的主题之一，以庙为起点，经一天门、中天门、南天门而至泰山顶峰

---

① 引自《风俗通义》：“泰山一曰岱宗，岱始也，宗长也。万物之始，阴阳交代，故为五岳长。”“交代”即交替。

的天街、岱顶,游人们的精神仿佛也经历了从地上人间到天堂仙界的转换和升华。通往南天门的十八盘曲折、陡峭,使人真实地体验到登天之艰辛。到了瞻鲁台上,"齐鲁情未了""一览众山小",人们可以感受到与孔子、杜甫等伟人的心灵接近。而无论是清晨观日出,还是在夕阳中领略"黄河金带",都可以让人获得超凡脱俗的感受。

有人把泰山称为一部用石头刻写的史书。泰山石刻分为碑碣、摩崖、楹联三类,其时间跨度远自秦汉,近至当代,作者上至帝王,下至普通百姓。泰山石刻书法技艺高超,有真、草、隶、篆等各种字体及各代书法家的真迹;石刻内容十分丰富,有记录皇帝封禅大典的秦代《秦泰山刻石》、唐代的《纪泰山铭》、佛教经文《金刚般若波罗蜜经》等。可以毫不夸张地说,泰山石刻集中国书法之大成,是一部文化底蕴极为丰厚的中国书法史文库。

泰山的宗教以道教为主,自战国时就有道士于此居住,泰山升天之路两边就有不少道教场所。佛教自东晋时传至泰山,以普照寺、神通寺、灵岩寺最为有名。儒学因孔子在泰山讲学也有所发展,曾有泰山书院作为宋代儒学的讲学场所。这些寺庙学馆为泰山留下了不少的游览、休憩场所。

(二)西湖

西湖位于杭州城西,占地近6平方公里,呈三面环山一面连城之势。宋代文人苏东坡曾以诗赞西湖道:"水光潋滟(liàn yàn)晴方好,山色空蒙雨亦奇;若把西湖比西子,淡妆浓抹总相宜。"故西湖又有西子湖之美称。

西湖之所以能形成风景名胜,不仅因为其有优美的山形水势,而且还因为其曾先后充当过14位帝王的国都。尤其是自南宋王朝将杭州作为都城以后,西湖附近官僚和富豪云集,他们的园林数以百计。于是引得众多文人墨客也以西湖为题吟诗作画,如白居易、苏东坡等描写西湖的诗句历来就脍炙人口。

然而西湖风光形成的更重要原因,还在于历史上对西湖几次大规模的疏浚。唐代时白居易出任杭州刺史,整治湖堤,疏浚六井。宋代时苏轼在杭州知州任上,组织20万人疏浚西湖,利用湖泥、葑(fēng)草堆起了一条长2.8公里的南北向长堤,从南屏山麓直抵曲院风荷,堤上建有6座石拱桥以流通湖水,全堤遍植桃柳花草,这就是著名的苏堤。明代杨孟瑛任杭州知府,第三次大规模疏浚西湖。这次疏浚使西湖又增加了一条杨公堤。杨公堤上也有六桥,与苏堤六桥并称"西湖十二桥"。

新中国成立后,西湖又得到全面的整治,湖水均深从之前的55厘米增加到150厘米。这些大规模的治理活动造就了西湖秀丽的大环境,也使西湖自较早的时期起,就具有"公园"的性质,围绕着湖和堤,形成了西湖著名的旧十景(苏堤春晓、柳浪闻莺、花港观鱼、双峰插云、三潭印月、曲院风荷、平湖秋月、南屏晚钟、雷峰夕照、断桥残雪)和新十景(阮墩环碧、云栖竹径、虎跑梦泉、九溪烟树、吴山天风、黄龙吐翠、满陇桂雨、龙井问茶、玉皇飞云和宝石流霞)(图8-4)。

图8-4 西湖风景区平面图(引自冯钟平《中国园林建筑》)

从园林的角度看,水景空间点线结合,层次丰富是西湖风景的特色之一。由于白堤、苏堤线性元素和孤山、三潭印月、夕照山、阮公墩、小瀛洲、湖心亭等点状元素前后交错,大大丰富了水景的层次。

注意运用山水、花木等要素形成园林特色,是西湖另一个值得赞誉之处。如曲院风荷景区是突出荷花主题,配以空间开合多变的建筑和水景空间而成;柳浪闻莺以大片柳树和百鸟天堂为特色;花港观鱼以花、鱼、港为特色,以牡丹园、红鱼池、水中港道以及大面积缓坡雪松草坪为景。虎跑为西湖三大名泉之一,虎跑因“二虎跑地作穴”得名，其布局突出“泉”这一主题，沿山形水势设迎泉、戏泉、听泉、赞泉、赏泉、试泉、梦泉、品泉8个景点，形成起承转合，达到高潮。

实际上，围绕着约6平方公里的西湖水面和各主要景点，在杭州形成了共49平方公里的自然风景名胜区。在环湖的低矮丘陵——山谷和高峰及其满山的绿树丛中，还分布着诸多寺院、宝塔、洞穴、茶园等园林，正是这些湖、这些山、这些树和这些溪与泉，滋养、孕育出了当地独特的风土人情、文化艺术与人文景观。

本章小结

相比其他的园林类型，寺观园林与风景名胜似乎更贴近自然一些，选址都在名山大川。以山林寺观为主流的寺观园林由于历代的经营，形成了幽古、天然的特点，风景名胜更是因为拥有千年以上的历史，而拥有绝佳的自然环境和众多的历史文化古迹。

思考与练习

1. 与其他园林相比，寺观园林的特点是什么？
2. 我国的风景名胜有什么特点？
3. 试分析漓江、武夷山，或其他风景名胜的鉴赏类型和特点。

附 录

一、经典著作与理论研究

中国古代建筑与园林延续逾千年，虽然有过辉煌的历史，但由于长期封建统治的歧视，以雕虫小技不能登大雅之堂为口实，不予提倡，无数妙想巧思、精工绝技大都只在民间袭传口授，未能总结整理，成书问世，即使有明智之举，命笔编纂，内容也多属官府邸宅，极少顾及庶民百家，刊行专著更是寥寥无几。目前能见到的也只有《考工记·匠人》《营造法式》《清工部工程做法》《营造法原》《园冶》《闲情偶寄》等几本。尽管资料不多，也能从中了解我国古建筑与园林形制及营造发展之梗概。

1.《考工记·匠人》

《考工记》是我国古代流传下来最早的一部记述奴隶社会官府手工业生产各工种制造工艺和质量规格的官书，成书于春秋时代末期。其中《匠人》篇的"匠人建国""匠人营国""匠人为沟洫"三节分别规定了给都城选址、定位、测高程，规划都城，设计王宫、明堂、宗庙、道路以及规划井田，设计水利工程及仓库、附属建筑等具体制度。例如都城规划"方九里，旁三门。国中九经九纬，经涂(道路)九轨。左祖右社，面朝后市，市朝一夫"。一轨为"八尺"宽，九轨即为"七十二尺"宽，一夫为100步×100步(面积)。元大都就是按这种规格布局的。元大都时城市中心是钟鼓楼，是市场的集中地区，严格地体现了"面朝后市""左祖右社"的规划思想。再如王宫规划"内有九室，九嫔居之；外有九室，九卿朝焉"，宫分外内。前朝后寝的制度为后世宫殿布局所遵循。书中还有夏后氏世室、殷人重屋、周人明堂的片断记载。所以，《考工记·匠人》是我国现存古籍中较早的有关建筑的文献资料。

2.《营造法式》

《营造法式》成书于北宋元符三年(1100年)，将作少监李诫编修，全书34卷，概括为制度、功限、料例、图样四大部，按壕寨、石作、大小木作、雕作、旋作、锯作、竹作、瓦作、泥作、彩画作、砖作、窑作等13个工种分别记述。该书对建筑设计、施工、计算工料等记述都相当完整，尤其可贵的是详细说明了古代完善的模数制，具体将"材份制"在建筑设计中的应用作了详尽的阐述，并在大木作图样中提供了以前尚不为人知的有关殿堂、厅堂两类建筑的断面图,从中明确了两种屋架在结构形式上的不同之处。该书实际上是对我国汉唐以来木构架建筑体系的技术和规范的总结,过去只能在绘画、壁画或雕刻中见到的一些宋、辽、金以前的建筑遗物,通过《营造法式》有了具体的图证,并从中了解到现存古建筑中未曾保留,也不使用的一些有关建筑装饰和建筑设备的专名术语。这有助于理解汉唐以来在建筑及文艺著作中有关建筑的形象描述,也加深了些知识感受。它较之《考工记·匠人》具有更完善、更丰富、更具体的学术价值,是了解中国古代建筑学和研究中国古代建筑较为详尽的重要典籍。

3.《清工部工程做法》

《清工部工程做法》是清代官式建筑通行的一部标准设计规范,成书于雍正十二年(1734 年),是继宋代《营造法式》之后官方颁布的又一部较为系统全面的建筑工程专著。全书共 74 卷,内容大体分为各种房屋营造范例和应用工料估算限额两大部分,对土木瓦石、搭材起重、油画裱糊、铜铁件安装等 17 个专业、20 多个工种都分门别类,各有各款详细的规程,大木作各卷并附有屋架横断面示意简图。该书既是工匠营造房屋的准则,又是验收工程、核定经费的明文依据。其应用范围包括营建宫殿、坛庙、城垣、王府、寺观、仓库的建筑结构及彩画裱糊装修等工程。对于民间修造,多与《清会典·工部门·营造房屋规则》所载禁限条例相辅为用,起着建筑法规监督限制作用。该书也是自宋《营造法式》以后历经元明两朝建筑、施工及管理等经验成果的又一系统总结,因之在我国建筑史上都将这两部专著看作是研究、了解中国古代建筑形制及演变的仅存文献。

这里还要提到另一部与此有关的著作,即梁思成先生研究清代建筑的专著《清式营造则例》。著者以《清工部工程做法》为蓝本,在亲自访问参加过清宫营建匠师的基础上,又收集了工匠世代相传的技艺经验,以北京故宫为标本,对清代建筑的营造方法及其则例,进行了系统的考察、验证和研究。书中详尽阐释了清代官式建筑的平面布局、大木构架、斗拱形制、台基墙壁、屋顶门窗、装修彩画等各部分的构件名称及其做法,以及在结构中的功用,用建筑投影图将其搭接构造清晰地表示出来,和实物照片互相对照。为了使读者对清代建筑形制有很清晰的印象,梁思成还同时出版了一套《清式营造则例图版》,并在《则例》一书后附载了《清式营造辞解》《各件权衡尺寸表》《营造算例》等。此书出版半个世纪以来,一直是中国建筑史界的教科书和学习建筑史及测绘中国古建筑的主要参考书。

4.《营造法原》

《营造法原》是一部记述我国江南地区古建筑营造的专著,姚承祖原著,张镛森增编,刘敦桢校阅。该书分为 16 章,分别叙述了江南地区古代建筑中包括地面、木作、装折、石作、墙垣、屋面以及工限、园林、塔、城垣等项目的营造做法,并附有表现建筑形象及构造的照片、插图和图版等多幅,对了解江南建筑的形制构造及演变很有参考价值。

5.《园冶》

《园冶》一书是我国明代关于造园理论的一本专著。明末著名造园家计成撰，崇祯四年(1631 年)成稿。该书全面论述了宅园、别墅营建的原理和具体手法，分别就造园的指导思想、园址选择(包括相地、立基两节)、建筑布局(包括屋宇、门窗、栏杆、墙垣的构造和形式)、铺地、掇山、选石、借景等项目都作了系统的阐述。附图235 幅。该书现已成为我国研究造园史和建筑史以及今后造园设计和园林建筑实施的唯一可供借鉴的形制参考书，其中很多理论和具体词语也广为建筑工作者引用。由于原著采用了四六文体，辞藻华丽，读之朗朗上口，但寓意含蓄，词意不易为人普遍理解，为此，南京林学院陈植教授特为之作了详尽的注释，并按原文译成白话，于是此书更加广泛流行，几乎成为建筑园林界爱不释手的参考借鉴资料。

6.《闲情偶寄》

《闲情偶寄》也称《一家言》，论述了戏曲、建筑、园艺、烹饪等诸多方面。著者李渔，字笠鸿，号笠翁，明末清初词曲作家，对传统文化造诣颇深，亲自参与建筑造园。书中有“居室部”“器玩部”“种植部”涉及建筑园林。“居室部”论及房舍之向背、途径、高下、出檐深浅、置顶格、甃地、窗栏之体制，厅堂之墙壁，匾联之形样，山石之布置。“器玩部”中对几椅、床帐、橱柜、古董、炉瓶、屏轴、瓶、茶具、酒具、碗碟、灯烛之布置陈列与收藏等，都有独到的见解。“种植部”以花木喻人亦可见昔日士大夫对园中植物的选择标准。该书虽为一家之言，但仍具参考价值。

二、实践者——古代匠师

中国古代没有“建筑师”“园林师”这种称谓，在古代中国，由于等级森严，鄙视艺人，把一切技艺之作都视为“匠人”之事，称他们为“百工”，最高也只呼之为“工师”“匠师”“梓师”，不为世人所尊重。千百年来，尽管从诸多史料文献中还能知道一些名传千古的建筑与园林描绘，却极少见到这些优秀作品的设计者或制建人的有关记载。那时，一般画家就是建筑家、园林家，建筑的形制式样大致都有明确的则例规定，谈得上建筑设计的，一般都是叠山理水或架桥设亭的造园。因此中国古代的建筑家就是造园家，那些庭园都是画家和“匠人”共同营建的。从这方面去追索，他们虽名不噪当时，却也因园得名而留传后世。见诸史籍而不直接道出姓名的，远的有阎立本、吴道子、王维、顾闳中、卫贤、周文矩、苏东坡、晁无咎、王安石、郭忠恕、燕文贵、王希孟、张择端、俞征、李嵩、米万钟、袁江袁曜父子、李笠翁、计成、戈裕良、张南垣父子等。他们都是当时很有声誉的文学家、造园家、画家并担负着建筑师的工作，建房筑亭，设景造园。但历史上从不提及他们是建筑师。至于历代真正名副其实担负匠师工作而营建起名垂千古的华夏建筑的有功之臣，如果从各种舆志文献或营造史料中去寻踪搜索，从汉唐至明清，就可发现对城镇建筑及环境建设做出过贡献的能工巧匠也不过百人之数。其中较为人所共知的有:最早的鲁班,前汉初期的杨城延,隋代的李春、刘龙、宇文恺,唐代的阎立德,宋代的喻皓、李诫,明代的蒯祥、阮安、贺盛瑞,清代的梁九、雷发达等。

鲁　班　姓公输名般,或称公输班,春秋时鲁国人,《墨子》载公输班"为楚造云梯之械",能"削木以为鹊,成而飞之"。在先秦诸子的论述中,被誉为"鲁之巧人"。建筑工匠尊为木工之祖。

杨城延　公元前3世纪人,曾为汉高祖刘邦营建长安城和未央宫,官至将作少府,相当于皇帝的总建筑师。他以自己的才华为初次真正统一的中国建造了一个有计划的全国性首都,并为皇帝建造了多座皇宫,为政府机关建造了衙署。

李　春　隋代人,公元6世纪在河北赵县的洨河上修建了安济石桥,人称大石桥、赵州桥,采用28道单跨为37.37米的敞肩石拱券并列组成,宽约9米,大石拱拱顶与拱脚的高差仅7.23米,坡度舒缓,便利行人车马。这座名桥比欧洲法国泰克河上出现的第一座同类结构敞肩拱赛雷桥几乎早了700多年,且赛雷桥早已毁坏。这种敞肩拱桥结构直到19世纪中叶才在世界各地广泛流行。李春为建桥做出了伟大的贡献。民谣中的"沧州狮子应州塔,正定菩萨赵州桥",历来被誉为华北的"四宝"。

刘　龙、宇文恺　公元6世纪末为隋文帝杨坚在汉长安城附近另建新都的规划者。据文献记载,此城面积约70平方公里,其中对皇宫、衙署、住宅、商业都有不同的区域划分,比现在的北京旧城还要大。灿烂的唐朝继承了此城作为首都。

阎立德　唐初著名建筑家,出身工程世家,太宗贞观初年任将作少匠,受命营建唐高祖山陵,升任作大匠。贞观十八年(644年)从征高丽,填路造桥,兵无滞碍。又因督造翠微、玉华两宫有功,升至工部尚书。太宗死后,营建昭陵。晚年还主持修筑唐长安城外郭和城楼。他工绘画,以人物、树石、鸟兽见长,与其弟阎立本同为唐代著名画家。

喻　皓　五代末宋初工匠,擅长造塔。五代末修筑杭州梵天寺木塔,采用楼板与梁架固结形成整体,加强刚度,稳定了塔身。宋初又主持修建汴梁开宝寺木塔,塔高120米,8角,11级,先做模型,然后施工。他预先将塔身向西北倾斜,以抵抗当地的西北风向,并预计百年间能将塔身吹正,可存在700年。可惜后因历次水灾,此塔已不存痕迹。著有《木经》三卷,宋代的《营造法式》一书就是依据此书写成的。

李　诫　北宋建筑专家,是宋徽宗的建筑师。在"将作监"任内13年,经营新建或重修的重要工程有五王邸、辟雍、尚书省、龙德宫、棣华宅、朱雀、景龙二门、九成殿、开封府廨(xiè)、太庙、钦慈太后佛寺等。他先后两次编修《营造法式》一书。此书为我国第一部官定建筑设计和施工的专著,也是研究中国古代建筑形制变化的重要参考书。

蒯(kuǎi)祥　明代著名建筑匠师,历经永乐直至天顺六朝,建筑活动近达半个世纪,景泰七年(1456年)升任工部左侍郎。他主持的重大工程有:永乐十五年

(1417 年)负责建造北京宫殿和明长陵,洪熙元年(1425 年)建献陵,正统五年(1440 年)负责重建皇宫前三殿,正统七年(1442 年)建北京衙署,景泰三年(1452 年)建北京隆福寺,天顺三年(1459 年)建北京紫禁城外的南门,天顺四年(1460 年)建北京西苑(今北京北海、中海、南海)殿宇,天顺八年(1464 年)建裕陵(明英宗朱祁镇)等。他对北京宫殿和明陵的规划、设计和施工都做出了贡献。

阮　安　明代前期的主要建筑师,是明代重建元朝留下的北京城的建筑家,在他的负责指导下,建造了北京的城池、9 个城门、皇帝居住的两宫、朝会办公的三殿、5 个王府、6 个部。

贺盛瑞　明代建筑管理专家,曾先后任工部屯田司主事及工部营缮司郎中,任职期间负责修建泰陵、献陵、公主府第、宫城北门楼、西华门楼,以及乾清宫、坤宁宫等工程。在乾清宫工程中,由于他在劳动管理和经济核算中的改革措施,为施工节约了大量白银,深得上下称赞。

梁　九　清代建筑匠师,清初宫廷内的重要建筑工程都由他负责营造。康熙三十四年(1695 年)太和殿焚毁,由梁九负责重建,动工前他先按 1/10 比例制作大模型,其形制、构造、装修一如实物,据之以施工,当时被誉为绝技。他重建的太和殿保存至今。

雷发达　清代宫廷建筑匠师雷氏家族的始祖,康熙初年即参与修建宫殿工程。在太和殿工程上梁仪式中,他爬上构架之巅,以熟练的技巧运斤弄斧,使梁木顺利就位,因此被"敕封"为工部营造所长班,负责内廷营造工程,有"上有鲁班,下有长班"之说。其子雷金玉继承父职,担任圆明园楠木作样式房掌案。直至清末,雷氏家族有六代后人都在样式房任掌案职务,负责过北京故宫、三海、圆明园、颐和园、静宜园、承德避暑山庄、清东陵和西陵等重要工程的设计。同行中称这个家族为"样式雷"。

张　琏　字南垣,清初华亭人,少学画,好写人像兼通山水,遂以其意垒石为假山,他人莫能及。一树一石、一亭一沼,经其指画,即成奇趣。南垣挟此技游于江南诸郡 50 余载,三吴大家名园多出其手。南垣有子四人皆能传其术,以然为最知名。

张　然　字陶苍,张琏(南垣)之子,继其父业,游于北地,供奉内廷 30 余年,曾参与畅春园的修造,瀛台、玉泉皆其布置,水石之妙有若天然,曲折平远巧夺天工。

戈裕良　江苏常州人,以叠石名于当时,尤胜前代堆山妙手,以大小石钩带联络如造环桥之法使假山久固不坏。改以往用条石作山洞的传统,以为"要如真山洞壑一般,方为能事",至于修造亭台、池馆,一应位置,装修亦其所长。其作品中尤以仪征朴园、如皋文园、江宁五松园、苏州一榭园、孙古云园和常熟燕谷园最为人所称道。孙古云园即至今尚存的环秀山庄。其中湖石假山为戈氏遗构,下有洞,上置亭,山洞即以所谓"顶壁一气,成为穹形"形式修建,更趋写实。

三、世界文化遗产名录(中国部分)

1. 1987 泰山(双遗产)
   Mount Taishan
2. 1987 长城
   The Great Wall
3. 1987,2004 明清皇宫
   Imperial Palace of the Ming and Qing Dynasties, including the Forbidden city and Mukden Palace
4. 1987 莫高窟
   Mogao Caves
5. 1987 秦始皇陵及兵马俑坑
   Mausoleum of the First Qin Emperor
6. 1987 周口店"北京人"遗址
   Peking Man Site at Zhoukoudian
7. 1990 黄山(双遗产)
   Mount Huangshan
8. 1994 承德避暑山庄和周围寺庙
   Mountain Resort and its Outlying Temples in Chengde
9. 1994 曲阜孔府、孔庙和孔林
   Temple and Cemetery of Confucius, and the Kong Family Mansion in Qufu
10. 1994 武当山古建筑群
    Ancient Building Complex in the Wudang Mountains
11. 1994,2000,2001 拉萨布达拉宫历史建筑群(布达拉宫、大昭寺、罗布林卡)
    Historic Ensemble of the Potala Palace, including the Jokhang Temple and Nor bulingka
12. 1996 庐山国家公园
    Lushan National Park
13. 1996 峨眉山风景区,含乐山大佛风景区(双遗产)
    Mount Emei Scenic Area, including Leshan Giant Buddha Scenic Area
14. 1997 丽江古城
    Old Town of Lijiang
15. 1997 平遥古城
    Ancient City of Pingyao
16. 1997,2000 苏州古典园林

Classical Gardens of Suzhou

17.1998 颐和园

Summer Palace

18.1998 天坛

Temple of Heaven

19.1999 武夷山(双遗产)

Mount Wuyi

20.1999 大足石刻

Dazu Rock Carvings

21.2000 青城山和都江堰水利系统

Mount Qingchengshan and the Dujiangyan Irrigation System

22.2000 皖南古村落——西递和宏村

Ancient Villages in Southern Anhui—Xidi and Hongcun

23.2000 龙门石窟

Longmen Grottoes

24.2000,2003,2004 明清皇家陵寝

Imperial Tombs of the Ming and Qing Dynasties, including the Ming Dynasty Tombs and the MingXiaoling Mauso leum

25.2001 云冈石窟

Yungang Grottoes

26. 2004 高句丽王城、王陵及贵族墓葬

Capital Cities and Tombs of the Ancient Koguryo Kingdom

27. 2005 澳门历史城区

Historic Centre of Macau

28. 2006 殷墟

Yin Xu

29. 2007 开平碉楼与村落

Kaiping Diaolou and Villages

30. 2008 福建土楼

Fujian Tulou

31. 2009 五台山

Mount Wutai

32. 2010 登封"天地之中"历史建筑群

Historic Monuments of Dengfeng in "The Centre of Heaven and Earth"

33. 2011 杭州西湖文化景观

West Lake Cultural Landscape of Hangzhou

34. 2012 元上都遗址

Site of Xanadu

35. 2013 红河哈尼梯田

Cultural Landscape of Honghe Hani Rice Terraces

36. 2014 大运河

Grand Canal

37. 2014 丝绸之路:长安－天山廊道路网

Silk Roads: the Routes Network of Chang'an-Tianshan Corridor

38. 2015 土司遗址

Tusi Sites

插图索引

以上插图未注明者,均为编者手绘或复制。

主要参考文献

[1] 刘敦桢. 中国古代建筑史[M]. 北京:中国建筑工业出版社,1997.

[2] 中国建筑史编写组. 中国建筑史[M]. 3 版. 北京:中国建筑工业出版社,1993.

[3] 梁思成. 中国建筑史[M]. 天津:百花文艺出版社,1998.

[4] 周维权. 中国古典园林史[M]. 2 版. 北京:中国建筑工业出版社,1999.

[5] 彭一刚. 中国古典园林分析[M]. 北京:中国建筑工业出版社,1986.

[6] 楼庆西. 中国古建筑二十讲[M]. 北京:生活·读书·新知三联书店,2001.

[7] 中国大百科全书编委会. 中国大百科全书·建筑 园林 城市规划[M]. 北京:中国大百科全书出版社,1988.

[8] 冯钟平. 中国园林建筑[M]. 2 版. 北京:清华大学出版社,2000.

[9] 赵广超. 不只中国木建筑[M]. 上海:上海科学技术出版社,2001.

[10] 田学哲. 建筑初步[M]. 北京:中国建筑工业出版社,1982.

[11] 刘晓明. 梦中的天地——中国传统园林艺术[M]. 昆明:云南大学出版社,1999.

[12] 朱晓明. 历史 环境 生机——古村落的世界[M]. 北京:中国建材工业出版社,2002.

[13] 建筑设计资料集编委会. 建筑设计资料集(3)[M]. 北京:中国建筑工业出版社,1994.

[14] 汪国瑜. 建筑——人类生息的环境艺术[M]. 北京:北京大学出版社,1996.

[15] 赵鸣. 山西园林古建筑[M]. 北京:中国林业出版社,2002.

[16] 王振复. 中华意匠——中国建筑基本门类[M]. 上海:复旦大学出版社,2001.

[17] 王振复. 宫室之魂——儒道释与中国建筑文化[M]. 上海:复旦大学出版社,2001.

[18] 刘致平. 中国居住建筑简史——城市、住宅、园林[M]. 北京:中国建筑工

业出版社,1990.

[19] 罗哲文.中国古代建筑(修订本)[M].上海:上海古籍出版社,2001.

[20] 程建军,等.风水与建筑[M].南昌:江西科学技术出版社,1992.

[21] 赵光辉.中国寺庙的园林环境[M].北京:北京旅游出版社,1987.

[22] 陈从周.中国园林鉴赏辞典[M].上海:华东师范大学出版社,2001.

[23] 罗哲文,等.中国名桥[M].天津:百花文艺出版社,1998.

[24] 罗哲文,等.中国名寺[M].天津:百花文艺出版社,1998.

[25] 罗哲文,等.中国名楼[M].天津:百花文艺出版社,1998.

[26] 罗哲文,等.中国名塔[M].天津:百花文艺出版社,1998.

[27] 罗哲文,等.中国名观[M].天津:百花文艺出版社,1998.

[28] 诸雄潮.土木构筑的艺术[M].北京:人民日报出版社,1995.

[29] 卜德清,等.中国古代建筑与近现代建筑[M].天津:天津大学出版社,2000.

[30] 王行国.建筑林[M].北京:中国少年儿童出版社,2001.

[31] 李维信.四川灌县青城山风景区寺庙建筑.清华大学建筑史论文集(第三辑)[M].北京:清华大学出版社,1981.

[32] 张驭寰.中国古建筑百问[M].北京:中国档案出版社,2000.

[33] 亢羽.易学堪舆与建筑[M].北京:中国书店,1999.

[34] 楼培敏.世界文化遗产图典[M].上海:上海文化出版社,2002.

[35] 王其钧.中国古建筑大系5——民间住宅建筑[M].北京:中国建筑工业出版社、光复书局,1993.

[36] 王其钧.中国民居[M].上海:上海人民美术出版社,1991.

[37] 陈从周,等.中国民居[M].上海:学林出版社,1997.

[38] 云南省设计院《云南民居》编写组.云南民居[M].北京:中国建筑工业出版社,1986.

后 记

中国古代建筑与园林历来吸引着无数游人。它们浓缩着国家民族的文化，代表着国家民族的精神，是旅游活动的重要载体，也是旅游专业教育中不可或缺的重要内容。

本书以旅游专业教育和民族文化普及需要为立足点，在参考国内外有关建筑、城市、园林的史料范例和研究成果及著作的基础上，结合编者多年来研究与规划设计的实践经验，加以归纳、挖掘，逐步整理、编写而成。全书分为上下两篇，上篇主要内容是中国古代建筑，包括中国古代建筑基本知识、古代城市与帝王建筑、宗教建筑、古民居与古村落，以及其他建筑等五部分；下篇主要内容是中国古典园林，包括中国古典园林基本知识、皇家园林与私家园林、寺观园林与风景名胜等三部分。

本书是集体创作的结果。参加本书编写的人员有北京第二外国语学院的唐鸣镝、黄震宇，北京景观园林规划设计有限公司的潘晓岚。具体分工如下：上篇，第1、第2、第3章（唐鸣镝），第4章（黄震宇），第5章（黄震宇、唐鸣镝）；下篇，第6、第7、第8章（潘晓岚）；插图（黄震宇）；统稿编定（唐鸣镝）。

本书经清华大学建筑学院副院长吕舟教授、北京林业大学园林学院赵鸣博士在百忙之中仔细审阅，并提出了中肯的修改意见；本书从构思、收集资料，到编写、修改，最后成稿、出版，旅游教育出版社的编辑、北京第二外国语学院的姚素英老师都付出了巨大的心血，给予了很多无私的帮助与指导；北京第二外国语学院王富德老师、其他领导与同事和北京景观园林规划设计有限公司张洁女士、中国建筑工业出版社李东编辑对编写工作的热情关心与支持，以及家人的体贴与理解，给予编者以极大的动力；本书在编写过程中参考了大量国内外有关文献，作者的名字在参考文献中已一一列出，特别需要指出的是，本书非常荣幸地得到了刘叙杰先生、周维权先生、彭一刚先生、楼庆西先生、冯钟平先生等建筑界、园林界前辈的关怀、支持与信任，在本书成书之际，谨向诸位学者、师长及有关单位一并表示深深的谢意，并恳请读者指正。

编　者

责任编辑:刘彦会

图书在版编目(CIP)数据

中国古代建筑与园林/唐鸣镝,黄震宇,潘晓岚编著. -- 北京:旅游教育出版社,2003.8(2024.1重印)

ISBN 978-7-5637-1108-6

Ⅰ.中… Ⅱ.①唐… ②黄… ③潘… Ⅲ.①古建筑—简介—中国 ②古典园林—简介—中国 Ⅳ.TU.092

中国版本图书馆 CIP 数据核字(2003)第 047653 号

全国旅游专业规划教材

中国古代建筑与园林

(第3版)

唐鸣镝　黄震宇　潘晓岚　编著

出版单位	旅游教育出版社
地　　址	北京市朝阳区定福庄南里1号
邮　　编	100024
发行电话	(010)65778403 65728372 65767462(传真)
本社网址	www.tepcb.com
E-mail	tepfx@163.com
排版单位	北京旅教文化传播有限公司
印刷单位	北京虎彩文化传播有限公司
经销单位	新华书店
开　　本	787毫米×960毫米　1/16
印　　张	15.875
字　　数	255千字
版　　次	2015年11月第3版
印　　次	2024年1月第6次印刷
定　　价	28.00元

(图书如有装订差错请与发行部联系)